压力容器安全管理人员培训教程

庞振平　张兆杰　编著

U0364376

黄河水利出版社

内 容 提 要

本书是针对压力容器安全管理人员编写的一本培训教材。主要内容有:压力容器安全管理主要法规,压力容器综合基础知识,压力容器结构,安全附件,压力容器安全监督、使用管理、事故危害及事故处理,并在书后附有与压力容器安全管理相关的法规,以便于查阅和遵照执行。本书可作为压力容器管理人员或协管员的培训教材,也可供压力容器安装、操作、维修、检测等人员阅读参考。

图书在版编目(CIP)数据

压力容器安全管理人员培训教程/庞振平,张兆杰
编著. —郑州:黄河水利出版社,2007.7 (2015.1 重印)
ISBN 978 - 7 - 80734 - 206 - 9

Ⅰ. 压… Ⅱ. ①庞…②张… Ⅲ. 压力容器－安全技术－
技术培训－教材 Ⅳ. TH49

中国版本图书馆 CIP 数据核字(2007)第 098223 号

组稿编辑:王路平 电话:0371 - 66022212 E-mail:hhslwlp@ 126. com

出 版 社:黄河水利出版社
　　　　　地址:河南省郑州市顺河路黄委会综合楼 14 层　　　　邮政编码:450003
发行单位:黄河水利出版社
　　　　　发行部电话:0371 - 66026940 、66020550 、66028024 、66022620(传真)
　　　　　E-mail:hhslcbs@ 126. com
承印单位:黄河水利委员会印刷厂
开本:787 mm ×1 092 mm 　1/16
印张:14
字数:320 千字　　　　　　　　　　　　　　　印数:3 101—4 000
版次:2007 年 7 月第 1 版　　　　　　　　　　印次:2015 年 1 月第 2 次印刷

书号:ISBN 978 - 7 - 80734 - 206 - 9/TH · 18　　　　　　定价:28. 00 元

前　言

　　压力容器是比较容易发生事故且事故危害十分严重的特种设备,它广泛地应用于经济领域中,是许多行业和生产企业中常见的设备。随着我国经济建设的快速发展,压力容器的使用范围也在不断扩大,数量越来越多,随之而来的安全问题就显得十分突出。

　　多年来,全国范围内发生压力容器爆炸伤人的恶性事故频繁发生,给国家财产造成很大损失,给企业员工生命安全带来威胁。

　　我国政府历来高度重视压力容器安全问题,先后颁布了一系列法规、规范、标准,来规范压力容器设计、制造、安装、修理改造、使用、检验等环节的安全问题。从历年发生的压力容器爆炸伤人事故案例看,使用环节事故占的份额比较大,在抓好其他环节的同时,必须高度重视压力容器的使用管理,《压力容器安全管理人员培训教程》主要是针对从事压力容器管理的企业中层、基层管理人员和特种设备安全监察机构的协管人员而编写的,主要依据是国务院颁布的《特种设备安全监察条例》第三十九条"锅炉、压力容器、电梯、起重机械、客运索道、大型游乐设施的作业人员及相关管理人员(以下统称特种设备作业人员),应当按照国家有关规定经特种设备安全管理部门考核合格,取得国家统一格式的特种设备作业人员证书,方可从事相应的作业或管理工作"。

　　在编写此书的过程中,力求突出通俗、简明、实用的特点,来满足企业中层、基层管理人员和协管员的需求,做好压力容器的使用管理工作,使压力容器这种特种设备在经济领域中安全经济运行。

　　近几年国家政府部门颁发的规程、规范、标准更新速度加快,尽管编写中引用的均为最新规程、规范、标准,待书正式出版,难免又有不如意之处,望阅读此书的同行时刻关注国家颁发的更新的规程、规范、标准,以便于指导压力容器安全管理工作。

　　由于编者技术水平有限,书中肯定存在缺点和不足,敬请同行和朋友来信来函批评指正,以便持续改进,不断修订完善。

作　者

2007年1月

目 录

第一章　压力容器安全管理主要法规

第一节　中华人民共和国安全生产法

一、发布时间

《中华人民共和国安全生产法》于 2002 年 6 月 29 日第九届全国人民代表大会常务委员会第二十九次会议通过，自 2002 年 11 月 1 日起执行。

二、颁布单位

全国人民代表大会常务委员会。

三、适用范围

在中华人民共和国领域内从事生产经营活动的单位(以下统称生产经营单位)的安全生产适用本办法。

四、基本要点

《中华人民共和国安全生产法》共 7 章 97 条,包括总则、生产经营单位的安全生产保障、从业人员的权利和义务、安全生产的监督管理、生产安全事故的应急救援与调查处理、法律责任、附则。基本要点如下。

(一)总则

(1)制定本办法的目的,适用范围及安全生产方针。

(2)生产经营单位建立、健全安全生产责任制度,主要负责人对本单位的安全生产工作全面负责及从业人员安全生产的权利与义务。

(3)工会组织的职责,国务院和地方各级人民政府监管职责,国务院、各级人民政府安全生产监督管理部门监管职责。

(4)国务院有关部门制定国家标准或对行业的要求及设立安全提供技术服务的中介机构要求。

(5)国家实行生产安全事故责任追究制度。

(6)国家鼓励和支持安全生产科学技术研究及安全生产先进技术推广应用,对参加抢险救护等方面取得显著成绩的单位和个人给予奖励的规定。

(二)生产经营单位的安全生产保障

(1)不具备安全生产条件,不得从事经营活动,生产经营单位主要负责人对本单位安全生产工作应负的职责,及对本单位安全生产投入资金的要求。

(2)对矿山、建筑施工单位和危险物品的生产、经营、储存单位设置安全生产管理机构,配置专职管理人员,进行安全教育培训,特种作业人员取得特种作业操作资格证书方可上岗作业的规定。

(3)对生产经营单位新建、改建、扩建工程的要求,及矿山建设项目和用于生产、储存危险物品建设项目进行安全条件论证与安全评价等要求。

(4)对设施、安全设备设置安全警示标志,设备设计、制造、安装、使用、检测、维护、改造、报废要执行国家标准或行业标准,维护、检测,做好记录和有关人员签字的要求。

(5)特种设备需经检测,对严重危及生产安全的工艺、设备实行淘汰制度,生产、经营、运输、储存、使用危险物品由有关部门实施监督管理,上述单位要接受监督管理的规定。

(6)生产经营单位应制定应急预案,对生产、经营、储存、使用危险物品车间、仓库与员工宿舍安全距离的要求。

(7)生产经营单位进行爆破、吊装等危险作业,要有现场管理人员,要落实操作规程,要执行安全生产制度,要有防范措施及事故应急措施,从业人员有劳动防护用品,安全生产管理人员对安全生产状况要进行经常性检查;检查及处理情况应记录在案。

(8)对生产经营单位经营项目、场所、承包、承租的有关规定。

(9)生产经营单位发生重大生产安全事故时,单位主要负责人组织抢救的规定。

(10)生产经营单位必须参加工伤社会保险,为从业人员缴纳保险费。

(三)从业人员的权利和义务

(1)对生产经营单位与从业人员订立劳动合同的要求。载明有关从业人员劳动安全,防止职业危害,为从业人员办理工伤社会保险事项。

(2)从业人员的权利:有权了解其作业场所和工作岗位存在的危险因素、防范措施及事故应急措施,有权对本单位的安全生产工作提出建议,有权对本单位安全生产工作中存在问题提出批评、检举、控告,有权拒绝违章指挥和强令冒险作业。

有权在发现直接危及人身安全的紧急情况时,停止作业或采取可能的应急措施后撤离作业场所。

因生产安全事故受到损害的从业人员,有权向本单位提出赔偿要求。

(3)从业人员在作业过程中的义务:严格遵守安全生产制度、操作规程,服从管理,正确使用劳动防护用品,接受安全生产教育和培训,掌握安全生产知识和技能,发现事故隐患或其他不安全因素,立即向现场安全生产管理人员报告。

(4)工会权利:对建设项目安全设施与主体工程同时进行监督,提出意见;有权对生产经营单位违反安全生产法律、法规,侵犯从业人员合法权益行为要求纠正;有权发现生产经营单位违章指挥、强令冒险作业或发现隐患时提出的解决建议;有权发现危及从业人员生命安全的情况时,向生产经营单位建议组织从业人员撤离危险场所;有权依法参加事故调查,向有关部门提出处理意见,并要求追究有关人员的责任。

(四)安全生产的监督管理

(1)对安全生产负有监督管理的部门对涉及安全生产的事项需审查(包括批准、许可、注册、认证、颁发证照)或者验收的要求。

(2)明确安全生产监督管理部门四项职权。

(3)对安全生产监督检查人员的要求。

(4)对承担安全评价、认证、检测、检验机构的要求。

(5)对安全生产监督管理建立举报制度及任何单位或者个人对事故隐患或安全生产违法行为举报的规定。

(6)对举报安全生产违法行为有功人员给予奖励的规定。

(五)生产安全事故的应急救援与调查处理

(1)对县以上地方各级人民政府制定本区域内特大生产安全事故应急救援预案,建立应急救援体系的规定。

(2)危险物品的生产、经营、储存单位以及矿山、建筑施工单位建立应急救援组织的要求。

(3)生产经营单位发生事故后有关报告,抢救的有关要求。

(4)有关地方人民政府和负有安全生产监督管理职责部门的负责人接到重大生产安全事故报告后有关的要求。

(5)对事故调查的原则及有关要求。

(六)法律责任

(1)负有安全生产监督管理职责的部门工作的法律责任的规定。

(2)承担安全评价、认证、检测工作机构法律责任的规定。

(3)生产经营单位法律责任的规定。

(4)对有关地方人民政府、负有安全生产监督管理职责的部门有关法律责任的规定。

第二节　特种设备安全监察条例

一、发布时间

《特种设备安全监察条例》颁布时间为 2003 年 2 月 19 日,自 2003 年 6 月 1 日起施行。

二、颁布单位

《特种设备安全监察条例》由中华人民共和国国务院以国务院令第 373 号发出。

三、适用范围

《特种设备安全监察条例》适用于特种设备的生产(含设计、制造、安装、改造、维修,下同)、使用、检验及其监督检查。

四、基本要点

《特种设备安全监察条例》共 7 章 91 条。包括总则、特种设备的生产、特种设备的使用、检验检测、监督检查、法律责任、附则。基本要点如下:

(1)宗旨及特种设备的定义。

（2）特种设备安全监督管理部门及检测机构总的规定。

（3）县以下人民政府在特种设备安全工作中职责的规定。

（4）特种设备生产单位义务的规定。

（5）压力容器设计单位许可与条件及锅炉、压力容器的气瓶、氧舱和客运索道、大型游乐设施的设计文件鉴定的规定。

（6）锅炉、压力容器、电梯、起重机械、客运索道、大型游乐设施及其安全附件、安全保护装置的制造、安装、改造单位，以及压力管道用管子、管件、阀门、法兰、补偿、安全保护装置等制造、安装、改造许可及其条件的规定。

（7）特种设备出厂时，应当附有安全技术要求的设计文件，产品质量合格证明、安装及使用维修说明、监督检验证明等文件规定。

（8）特种设备安装、维修、改造的规定。

（9）电梯井道土建工程质量和安装施工现场安全生产的规定。

（10）电梯的制造、安装、改造和维修，以及制造、安装、维修单位之间关系的规定。

（11）锅炉、压力容器、压力管道、起重机械、大型游乐设施的制造过程和锅炉、压力容器、电梯、起重机械、客运索道、大型游乐设施的安装、改造、重大维修过程监督检验的规定。

（12）气瓶充装的规定。

（13）特种设备使用单位义务规定及使用单位使用合法特种设备的规定。

（14）特种设备使用登记、建立技术档案、维护保养和定期检验的规定。

（15）特种设备使用单位消除故障、制定事故应急措施、设备报废的规定。

（16）电梯使用单位维护保养及电梯、客运索道、大型游乐设施单位配备安全管理机构和安全管理人员的规定。

（17）特种设备作业人员教育、培训、持证上岗、执行规程与规章的规定。

（18）特种设备检测机构必须核准及条件的规定。

（19）检测机构的人员资格、职业道德、工作质量的规定。

（20）特种设备检测机构违规行为投诉和处理的规定。

（21）特种设备安全监督管理部门安全监察的对象和安全监督的重点的规定。

（22）特种设备安全监督管理部门查处违法行为时行使行政强制措施的规定。

（23）特种设备安全监督管理部门行政许可的工作要求及办理有关行政许可事故的程序的规定。

（24）特种设备安全监督人员资格工作原则，安全监督时报告制度，向社会公布特种设备安全状况的规定。

（25）特种设备事故的处理原则的规定。

（26）压力容器单位未经许可擅自从事压力容器设计活动的法律责任规定，锅炉、气瓶、氧舱和客运索道、大型游乐设施的设计文件未经鉴定，擅自用于制造的法律责任的规定。特种设备产品、部件的制造单位未按照本条例的规定进行整机或者部件型式试验的法律责任的规定。

（27）特种设备制造、改造单位未经许可，擅自从事锅炉、压力容器、电梯、起重机械、客运索道、大型游乐设施及其安全附件、安全保护装置的制造、安装、改造以及压力管道元件的制造活动的法律责任的规定。

(28)特种设备出厂时未按照安全技术规范的要求附有有关文件的法律责任的规定。维修单位未经许可擅自从事维修或者日常维护保养的法律责任的规定。

(29)特种设备安装、改造、维修的施工单位在施工前未书面告知直辖市或者设区的市的特种设备安全监督管理部门或者在验收 30 日内未将有关资料移交使用单位的法律责任的规定。

(30)特种设备制造过程、安装、改造、重大维修过程未经监督检验出厂或者交付使用的法律的规定。

(31)气瓶充装单位未经许可擅自从事气瓶充装活动的法律责任的规定。

(32)电梯制造单位未对电梯进行校验、调试或者发现严重事故不及时向特种设备安全监督管理部门报告的法律责任的规定。

(33)特种设备使用单位违法使用特种设备的法律责任的规定。

(34)特种设备存在严重事故隐患,无改造、维修价值,或者超过安全技术规范规定的使用年限,特种设备使用单位未予以报废,并向原登记的特种设备安全监督管理部门办理注销的法律责任的规定。

(35)特种设备使用单位未依照本条例规定设置特种安全管理机构或者配备专职的安全管理人员的;从事特种设备作业的人员未取得相应特种作业人员证书上岗作业的,未对特种设备作业的人员进行特种设备安全教育和培训的法律责任的规定。

(36)特种设备使用单位的主要负责人在本单位发生重大特种设备事故时,不立即组织抢救或者在事故调查处理期间擅离职守或者逃匿的,对特种设备事故隐瞒不报、谎报或者拖延不报的法律责任的规定。

(37)特种设备作业人员违反特种设备的操作规程和有关的安全规章制度操作,或者在作业过程中发现事故隐患或者其他不安全因素,未立即向现场安全管理人员和单位有关负责人报告的法律责任的规定。

(38)特种设备检验检测机构未经核准,擅自从事本条例所规定的监督检验、定期检验、型式试验等检验检测活动的法律责任的规定。

(39)特种设备检验检测机构工作不符合安全技术规范的要求,聘用未经特种设备安全监督管理部门组织考核合格并取得检验检测证书的人员从事相关检验检测工作,在进行特种设备检验检测中,发现严重事故隐患,应及时告知特种设备使用单位,并立即向特种设备安全监督管理部门报告的法律责任的规定。

(40)特种设备的检验检测机构和检测人员,出具虚假的检验检测结果、鉴定结论或者检测结果、鉴定结论严重失实的法律责任的规定。

(41)特种设备检验检测机构或者检测人员从事特种设备的生产、销售,或者以其名义推荐监制、监销的特种设备的法律责任的规定。

(42)特种设备检测机构和检测人员利用检验检测工作故意刁难特种设备生产、使用单位的法律责任的规定。

(43)特种设备安全监督管理部门及其特种设备安全监察人员在实施许可、核准、登记以及实施安全监察活动中的违法行为的法律责任的规定。

(44)特种设备的生产、使用单位或者检验检测机构拒不接受特种设备安全监督管理部门依法实施的安全监督的法律责任的规定。

第三节　压力容器安全技术监察规程

一、发布时间

《压力容器安全技术监察规程》于 1999 年 6 月 25 日颁布,自 2000 年 1 月 1 日起正式实施。

二、颁发时间

《压力容器安全技术监察规程》以质技监局锅发[1999]154 号下发各省、自治区、直辖市技术监督局,国务院有关部门,中国人民解放军总装备部。

三、适用范围

(1)本规程适用同时具备下列条件的压力容器:①最高工作压力大于等于 0.1 MPa (不含液体静压力,下同);②内直径(非圆形截面指其最大尺寸)大于 0.15 m,且容积(V) 大于等于 0.025 m^3;③盛装介质为气体、液化气体或最高工作温度高于等于标准沸点的液体。

(2)本规程第三章、第四章和第五章适用于下列压力容器:①与移动压缩机一体的非独立的容积小于等于 0.15 m^3 储罐,锅炉房内的分气缸;②容积小于 0.25 m^3 的高压容器;③深冷装置中非独立的压力容器,直燃型吸收式制冷装置中的压力容器,空分设置中的冷箱;④螺旋板换热器;⑤水力自动补气气压冷水(无塔上水)装置中的气压罐,消防装置中的气体或气压给水(泡沫)压力罐;⑥水处理设备中的离子交换或过滤用压力容器、热水锅炉用膨胀水箱;⑦电力行业专用的全封闭式组合电器(电容压力容器);⑧橡胶行业使用的轮胎硫化机及承压的橡胶模具。

(3)本规程使用的压力容器除本体外还包括:①压力容器与外部管道或装置焊接连接的第一道环向焊缝的焊接坡口、螺纹连接的第一个螺纹接头、法兰连接的第一个法兰密封面、专用连接件或管件连接的第一个密封面;②压力容器开孔部分的承压盖及其紧固件;③非受压元件与压力容器本体连接的焊接接头。

四、基本要点

《压力容器安全技术监察规程》共 8 章 172 条,包括总则,材料,设计,制造,安装、使用管理与修理改造,定期检验,安全附件,附则。基本要点如下。

(一)总则

(1)《压力容器安全技术监察规程》制定的目的、依据、适用范围。

(2)本规程的性质,是压力容器安全监督和质量监督的基本要求。明确设计、制造等七个环节,必须遵守《特种设备安全监察条例》,并满足本规程要求,各级特种设备安全监察机构负责压力容器安全监察工作,监督本规程执行。

(3)规定了受本规程管辖的压力容器的分类。

(4)设计、制造压力容器产品,其有关技术要求不符合本规程的有关规定,包括开发新产品、试用新材料等,申请试制、试用的程序。

(5)强调压力容器产品设计、制造应执行国家标准、行业标准或企业标准的要求,无相应标准的,不得进行设计、制造。

(6)境外的压力容器产品,其制造企业必须首先取得中国政府颁发的安全质量许可证书。

(二)材料

(1)压力容器用材料的质量及规格,应符合相应国家标准、行业标准的规定,压力容器用材料的生产应经国家安全监察机构认可批准。

(2)对于焊接结构压力容器主要受压元件的碳素钢和低合金钢,其含碳量不应大于0.25%的规定。

(3)对钢制压力容器用材料的力学性能、弯曲性能和冲击试验的要求。

(4)对用于制造压力容器壳体的碳素钢和低合金钢板,进行超声波检测的要求。

(5)对压力容器用铸铁与有色金属的要求。

(6)铝和铝合金、铜和铜合金用于压力容器元件的要求;钛材制造压力容器受压元件的要求;镍材制造压力容器受压元件的要求。

(7)压力容器受压元件采用国外材料的要求。

(8)压力容器主要受压元件采用新研制材料的有关要求。

(9)对压力容器制造单位使用材料提出的要求。

(10)对压力容器受压元件的范围作了规定,并提了复验的要求。

(11)对压力容器受压元件的焊接材料的规定。

(12)对压力容器主要受压元件的材料代用的规定。

(三)设计

(1)对压力容器设计单位的资格、设计类别和品种范围的规定。

(2)对设计总图技术要求的规定。

(3)对压力容器的设计文件应包括的内容和设计单位向使用单位提供的设计文件范围的规定。

(4)对盛装液化气体、液化石油气的固定式压力容器,如何确定设计压力的规定。

(5)对钢制压力容器受压元件的强度计算,以及许用应力的选取提出的要求。

(6)对焊缝系数与压力容器最小壁厚的要求。

(7)对压力容器上检查孔的要求。

(8)对压力容器或受压元件的焊后热处理要求。

(9)对压力容器进行气密性试验的规定。

(四)制造

(1)对压力容器制造单位应建立质量保证体系,并对质量保证工程师人选提出要求。

(2)以产品铭牌和注册铭牌及向用户提供技术文件提出要求。

(3)对现场组焊提出要求。

(4)对焊接工艺与压力容器焊工提出要求。

(5)规定了打焊工钢印的位置及焊接接头返修的要求。

(6)对压力容器的焊后热处理的要求。

(7)规定了筒体和封头制造时主要控制的项目。

(8)对压力容器焊缝表面质量的要求。

(9)对产品试板、试样的数量和制作的要求。

(10)对钢制压力容器产品试板尺寸、试样截取的数量、试验项目、合格标准和复验要求的规定。

(11)对有色金属压力容器的产品焊接试板的试样尺寸、试样截取和数量的规定。

(12)对压力容器无损检测人员资格及无损检测的时间的规定。

(13)对无损检测方法的选择提出的要求,对压力容器无损检测的标准和合格级别的规定。

(14)对压力容器局部及表面无损检测的要求。

(15)对无损检测记录、报告、底片等要求。

(16)对耐压试验和气密性试验的要求。

(17)对换热器与管板的强度胀接的要求。

(18)对锻钢压力容器的要求。

(19)不锈钢和有色金属压力容器制造的一般要求。

(20)铝制压力容器的要求及钛制压力容器的要求。

(21)钢制压力容器及镍与镍合金压力容器的要求。

(五)安装、使用管理与修理改造

(1)对从事压力容器安装单位的资格的规定。

(2)对压力容器技术负责人及使用压力容器单位安全技术管理工作的主要内容的要求。

(3)规定了压力容器使用单位必须建立压力容器技术档案。

(4)压力容器投入使用前,按《压力容器使用登记管理规则》的要求,办理使用登记的规定。

(5)压力容器操作人员应持证上岗的要求。

(6)对从事压力容器修理和技术改造的单位资格提出的要求。

(7)规定了检验、修理人员进入压力容器内部进行工作前,需按《在用压力容器检验规程》的要求,做好准备和清理工作。

(8)对移动式压力容器改变使用条件和对移动式压力容器的装卸单位等的规定。

(六)定期检验

(1)对压力容器定期检验单位及检验人员资格作出了规定。

(2)明确在用压力容器定期检验、安全状况等级评定及办理使用注册登记应遵循的规章。

(3)规定了压力容器定期检验的定义、周期和项目。

(4)规定了在 11 种情况下,内外部检验期限。

(5)对在用压力容器的耐压试验的特殊要求。

(6)对大型关键性在用压力容器,进行缺陷评定的程序和要求。

(七)安全附件

(1)对本规程管辖的安全附件划定了一个范围,也是安全阀附件的总要求。

(2)规定受本规程管辖的在用压力容器上均应有安全阀或爆破片的装置。

(3)强调安全附件的设计、制造应符合相应的国家标准、行业标准的规定。

(4)对安全阀出厂的质量证明书和铭牌的规定。

(5)对安全阀的检验或使用周期提出的要求,对安全阀检验单位和检验人员的要求。

(6)对压力表的选用、安装、检验和报废的要求。

(7)对液面计的选用、安装、检修和报废的要求。

第四节　压力容器定期检验规则

一、发布时间

《压力容器定期检验规则》于 2004 年 6 月 23 日颁布,自 2004 年 9 月 29 日起实施。

二、颁布单位

中华人民共和国国家质量监督检验检疫总局。

三、适用范围

本规则适用于属于《压力容器安全技术监察规程》适用范围的压力容器的年度和定期检验。其中,在用罐车、在用罐式集装箱的年度检查和定期检验,除符合本规则正文的有关要求外,还应当遵照本规则附件一《移动式压力容器定期检验附加要求》的规定。

在用医用氧舱的年度检查和定期检验应当按本规则附件二《医用氧舱定期检验要求》进行。

四、基本要点

《压力容器定期检验规则》共 6 章 54 条,包括总则、年度检查、全面检验、耐压试验、安全状况等级评定、附则。其基本要点如下。

(一)总则

(1)定期检验规则目的、依据及适用范围。

(2)年度检查、全面检验、耐压试验的基本概念与要求。

(3)缩短或延长全面检验周期的规定。

(4)对安全状况等级为 4 级的压力容器监控使用时间的规定。

(5)全面检验进行耐压试验的要求。

(6)对检验机构、检验方案的要求。

(7)对使用单位申报检验计划、做好检验现场配合工作的要求。

（二）年度检查

(1)年度检查包括的内容及年度检查使用单位应做好的准备工作。

(2)压力容器管理情况检查的主要内容。

(3)压力容器本体及运行状况检查的主要内容。

(4)安全附件(压力表、液位计、温度仪表、爆破装置、安全阀)检查内容的要求。

(5)年度检验结论。

（三）全面检验

(1)全面检验前审查资料的要求。

(2)全面检验前,使用单位做好检验前准备工作的内容。

(3)检验人员遵守用户安全规定。

(4)全面检验的具体规定。

(5)对全面检验出具检验报告的要求。

（四）耐压试验

(1)对耐压试验前、试验中的要求。

(2)对耐压试验压力表、试验介质、试验温度、试验操作的要求。

(3)液压试验合格标准。

(4)气压试验的要求。

（五）安全状况等级评定

(1)安全状况等级评定的原则。

(2)针对受压元件材质进行安全状况评定的要求。

(3)对不合理的结构进行安全状况评定的要求。

(4)对内、外表面有裂纹的压力容器进行安全状况等级评定的要求。

(5)机械损伤、工卡具焊迹、电弧灼伤及变形的安全状况等级划分。

(6)内表面焊缝咬边安全状况等级评定的要求。

(7)有腐蚀的压力容器安全状况等级评定的要求。

(8)错边量和棱角度超出相应的制造标准,安全状况等级评定的要求。

(9)有夹层的,其安全状况等级划分。

（六）附则

(1)对检验机构检验时记录、出具报告以及相关责任人签字的要求。

(2)检验机构将需要进行维修、改造的设备检验结果上报发证机构的规定。

第五节　锅炉压力容器制造监督管理办法

一、颁发时间

《锅炉压力容器制造监督管理办法》于 2002 年 7 月 1 日国家质量监督检验检疫总局局务会议通过,自 2003 年 1 月 1 日起施行。

二、颁发单位

《锅炉压力容器制造监督管理办法》由中华人民共和国国家质量监督检验检疫总局第22号令发出。

三、适用范围

在中华人民共和国境内制造、使用的锅炉压力容器,国家实行制造资格许可制度和产品安全性能强制监督检验制度。锅炉压力容器是指:

(1)锅炉,包括承压蒸汽锅炉、承压热水锅炉、有机热载体锅炉。

(2)压力容器,包括:①最高工作压力大于等于0.1 MPa(表压),且压力与容积的乘积大于等于2.5 MPa·L的盛装气体、液化气体和最高工作温度高于等于标准沸点的液体的各种压力容器;②公称工作压力大于等于0.2 MPa(表压),且压力与容积的乘积大于等于1.0 MPa·L的盛装气体、液化气体和标准沸点低于60 ℃的液体的各种气瓶;③医用氧舱。

四、基本要点

《锅炉压力容器制造监督管理办法》共6章35条,包括总则、制造许可、许可证管理、产品安全性能监督检验、罚则、附则。基本要点如下:

(1)目的、依据、适用范围。

(2)国家质量监督检验检疫总局、地方各级质量技术监督部门职责的规定。

(3)境内制造、使用的锅炉压力容器企业,取得制造许可证的规定。

(4)锅炉压力容器制造企业必须具备的条件。

(5)申请—受理—审查—批准—产品试制—发证的规定。

(6)对许可证管理的规定。

(7)产品安全性能监督检验的规定。

(8)罚则规定。

第六节　锅炉压力容器制造许可条件

一、颁发时间

《锅炉压力容器制造许可条件》颁发于2003年7月1日,自2004年1月1日起实施。

二、颁发单位

《锅炉压力容器制造许可条件》由中华人民共和国国家质量监督检验检疫总局以国质检锅[2003]194号发布。

三、适用范围

本条件适用于《锅炉压力容器制造监督管理办法》中所规定的锅炉压力容器制造

企业。

四、基本要点

《锅炉压力容器制造许可条件》共7章64条，包括总则、锅炉制造许可资源条件要求、压力容器制造许可资源条件、质量管理体系的基本要求、锅炉压力容器产品安全质量要求、安全附件制造许可资源条件要求、附则。基本要点如下：

(1)对锅炉压力容器制造许可资源条件要求，质量管理体系要求，锅炉压力容器产品安全质量要求。

(2)对企业建立与制造锅炉压力容器产品质量管理体系的规定。

(3)对企业的无损检测、热处理和理化性能检验的规定。

(4)锅炉制造企业必须具备锅炉制造和管理的技术力量的规定。

(5)厂房和技术设施的要求。

(6)A、B、C、D级锅炉制造许可专项条件。

(7)质量管理体系人员的要求。

(8)技术人员和专业作业人员的要求。

第七节　锅炉压力容器制造许可工作程序

一、颁发时间

《锅炉压力容器制造许可工作程序》颁发时间为2003年7月1日，自2004年1月1日起实施。

二、颁发单位

《锅炉压力容器制造许可工作程序》由国家质量监督检验检疫总局国质检锅[2003]194号《关于印发〈锅炉压力容器制造许可工作程序〉的通知》发布。

三、适用范围

《锅炉压力容器制造许可工作程序》指锅炉压力容器及安全附件制造许可申请、受理、审查、证书的批准及颁发有效期时的换证程序。

四、基本要点

《锅炉压力容器制造许可工作程序》共7章31条，包括总则，申请，申请受理，审查，制造许可证的批复颁发和换证，许可证的注销、暂停和吊销程序，附则。基本要点如下：

(1)申请的提出。A、B、C级锅炉和A、B、C级压力容器及安全阀、爆破片等安全附件制造许可向总局申请，D级锅炉、D级压力容器制造许可向省级质量技术监督部门申请。

(2)对提交申请资料的要求。

(3)对申请受理单位审查资料时间的要求。

(4)审查的规定。企业完成产品试制后,请评审机构评审,评审机构按评审要求制定评审计划,组织评审组,评审日程提前一周通知到申请企业。评审报告结论分为符合条件、需要整改、不符合条件。评审结论为需要整改的企业应在 6 个月内完成整改,并将报告书面报评审组长,由评审组核实确认,符合许可条件的,评审结论应改为符合条件。6个月内未完成整改的企业或整改后仍不符合许可条件的评审报告结论应改为不符合条件。

(5)制造许可证的批准颁发规定。发证部门的安全监察机构对鉴定评审报告进行审核并提出审核结论,符合许可条件的,由省安全监察机构上报发证部门签发制造许可证。此证 4 年内有效。

(6)许可证的注销、暂停和吊销程序。企业由于破产、转产等原因不再制造锅炉压力容器时,应将此证交回发证部门办理注销。对持证制造企业实施暂停时,发证部门应书面通知企业,明确责令改证的内容和时限。对持证制造企业实施吊销时,发证部门应书面通知制造企业,说明吊销的原因。企业将证交回发证部门。

第八节 锅炉压力容器产品安全性能监督检验规则

一、颁发时间

《锅炉压力容器产品安全性能监督检验规则》颁发时间为 2003 年 7 月 1 日,自 2004年 1 月 1 日起执行。

二、颁发单位

《锅炉压力容器产品安全性能监督检验规则》由国家质量监督检验检疫总局国质检锅〔2003〕194 号《关于印发〈锅炉压力容器产品安全性能监督检验规则〉的通知》发布。

三、适用范围

本规则适用于《锅炉压力容器制造监督管理办法》所列锅炉压力容器产品及其部件的安全性能监督检验。

四、基本要点

《锅炉压力容器产品安全性能监督检验规则》共 5 章 26 条,包括总则、监检项目和方法、监检单位和监检员、受检企业、附则。其基本要点如下:

(1)监检授权。境内锅炉压力容器制造企业的锅炉压力容器产品安全性能监检,由企业所在地的省级质量技术监督部门特种设备安全监察机构授权。境外锅炉压力容器制造企业的锅炉压力容器的安全性能监检工作,由国家质量监督检验检疫总局特种设备安全监察机构授权有相应资格的检验单位承担。

(2)对监检单位的要求。接受监检的企业,必须持有锅炉压力容器制造许可证,监检工作应当在锅炉压力容器制造现场,在其制造过程中进行。监检单位应当对所承担的监检工作质量负责。

（3）监检工作的依据：《蒸汽锅炉安全技术监察规程》、《热水锅炉安全技术监察规程》、《有机热载体炉安全技术监察规程》、《压力容器安全技术监察规程》、《超高压容器安全技术监察规程》、《医用氧舱安全管理规定》、《液化气体汽车罐车安全监察规程》、《气瓶安全监察规程》等。

（4）对监检项目A类和B类项目的要求。对A类项目，监检员必须到场进行监检，并在受检企业提供的见证文件上签字确认，未经监检确认，不得流转至下一道工序。对B类项目，监检员可以到场进行，如不能到场监检，可在受检企业自检后，对受检企业提供的见证文件进行审查签字确认。

（5）监检单位向企业公告监检大纲、工作程序、人员及其资格项目的要求。

（6）监检员的职责。

（7）对受检企业产品质量体系的要求。

第九节　锅炉压力容器使用登记管理办法

一、颁发时间

《锅炉压力容器使用登记管理办法》颁发时间为2003年7月14日，自2003年9月1日起执行。

二、颁发单位

《锅炉压力容器使用登记管理办法》由国家质量监督检验检疫总局以国质检锅［2003］207号文件《关于印发〈锅炉压力容器使用登记管理办法〉的通知》发布。

三、适用范围

《锅炉压力容器使用登记管理办法》适用于使用下列锅炉压力容器：

（1）《蒸汽锅炉安全技术监督规程》、《热水锅炉安全技术监督规程》和《有机热载体炉安全技术监察规程》适用范围内的锅炉。

（2）《压力容器安全技术监察规程》、《超高压容器安全技术监察规程》、《医用氧舱安全管理规定》适用范围内固定式压力容器、移动式压力容器（铁路罐车、汽车罐车、罐式集装箱）和氧舱。

四、基本要点

《锅炉压力容器使用登记管理办法》共5章38条，包括总则、使用登记、变更登记、监督管理、附则。其基本要点如下：

（1）省级质量监督部门和设区的市的质量监督部门是锅炉压力容器使用登记机关。

（2）每台锅炉压力容器在投入使用前或者投入使用后30日内，使用单位到登记机关申请办理使用证。

(3)使用单位申请办理使用证应提交的有关技术资料的内容。

(4)对登记机关办理申请的要求。

(5)对变更登记的要求和内容。

(6)对登记机关办理登记的程序、时间、工作质量及监管的要求。

第十节　锅炉压力容器压力管道
特种设备事故处理规定

一、颁发时间

《锅炉压力容器压力管道特种设备事故处理规定》颁发时间为 2001 年 9 月 17 日,自 2001 年 11 月 15 日起执行。

二、颁发单位

《锅炉压力容器压力管道特种设备事故处理规定》由国家质量监督检验检疫总局第 2 号发布。

三、适用范围

《锅炉压力容器压力管道特种设备事故处理规定》适用于锅炉、压力容器、压力管道、特种设备发生事故的报告、调查、处理以及事故的统计、分析。

四、基本要点

《锅炉压力容器压力管道特种设备事故处理规定》共 7 章 28 条,包括总则、事故报告、事故调查、事故处理、事故统计分析、罚则、附则。其具体要点如下:

(1)对发生特种设备事故保护现场、抢救人员、防止事故扩展的要求。

(2)特别重大、特大、重大、严重、一般事故的划分。

(3)国家质量监督检验检疫总局锅炉压力容器压力管道特种设备事故调查处理中心的职责。

(4)发生事故的报告内容及不同事故报告的部门。

(5)事故调查工作原则。

(6)根据事故大小、组成不同事故调查组的要求。

(7)事故调查组的职责。

(8)事故调查组的权利。

(9)对事故处理的要求。

(10)对事故分析的要求。

(11)罚则的要求。

第二章 压力容器综合基础知识

第一节 材料基本知识

一、金属材料的性能

金属材料的性能包括使用性能和加工工艺性能两个方面。

(一)使用性能

使用性能指金属材料在使用条件下所表现的性能,包括材料的物理、化学和力学性能。

(1)物理、化学性能,包括密度、熔点、导热性、导电性、热膨胀性、磁性、抗氧化性、耐腐蚀性等。

(2)力学性能,是指金属在外力作用下所显示的与弹性和非弹性相关或涉及应力应变关系的性能,或金属在外力作用时表现出来的性能。它是反映金属抵抗各种损伤作用能力的大小,是衡量金属材料使用性能的重要指标。力学性能指标主要包括强度、塑性、韧性、硬度和断裂力学等。

(二)加工工艺性能

加工工艺性能指材料随各种冷、热加工的能力。

(1)冷加工:切削性能等。

(2)热加工:铸造性能(涂态成形)、压力加工性能(塑性变形)、焊接性能(连接)、热处理(性能潜力)等。

二、影响金属材料性能的因素

(一)化学成分

(1)含碳量增加,则强度、硬度提高,而塑性、韧性下降。

(2)合金元素各有不同的作用。

Mn 增加可提高强度(但应控制小于1.9%),为强化元素。

V、Ti、Nb 等元素可以细化晶粒,提高韧性及材料致密度。

Mo 可提高钢的热强性能,在高温时保持足够强度,细化晶粒,防止钢的过热倾向。

Cr、Ni 提高钢的热强性能、高温氧化性和耐腐蚀性。

P、S 为有害元素,形成低熔点化学物,导致热脆性和冷脆性,使塑性、韧性下降。

微量元素 Re、稀土元素可使金属综合力学性能有所提高。

(二)组织结构、晶粒度及供应状态

(1)金属常见的显微组织如图2-1所示。

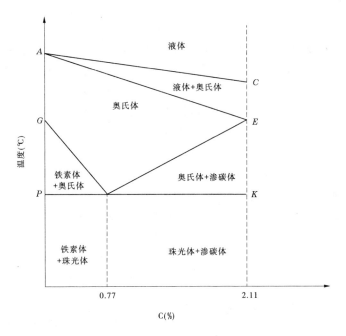

图 2-1　金属显微组织

奥氏体(A)：强度硬度不高，塑性、韧性很好，无磁性。

铁素体(F)：强度、硬度低，塑性、韧性好。

渗碳体(Fe_3C)：硬而脆，随含碳量增加，强度、硬度提高，而塑性、韧性下降。

珠光体(P)：性能介于 F 与 Fe_3C 之间。

马氏体(M)：具有很高的强度和硬度，但很脆；延展性差，易导致裂纹。

魏氏组织：粗大的过热组织，塑性、韧性下降，使钢变脆。

带状组织：双相共存的金属材料在热变形时沿主伸长方向呈带状或层状分布的组织。

(2)晶粒度：常见 1～8 级。8 级细小而均匀，综合力学性能好。

(3)热轧、调质、正火态供应，以正火状态组织性能最好。

(三)加工工艺

冷作变形会带来纤维组织、加工硬化及残余内应力。热变形会提高材料塑性变形能力及降低变形抗力。

三、金属材料性能方面的名词术语

(一)强度

金属抵抗永久变形和断裂的能力。常用的强度判据有屈服强度、抗拉强度。

(1)屈服强度：当金属材料呈屈服现象时，在试验期间达到塑性变形发生而力不增加的应力点。

(2)抗拉强度：试样在屈服阶段之后所能抵抗的最大应力。

(二)塑性

断裂前材料发生不可逆永久变形的能力。常用的塑性判据是伸长率和断面收缩率。

(1)伸长率:原始标距的伸长与原始标距之比的百分率。断后伸长率为断后标距的残余伸长。

(2)断面收缩率:断裂后试样横断面面积的最大缩减量与原始横截面面积之比的百分率。

(三)冷弯性能

用于衡量材料在室温时的塑性,是焊接接头常用的一种工艺性能试验方法,它不仅可以考核焊接接头的塑性,还可以检查受拉面的缺欠,分面弯、背弯、侧弯三种。

(四)韧性

金属在断裂前吸收变形能量的能力。

金属的韧性通常随加载速度提高、温度降低、应力集中程度加剧而减小。冲击韧度(冲击值)指冲击试样底部单位横截面面积上的冲击吸收功。

(五)蠕变

在规定温度及恒定力的作用下,材料塑性变形随时间而增加的现象。

(1)蠕变极限:在规定温度下,引起试样在一定时间内蠕动总伸长率或恒定蠕变速率不超过规定值的最大应力。

(2)持久强度:在规定温度及恒定力作用下,试样至断裂的持续时间的强度。

(六)疲劳

材料在循环应力和应变作用下,在一处或几处产生局部永久性累积性损伤,经一定循环总次数后产生裂纹或突然发生完全断裂的过程。

(1)高周疲劳:材料在低于其屈服强度的循环应力作用下,经 10^5 以上循环次数而产生的疲劳。

(2)低周疲劳:材料在接近或超过其屈服强度的循环应力作用下,经 $10^2 \sim 10^5$ 塑性应变循环次数而产生的疲劳。

(3)热疲劳:温度循环变化产生的循环热应力所导致的疲劳。

(4)腐蚀疲劳:腐蚀环境和循环应力(应变)的复合作用所导致的疲劳。

四、金属材料分类(以钢材为主)

(一)按化学成分分类

(1)碳素钢:简称碳钢。除铁、碳外主要含有少量 Si、Mn 及 P、S 等杂质,这些杂质总含量不超过 2%,按含碳量不同分为:低碳钢(含碳量小于 0.25%)、中碳钢(含碳量等于 0.25%~0.6%)、高碳钢(含碳大于 0.6%)。

(2)合金钢:除含有碳钢所含元素外,还含有其他一些合金元素,如 Cr、Ni、Mo、W、V、B 等,按合金元素含量不同分为:低合金钢(合金元素含量小于 5%)、中合金钢(合金元素含量等于 5%~10%)、高合金钢(合金元素含量大于 10%)。

(二)按用途分类

(1)结构钢,包括碳钢、低合金钢等。

(2)工具钢。

(3)特殊用途钢,包括不锈钢、耐候钢、耐热钢、磁钢等。

(三)按冶炼中的脱氧方式分类

可分为沸腾钢、镇静钢、半镇静钢、特殊镇静钢。

(四)按品质分类

按钢材中P、S杂质含量分类可分为普通钢、优质钢、高级优质钢、特级优质钢。

五、特种设备对材料方面的要求

主要包括低碳钢、低合金钢、耐热钢、低温钢、不锈钢等。

(1)使用条件(服役条件),包括设计温度、设计压力、介质特性和操作要点等。

(2)材料的焊接性能:要求焊接性良好。

(3)制造工艺要求:冷热加工能力、设备、设施、热处理能力等。

(4)经济合理性。

第二节 压力容器焊接基本知识

一、常用的焊接方法分类

按工艺特点分为熔焊、压焊及钎焊(见图2-2)。

熔焊:将待焊处的母材金属熔化以形成焊缝的焊接方法。

压焊:焊接过程中必须对焊件施加压力(加热或不加热)以完成焊接的方法。

钎焊:采用比母材熔点低的金属材料做钎料,将焊件和钎料加热到高于钎料熔点、低于母材熔化温度,利用液体钎料润湿母材,填充接头间隙并与母材相互扩散实现连接焊件的方法,可分为软钎焊和硬钎焊。软钎焊是指用熔点低于450℃的钎料进行焊接;硬钎焊是指用熔点高于450℃的钎料进行焊接。

通常主要选用手弧焊、埋弧焊及气保焊等方法。

(1)焊条电弧焊,即手弧焊,指手持焊矩、焊枪或焊钳进行操作的焊接方法。

焊条电弧焊特点:能源为电加热,保护方式为气渣联合保护,可适用于任意焊缝空间位置,施焊材料为大部分钢材及部分有色金属。其缺点为:生产率低,劳动强度大,劳动条件恶劣,对焊工操作技能水平要求高。

(2)埋弧焊:电弧在焊剂层下燃烧进行焊接的方法。焊接过程中引弧、熄弧、送进焊丝、移动焊缝或工件由机械自动完成的为自动焊。

与手弧焊相比,埋弧焊的优点有:生产率高,为手弧焊的2～5倍,热量集中,熔深大,可连续送给;焊接接头组织与性能好,保护效果好,熔渣保护,焊接质量稳定,焊缝成分均匀,成形美观;节约金属与电能,工艺损失少,不开坡口;改善劳动条件,无弧光,烟尘少,机械操作。

其缺点为:设备昂贵,辅助设备、设施要求高;装配要求严格;焊接位置受限制。

(3)氩弧焊:用氩气做保护气体的气保焊。

氩弧焊的优点有:保护效果好,焊缝质量好;电弧稳定,易实现单面焊双面成形;可全位置焊;设备简单,操作灵活。

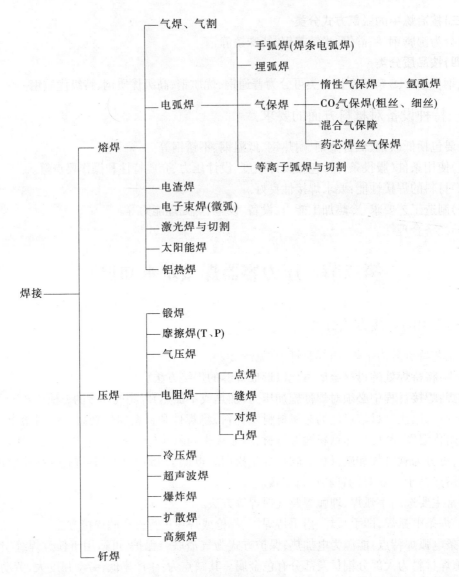

图 2-2　焊接方法分类

其缺点为:生产率较低,适用薄板;成本较高。

二、常见焊接接头形式及坡口形式

(一)焊接接头

焊接接头是指由两个或两个以上零件要用焊接组合或已经焊合的接点。检验焊接接头性能时应考虑焊缝、熔合区及热影响区甚至母材等不同部位的相互影响(见图2-3)。

焊缝:焊件经焊接后所形成的结合部分。

熔区:焊缝与母材交接的过渡区,即熔合线外微观显示的母材半熔化区。

热影响区:焊接与切割过程中,材料受热影响(但未熔化)而发生的金相组织与力学性能变化的区域。

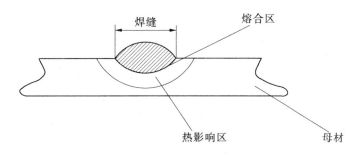

图 2-3　焊接接头示意图

焊接接头是焊接结构中的薄弱环节,这是因为:①焊缝金属存在缺欠,破坏了金属的连续性和致密性;②接头区性能下降(塑性、韧性下降,导致脆性破坏);③结构应力水平提高,焊后残余拉伸应力、局部应力集中,使应力水平提高,导致接头断裂。

(二)常见焊接接头形式

(1)对接接头:两焊件表面构成≥135°、≤180°夹角的接头。

(2)角接接头:两焊件表面构成>30°、<135°夹角的接头。

(3)搭接接头:两焊件重叠构成的接头。

(4)丁字接头:一焊件端面与另一焊件表面构成直角或近似直角的接头。

(三)常见坡口形式

坡口是指根据设计或工艺需要,在焊件的待焊部位加工并装配成一定几何形状的沟槽。

常见坡口形式有 I 形坡口、V 形坡口、X 形坡口、U 形坡口、组合坡口等。

选用坡口形式时应注意坡口角、钝边、间隙的影响。坡口角的作用是保证焊透,便于清渣;钝边的作用是防止焊穿、焊瘤;间隙的作用是保证焊透。

(四)坡口选用原则

(1)板厚(不同板厚 S,选用不同坡口):

I 形坡口(不开坡口):$S \leqslant 6$ mm;

V 形坡口:$S = 6 \sim 26$ mm;

X 形坡口:$S = 12 \sim 60$ mm

U 形坡口:$S = 20 \sim 60$ mm;

组合坡口:$S \geqslant 30$ mm。

(2)保证焊透。

(3)节约金属,填充金属尽量少,提高效率。

(4)便于施焊,改善劳动条件。

(5)不同焊接工艺方法。

(6)加工条件:加工可能性,U 形坡口、X 形坡口加工对设备要求高。

(7)减少焊后变形量:双面坡口对称焊接。

坡口加工方法一般有气割、等离子切割、刨边机、车削、碳弧气刨等。

三、焊接接头的组织与性能及其影响因素

(一)焊接热循环

焊接热循环指在焊接热源作用下,焊件上某点的温度随时间变化的过程。

其主要特点为:

(1)急剧加热且温度高,发生过热,热影响区晶粒长大。

(2)急速冷却且速度快,易发生淬硬,形成淬硬组织,导致冷裂纹。

(二)焊缝金属组织与性能

焊缝金属结晶时冷却速度快,在过热状态及运动状态下结晶,形成晶粒长大和柱状晶的特点。

金属的性能取决于化学成分和组织结构。

(三)影响焊接接头的性能因素

(1)材料匹配,母材与焊材应匹配。

(2)焊接工艺方法,常用的有焊条电弧焊、埋弧焊、气保焊等。

(3)熔合比(坡口形式和尺寸)。

(4)焊接参数。

(5)操作方法,如多层多焊道、单焊道。

(6)焊后热处理,目的是消除焊接残余应力和改善焊接接头的性能。

四、焊接应力与变形

焊接应力是焊接构件由焊接而产生的内应力。焊接变形是焊接构件由焊接而产生的变形。

(一)焊接应力与变形的分类

1.焊接应力分类

(1)按引起应力的基本原因分类可分为热应力和组织应力。热应力指由于温度分布不均匀而形成的应力;组织应力指由于组织结构变化而形成的应力。

(2)按应力存在时间分类可分为瞬间应力和残余应力。瞬间应力指在一定的温度及刚性条件下,某一瞬间存在的应力;残余应力指焊接结束后和完全冷却后仍然存在的应力。

(3)按应力作用方向分类可分为纵向应力和横向应力。纵向应力指与焊缝轴线相平行的应力。横向应力指与焊缝轴线相垂直的应力。

(4)按应力在空间存在的方向分类可分为单向应力、双向应力、三向应力。单向应力指在焊件上沿一个方向存在的应力;双向应力指作用在一个平面内不同方向上的应力,亦称平面应力;三向应力指沿空间所有方向存在的应力,亦称体积应力。

2.焊接变形分类

(1)收缩变形,包括纵向收缩和横向收缩。纵向收缩指平行焊缝长度方向的变形;横向收缩指垂直焊缝长度方向的变形。

(2)弯曲变形:纵向、横向变形叠加而成的变形。

(3)扭曲变形:纵向、横向变形无规律而形成的变形。

(4)角变形:厚度方向上,横向收缩不一致而形成的变形。

(5)波浪变形:焊件在焊后凸凹不平,呈波浪状,常见于薄板焊接结构中。

(二)焊接应力与变形的形成原因

(1)焊接接头不均匀加热与冷却,即温度分布不均匀(热应力)。

(2)焊接结构本身或外加刚性拘束条件(拘束应力)。拘束度是衡量焊接接头刚性大小的一个定量指标。

(3)通过力、温度和组织结构等因素变化(相变应力)。

(三)焊接应力的防止措施

主要基点是:温度分布均匀,焊缝能自由收缩。

(1)合理装配焊接顺序,使焊缝自由收缩。

(2)焊前预热,可减小温差,降低焊后冷却速度。

(3)结构设计,如对称分布、小坡口空间、短焊缝、减应法、小热输入等。

(四)消除焊接应力的方法

(1)热处理法,采用高温回火,消除应力退火(焊后热处理)。

(2)加载法(机械法),即利用拉伸塑性变形抵消焊接时所产生的压缩塑性变形,包括机械拉伸法和温差拉伸法。机械拉伸法是通过外加荷载使塑变区拉伸;温差拉伸法则是通过对结构的局部加热所造成的温差对焊缝进行拉伸的。

(3)振动法,即通过低频振动使拉应力区发生塑性变形。

(五)控制焊接变形的措施

(1)设计措施。

(2)预留收缩余量法,可防止收缩变形。

(3)反变形法,可防止角变形。

(4)合理装配焊接顺序:先纵后环、先短后长。

(5)刚性固定法:外加刚性拘束。

(6)热调整法,使热输入降低。

(7)锤击法:补偿收缩、锤击伸长。

(六)矫正焊接变形的措施

(1)机械矫正,又称冷加工。

(2)火焰矫正,又称热加工。

(七)焊接应力与变形带来的危害

(1)降低装配的焊接质量。

(2)降低接头性能及结构承载能力,缩短设备使用寿命。

(3)增加制造成本。

(4)导致裂纹和低应力脆性破坏事故的产生。

五、焊接工艺、预热、后热和热处理的作用

(1)焊接工艺,指与焊接有关的加工方法和实施要求,包括焊接准备、材料选用、焊接

方法选定、焊接参数、操作要求等。

(2)焊接工艺规范(程),指与焊接有关的加工和实践要求的细则文件,可保证由熟练焊工操作时质量的再现性。

(3)预热,指焊接开始前,对焊件的全部(或局部)进行加热的工艺措施。目的是降低焊后冷却速度,防止裂纹的产生。预热温度因材料不同而异。

(4)后热,指焊接后立即对焊件全部(或局部)进行加热或保温使其缓冷的工艺措施。目的是消除应力。

(5)焊后热处理,指焊后为改善焊接接头的组织和性能或消除残余应力而进行的热处理。

六、常见焊接缺陷的产生原因、危害和防止措施

焊接缺陷,指焊接过程中在焊接接头产生的不连续性、不致密性或连接不良的现象。根据在接头中所处的位置不同,可分为外部缺陷和内部缺陷。

GB6417《金属熔化焊焊缝缺陷分类及说明》将焊接缺陷分为六类。

第一类:裂纹(热裂、冷裂、再热裂纹、层状撕裂);

第二类:孔穴(气孔、缩孔等);

第三类:固态夹渣(夹渣、氧化物、金属夹杂);

第四类:未焊透,未熔合;

第五类:形状缺陷,咬边、缩沟、超标余高、焊缝外表形状不良、错边、焊瘤、烧穿、未焊满、焊脚不对称、根部收缩、接头处结合不良等;

第六类:其他缺陷,电弧擦伤、飞溅、表面撕裂、打磨过量、定位焊缺陷等。

缺欠泛指对技术要求的偏离,广义名词。有的缺欠未必危及产品的"使用适应性";而有的缺欠则可能对产品的结构构成危害,损及其质量,成为焊接缺陷,应判废或返修。

焊接缺欠泛指焊接接头中的不连续性、不均匀性、不完善性及其他不健全的缺欠(原称焊接缺陷)。

焊接缺陷指不符合具体焊接产品性能要求的焊接缺欠。

(一)外观缺陷——表面缺陷、开头缺陷

1.咬边

咬边指由于焊接参数选择不当或操作方法不正确,沿焊趾的母材部位产生的沟槽或凹陷。焊趾指焊缝表面与母材的交接处。

产生原因:①电流过大;②运条速度不当;③焊条角度及运条不当;④电弧过长等。

2.焊瘤

焊瘤指焊接过程中,熔化金属流淌到焊缝之外未熔合的母材上所形成的金属瘤。

产生原因:①操作技能差;②运条不当;③电弧过长;④焊接速度慢;⑤电流过大;⑥单面焊钝边小、间隙大。

3.未焊满

未焊满指由于填充金属不足,在焊缝表面形成的连续或断续的沟槽。

产生原因:①热输入小;②焊条过细;③运条不当;④层次安排不合理。

4.凹坑

凹坑指焊后在焊缝表面或焊缝背面形成的位于母材表面的局部低洼部分。

产生原因:①操作技能差;②电流无穷大;③运条不当;④层次安排不合理。

5.烧穿

烧穿指焊接过程中,熔化金属自坡口背面流出形成穿孔的缺陷。

产生原因:①电流过大;②焊速过慢;③坡口间隙大,钝边小;④操作技能差。

6.成形不良

对接焊缝:余高超标,成形高低宽窄不均匀,圆滑过渡不良。

角焊缝:焊脚高不均匀。

7.错边

错边指两工件在厚度方向上错开一定的距离。

8.下塌(塌陷)

下塌指单面熔化焊时,由于焊接工艺不当,造成焊缝金属过量,透过背面而使焊缝正面塌陷、背面凸起的现象。

9.各种焊接变形

包括收缩(纵向、横向)、角变形、弯曲、扭曲、波浪变形等。

(二)内部缺陷

1.气孔

气孔指焊接时,熔池中的气体未在金属凝固前逸出,残留于焊缝中所形成的空穴。

1)气体来源

(1)周围大气或冶金过程中产生。

(2)坡口不干净,铁锈、油污、水分等。

(3)焊条受潮没烘干。

2)气孔分类

(1)按形状分类:球状、条虫状。

(2)按数量分类:单个、群状(均匀分布、密集状、链状之分)。

3)形成机理

液体金属的凝固速度大于气体逸出速度。

4)产生原因

(1)坡口未清理。

(2)焊条受潮没烘干,气体纯度不够,焊丝表面不干净。

(3)保护条件不好。

(4)操作运条不当,电弧偏吹。

(5)焊接规范:电流过大、过小,焊速过快,电弧过长等。

2.夹渣

夹渣指焊后残余在焊缝中的焊渣。

1)分类

可分为金属夹渣和非金属夹渣。

2)形状与分布

单个点状、条状、链状和密集状。

3)产生原因

(1)坡口形式和尺寸不合理。

(2)坡口面不干净,多层焊清渣不干净。

(3)电流小,焊速快,运条不当,操作技能差。

(4)熔渣黏度大。

3．未焊透、未熔合

未焊透指焊接时接头根部未完全熔透的现象。

未熔合指熔焊时,焊道与母材之间或焊道与焊道之间未完全熔化结合的部分。

产生原因:

(1)坡口未清理,尺寸形状不合格,钝边过大、角度小、间隙小。

(2)磁偏吹,焊条偏心度大。

(3)热输入小。

(4)操作技能差。

(5)层间及焊根清理不彻底。

4．裂纹

裂纹指在焊接应力及其他致脆因素共同作用下,焊接接头中局部地区的金属原子结合力遭到破坏而形成新界面所产生的缝隙。

裂纹特征:①尖锐缺口;②大的长宽比。

根据裂纹产生原因及温度不同可分为热裂纹、冷裂纹、再热裂纹、层状撕裂、应力腐蚀裂纹。

1)热裂纹

热裂纹指焊接过程中,焊缝和热影响区金属冷却到固相线附近的高温区产生的焊接裂纹。

(1)特点:断面有高温氧化色彩、晶间裂纹。

(2)产生原因:低熔点化合物在拉伸应力作用下开裂。

(3)防止措施:①P、S控制,限制含碳量,加入金属元素;②采用合适的焊接规范,预热缓冷;③使用碱性焊条及焊剂;④多层次多焊道填满弧坑;⑤合理装配焊接顺序。

2)冷裂纹

冷裂纹指焊接接头冷却到较低温度下(200～300 ℃)时产生的裂纹。

延迟裂纹指焊接接头冷却到室温后并在一定时间(几小时、几天甚至十几天)才会出现的冷裂纹。

(1)特点:断口色、穿晶裂纹。

(2)产生原因:①焊接残余拉伸应力;②淬硬组织形成;③扩散氢的存在与聚集。

(3)防止措施:①焊前预热,焊后缓冷;②减少氢含量措施;③使用碱性焊条、低氢型焊剂;④采用合理焊接工艺及规范;⑤焊后热处理、消氢处理、消应处理;⑥合理装配焊接顺序,改善应力状态。

3) 再热裂纹

再热裂纹指在焊后消除应力热处理等重新加热过程中,在焊接热影响区的粗晶区产生的裂纹。

4) 层状撕裂

层状撕裂指焊接时,在焊接构件中沿钢板轧层形成的呈阶梯状的一种裂纹。

5) 应力腐蚀裂纹(冷裂纹)

应力腐蚀裂纹指服役过程中,焊接应力与工作应力和腐蚀介质作用下产生的裂纹。

(三)其他缺陷

1.电弧擦伤

指在邻近焊缝的母材上,由于随意引弧所造成的金属表面局部损伤,这影响焊缝外观质量及使用性能。

2.打磨过量

由于打磨引起的外伤或焊缝的不允许的减薄。

3.定位焊缺陷

焊材选用、质量、烘干、成形尺寸不符合要求。

(四)焊接缺陷危害

(1)引起应力集中。

(2)造成脆断。

(3)减少焊缝有效受力截面及缩短设备使用寿命。

七、焊接工艺评定

焊接工艺评定指为验证所拟定的焊件焊接工艺的正确性而进行的试验过程及结果评价。

焊接工艺指导书指为验证性试验所拟定的,经评定合格的,用于指导生产的焊接工艺文件。

焊接工艺评定报告指按规定的格式记载验证性试验结果,对拟定焊接工艺的正确性进行评价的记录报告。

(1)焊接工艺评定过程:①拟定焊接工艺指导书;②施焊试件和检验试件(外观、无损探伤);③制取试样和检验试样(力学性能、宏观金相等);④测定焊接接头是否具有所要求的使用性能;⑤提出焊接工艺评定报告,对拟定的焊接工艺指导书进行评定和验证。

(2)焊接工艺评定验证施焊单位拟定焊接工艺的正确性,并评定施焊单位的能力。

(3)焊接工艺评定所用设备、仪表处于正常状态。

(4)需要进行焊接工艺评定的焊缝:①受压零件焊缝;②与受压元件相焊的焊缝;③上述焊缝的定位焊;④受压元件母材表面堆焊、补焊焊缝。

(5)焊接工艺评定的重要因素改变时需重新评定。

(6)焊接工艺评定包括对接焊接和角接焊缝两种。

八、焊接材料的选用原则

焊接材料包括焊条、焊丝(实芯和药芯)、钢带、焊剂、气体、电极和衬垫等。

焊接材料选用原则:应根据母材的化学成分、力学性能、焊接性能,并结合承压设备结构特点、使用条件及焊接方法综合考虑选用焊接材料,必要时通过试验确定。

第三节 热处理基本知识

一、钢的热处理

钢的热处理,指通过加热、保温、冷却的操作方法,使钢的组织结构发生变化,以获得所需性能的一种加工工艺方法。

钢的热处理工艺如图2-4所示。其中常用的有正火、退火、回火、淬火等。

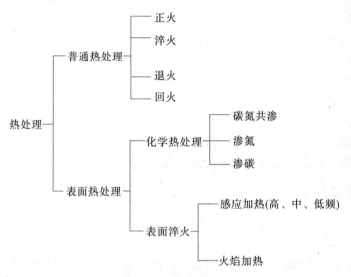

图 2-4　钢的热处理工艺

(一)正火

正火是将钢材加热到临界点 A_3 或 A_{cm} 以上 30～50 ℃,保温一定时间,进行完全 A 化,空冷。

正火的目的是:①使钢材晶粒细小而均匀,综合力学性能好;②消除残余应力;③最终热处理。

(二)退火

退火是将钢材加热至临界点 A_3 或 A_1 左右一定范围温度,保温一段时间,缓冷。

退火的目的是:①消除残余应力;②细化晶粒,改善组织;③降低硬度,提高塑性。

焊后热处理的方法是:低温退火,再加热至 600～640 ℃,保温一段时间,缓冷或空冷。目的主要是消除焊后残余应力。

(三)回火

回火是钢材淬火后,再加热到 A_1 以下某一温度,保温后冷却到室温。

可分为低温回火(150～250 ℃)、中温回火(350～500 ℃)、高温回火(500～650 ℃)。

其中250～350 ℃回火时会产生回火脆性,应避免。

调质处理是淬火后再进行高温回火的复合热处理工艺。可提高钢材的综合力学性能。

(四)淬火

淬火是将高、中碳钢加热到 A_1 或 A_3 以上 $30～70$ ℃,保温后快速冷却得到 M 组织,提高钢的硬度和耐磨性。

二、热处理设备设施

(1)加热炉应符合 GB/T9452—2003"热处理炉有效加热区测定方法"的要求。

(2)热电偶。数量及分布应符合要求。

(3)温控自动记录仪表。应定期检定。

三、承压设备焊后热处理类别

(一)除不锈钢以外的材料

(1)不进行焊后热处理。

(2)低于转变温度(723 ℃)焊后热处理。

(3)高于上转变温度焊后热处理。

(4)先高于上转变温度,随后在低于转变温度进行焊后热处理。

(5)在上下转变温度之间进行焊后热处理。

(二)不锈钢焊后热处理

(1)固熔处理:加热至 1 050～1 100 ℃保温后急冷,可提高耐腐蚀性,消除晶间腐蚀,软化钢。

(2)稳定化处理:Ti、Nb 不锈钢加热至 850～900 ℃保温后空冷,消除应力腐蚀及晶间腐蚀。

(3)回复:加热至 250～300 ℃低温退火,可使内应力降低,保留加工硬化。

(4)再结晶:加热至 680～720 ℃再结晶退火温度,新晶粒生核成长过程,消除加工硬化现象,降低变形抗力。

第四节　压力容器的分类

一、按压力、品种、介质及易燃介质分类

(1)按压力分为低压、中压、高压及超高压,前三种在材料、失效判据(准则)、计算方法、制造要求上基本一致,而超高压则截然不同。

(2)按介质毒性及易燃分类,主要出于安全考虑,即一旦发生事故(爆炸、渗漏等)的危害程度。

二、按制造许可级别分类

(1)按制造许可级别分类,一般考虑如下一些因素:①安全性及制造难易程度的不同,

这里涉及 P、PV、介质特性、材料强度级别等;②工作(安放)位置分为固定与移动,移动容器的安全要求高于固定容器,且应对减轻自重、防冲击、各类仪表的装设做特殊考虑;③材料、金属与非金属制容器在制造与检验方法上有很大不同;④考虑制造特点,利于专业化生产,如球罐。

(2)对不同制造许可级别的企业,提出不同的资源条件与安全质量要求。

三、按生产工艺过程中作用原理分类

分为反应、换热、分离、储存四类,其中反应容器安全性要求最高,因其在进行物理、化学反应时可能造成压力、温度的变化。

四、常见的分类方法

(1)按形状分类,如圆筒形、球形、组合式。

(2)按筒体结构分为整体式、组合式。

(3)按制造方法分为焊接(最为普通)、锻造(主要用于超高压)、铸造(主要优点是方便制造,但因其质量问题需加大安全系数,多用于小型、低压容器)。

(4)按材料分为金属与非金属两大类,金属又分为钢、铸铁、有色金属与合金。其中有色金属与合金主要用于腐蚀等特殊工况,在生产条件、生产装备、原材料验收与堆放、吊装、运输包装,尤其是焊接等环节有一系列特殊要求。钢中以其化学成分又分为碳素钢、低合金钢(前两者主要是强度钢)及高合金钢(主要用于腐蚀、低温、高温等特殊工况)。我国以标准抗拉强度下限大于 540 MPa 作为高强度钢的分界。

第五节　压力容器设计基本知识

一、薄壁容器应力简化

(一)应力合理简化的主要内容
(1)将三向受力状态简化为两向(切向、轴向)受力状态。
(2)将应力沿壁厚非均布视为均布。
(3)将应力沿轴向非均布视为均布。
(二)简化的目的
依据外载方便计算应力。
(三)薄壁容器的范畴(即简化造成误差的允许范围)
$D_外/D_内<1.5$(力学);$D_外/D_内<1.2$(工程),即高压、中压、低压容器。

二、强度理论的选择

(一)强度理论的作用
在外载引起的应力与材料极限应力间建立联系,以便计算壁厚。

(二)主要强度理论的分类及选择

第一强度理论(最大主应力理论):最大主应力达到或超过材料强度极限构件即破坏(脆断),适用于脆性材料破坏,但 ASME Ⅷ 与 GB150 等仍采用,主要原因在于经验丰富、简便,采用一定的限制条件(压力、结构、元件系数)可保证安全。

(三)主要强度理论的分类及选择

第三强度理论(最大剪应力理论):最大剪应力达到或超过材料屈服极限构件即破坏(塑性屈服),较适用于压力容器,ASME Ⅷ-2 与 JB4732 采用。

第四强度理论(能量理论):均方根剪应力(考虑最大剪应力的同时,兼顾其他剪应力对安全的影响)达到或超过屈服极限构件即破坏(塑性屈服),最适用压力容器,但需试算,使用不便。

三、失效判据(准则)的选择

(一)失效判据的作用
设定产品的安全底线。

(二)失效判据(准则)的分类及选择
弹性失效判据:容器在整个使用过程(含耐压试验)材料处于弹性,不屈服。偏安全、经验丰富,ASME Ⅷ-1 及 GB150 采用。

塑性失效判据:内壁材料进入塑性但外壁材料仍处于弹性,可提高材料利用率,ASME Ⅷ-2 及 JB4732 等采用。允许内失效,不允许外失效。

爆破失效判据:因材料屈服强化,内、外壁材料同时进入塑性仍不会破坏,应力直至材料强度限前均可使用,我国超高压容器设计采用。

四、设计条件的确定

(一)设计条件的作用
为压力容器的设计依据。

(二)设计条件包含的内容
主要为压力、温度、介质、腐蚀裕量、焊缝系数、自然基础条件等。

(1)(最高)工况和压力正常工况(安全责任界限)容器顶部(最小、唯一)或能(并非必然)出现的最大压力,由用户工艺人员提供。

(2)设计压力:设定的容器顶部的最高压力,与相应设计温度一起成为设计载荷条件(可能出现的最危险工况),由设计人员根据最高工作压力设定(大于或大于等于)。

(3)腐蚀裕量:年腐蚀速率×设计寿命,指均匀腐蚀。对应力腐蚀、晶间腐蚀及氢腐蚀等需采用其他方法(如选材)解决。

五、安全系数

(一)安全系数的作用
安全系数是设计的核心,是安全性与经济性辩证统一。

(二)采用安全系数的原因

由于下列因素的存在,压力容器设计中必须采用安全系数:①载荷误差;②设计误差;③材料误差;④制造与检验的误差;⑤使用中的问题;⑥未可知因素。

(三)安全系数发展的历史与趋向

(1)单一走向多元(强度、屈服、设计温度下屈服、持久、蠕变),取五者中最小许用应力。

(2)从高到低,下降趋势(技术进步、经验积累)。

(3)针对不同应力对安全的不同影响,取不同的安全系数。

(四)螺栓安全系数的特殊性

避免过度上紧,一般只对屈服点取安全系数,并依材料、规格而异。

六、焊缝(焊接接头)系数

(一)焊缝系数的作用

是压力容器重要的设计系数,考虑焊缝对容器强度的削弱,用整个增加壁厚的方式补足。

(二)焊缝系数的选取

依焊接接头形式及无损检测长度(比例)确定。

(三)几个问题的解释

(1)相当于双面焊的全焊透焊接接头,可采用多种方法实现,最终由无损检测判断。

(2)一般均指纵缝,环缝焊接接头系数仅在特定条件(如高塔风载)下采用。

(3)《压力容器安全技术监察规程》对无垫板单面焊环向接头焊缝系数的规定,应理解为对无垫板单面焊使用的限制。

七、主要受压元件设计计算书中应注意的几个问题

(1)多数元件(如筒体、封头、球壳)可通过公式直接得出壁厚,部分元件(如法兰、外压)需先假定尺寸然后进行试算校核。

(2)设计时因难以搞清开孔与焊缝的相对位置,均按在焊缝上进行开孔补强设计,制造时应尽量使开孔远离焊缝。

(3)GB150对开孔规格限制,是等面积补强方法的限制,如需要开大孔可另寻补强设计方法,如极限分析、安定性分析。

(4)除十字焊缝外,对封头拼板焊缝无限制,但均需100%探伤,合格级别与容器一致。大型封头制造后,因运输原因切开到现场再组焊,不属拼板焊缝。

(5)为减少计算工作量,避免错误,将常用规格的封头、法兰编制成标准封头、法兰,供设计者选用,并非限制设计者自行设计计算。

(6)GB150中要求筒节长度不小于300 mm,属惩罚条款,并非合理要求。

八、应力分析设计的一般概念

(一)应力分析设计(JB4732)与规则设计(GB150)的主要区别

(1)GB150采用第一强度理论(弹性失效准则),不适用于疲劳容器,压力适用上限35 MPa,安全系数高。JB4732采用第三强度理论(塑性失效准则),可用于疲劳容器,压力适用上限100 MPa,安全系数低。

(2)二者的制造检验要求无本质差别,仅JB4732要求更严格,如不允许采用局部无损检测对容器进行制造检验。

(二)应力分类的基本知识

按各类应力对容器安全的不同影响,将其分为一次应力、二次应力与峰值应力。

(1)一次应力即基本应力,它有两大特征:第一,是外载荷(压力、重量、其他外载)引起的,外载消失一次应力亦不复存在;第二,作用范围广,与结构长度或容器半径属同一量级。由内压在圆筒与封头上引起的切向、轴(经)向应力即属一次应力。

一次应力按其在壁厚方向分布的均匀程度,又可分为一次膜应力(均布部分)和一次弯曲应力(扣除一次膜应力后的线性分布部分)。一次膜应力对容器安全影响最大,应严格限制;对一次弯曲应力的限制可稍宽。

(2)二次应力是由部件的约束或结构自身约束而产生的应力,其特点是:第一,分布区域较一次应力小,属同一量级;第二,二次应力达到材料屈服点时,仅引起局部屈服,大部分材料仍属弹性,且二次应力有自限性。封头与筒体连接处由附加弯矩引起的轴、切向应力属二次应力。温差应力一般亦属二次应力。对二次应力的限制宽于一次应力。

(3)峰值应力是扣除一次、二次应力后,沿壁厚非线性分布的部分。峰值应力多在壳体与接管连接处产生,其分布区域极小,仅对疲劳破坏产生影响。

九、结构设计的一般要求

(一)结构设计的重要性

结构设计是设计计算的基础,对安全与经济性影响极大。

结构设计的基本要求是安全、方便制造与检验。任何结构都不是万能的,需合理设计与选择。

(二)结构设计的一般要求

1.筒体结构

筒体结构分为整体式与组合式两大类。

1)整体式

整体式结构即满足强度、刚度与稳定性需要的厚度(不含耐蚀层),由一整块连续钢材构成的结构。

常见整体式结构有单层焊接(应用最广)、锻造(主要用于超高压)、锻焊(用于大型重要工况)、无缝管(小容器)。

2)组合式

组合式结构即满足强度、刚度与稳定性需要的厚度(不含耐蚀层),由板—板、板—带、板—丝组合而成的结构,主要用于高压容器。

板—板组合结构有多层包扎、整体包扎、热套、绕板等;板—带组合结构有型槽绕带、扁平钢带等;板—丝组合结构有绕丝(主要用于超高压)等。

3)整体式与组合式的比较

在安全性方面组合式优于整体式,理由如下:以薄攻厚,中厚板、薄板性能优于厚板;缺陷只能在本层内扩展;危险的纵缝(整体包扎含环缝)化整为零,各层均布;安全泄放孔,利于报警;预应力增加安全裕度。但组合式工艺复杂,生产周期长,且不适于做热容器。

2.封头结构

封头分为凸形封头、锥形封头、平盖等三大类。

1)凸形封头

凸形封头依形状(受力)分为半球形、椭圆碟形、球冠形。制造方法主要为冲压(适于批量)、旋压(适于单件)。制造方式主要有整板成形(小封头)、先拼板后成形(大、中型封头)、分瓣成形后组焊(特大型封头)。

2)锥形封头

锥形封头主要用于变速或方便卸料。依半顶角分为30°(无折边)、45°(大端折边)、60°(大、小端折边);主要制造方法为卷焊。

3)平盖

包括平盖和锻造平底封头等,与筒体连接分为可拆与固接。制造方法多为锻造。

3.开孔补强结构

(1)补强圈。加工方便,但补强效果有限,使用范围有一定限制。

(2)厚壁管补强。

(3)另加补强元件(锻件)补强,受力好,将角度改为对接,易保证焊接质量,但加工复杂。

4.法兰连接结构

法兰与密封垫、紧固件合为一个结构整体,属可拆结构,其基本功能是连接与密封,法兰结构与设计计算应三位一体综合考虑。

法兰按其整体性程度分为三种:①整体法兰。法兰、法兰颈与容器(或接管)合为一个整体,强度与刚性好,连接与密封效果好,但加工困难。②松式法兰。法兰未能与容器(或接管)有效合为一个整体,连接与密封效果较差,但加工方便。③任意式法兰。介于二者之间。以密封压紧面形式分为:①平面密封。密封效果差,但加工方便。②凹凸面密封。单面限制垫片流动,密封效果较好,但加工较难。③榫槽密封。双面限制垫片流动,密封性好,便加工复杂。

5.焊接结构

(1)焊接结构的主要作用为方便施焊,从结构上保证焊透,且尽量减少焊接工作量。

(2)焊接结构与工艺因素(工人技能、习惯、方法、装备等)关系密切,设计者可提要求,具体结构与尺寸原则上应由制造方确定。

(三)其他结构设计的注意事项

(1)尽量避免外形突变,关注倒角、倒圆。

(2)开孔(尤其是大孔)尽量开在强度裕量大的部位,如平盖、筒体端部,它们的厚度是由刚性及螺栓个数、排列与上紧空间决定的。

(3)应尽量避免静不定结构(如卧式容器只允许双鞍座),对静不定结构(如球罐支承)应做特殊考虑。

(4)应注意防止过大的温差应力,如膨胀节的设置,支承中的活动支承。

(5)支承设计中除考虑承重能力外,还应考虑支座反力对壳体的影响,决定是否加垫板。

(6)对法兰螺栓通孔、地脚螺栓通孔跨中的均布考虑。

第六节　压力容器制造、安装、维修、改造基本知识

一、产品焊接试板

(一)产品焊接试板的作用

产品施焊后,用检验试板焊缝力学性能的办法,来考核产品焊缝的力学性能是否合格。这不能替代无损检测与外观检查。

(二)制备产品焊接试板的条件

需按台制备的条件:①与材质有关:Cr-Mo 低合金钢;压力大于 540 MPa;经热处理改善材料力学性能。②与介质有关:极度、高度危害。③与设计温度有关:低温;-20~10 ℃以及-10~0 ℃厚度超过某一界限的 20R、16MnR。④与厚度有关:厚度大于 20 mm 的 15MnNbR。

其他以批代台制备。

(三)制备试板的要求

从材料(钢号、规格、热处理)、焊工、施焊条件、工艺、热处理、位置等方面提出要求,使试板焊缝尽量代表产品焊缝。

(四)试样与试验

需做拉伸、弯曲以及必要时的冲击试验。

(五)不合格处理

允许重新取样复验;允许重新进行热处理。

如仍不合格且无试板,则代表的产品焊缝为不合格。应注意的问题:试板焊缝应探伤,但无合格级别且不需返修,目的在于避开缺陷处取样,防止缺陷造成试验结果不合格。

环缝不做处理,需要时做鉴证环。

二、焊后(消除应力)热处理

(一)目的
消除过大焊接应力,细化晶粒。

(二)焊接应力产生的原因、特点及危害
焊接应力因焊接过程中变形不协调产生。

焊接应力的特点:量值高,可能大于屈服极限;一直存在;属二次应力,有"自限性";测量困难(X 光衍射、小孔衍射)。

对容器的主要危害为应力腐蚀。

(三)需进行焊后热处理的条件

(1)通用条件:依据材质、厚度、预热温度的不同组合判定。

(2)必需条件:图样注明应力腐蚀、盛装极度、高度危害介质。

(3)免做条件:奥氏体不锈钢(不需要,做热处理反而不好)。

(4)应力腐蚀的复杂性(介质、温度、酸碱度、材质、残余应力等)。

(四)焊后热处理方法

包括整体进炉、分段进炉、局部热处理、现场热处理(包括在容器内和容器外处理)。

(五)热处理工艺要求

选择热处理工艺应考虑以下要求:进、出炉炉温;升、降温速度;保温时温差;炉内气氛。目的在于热透,避免过大温差应力造成的损害。

三、耐压试验与气密性试验

(一)耐压试验

1.液压试验

(1)试验压力的确定。试验压力计算公式中的系数(1.25)与安全系数有关,试验压力校核是基于弹性失效准则。

(2)液压试验的危险性主要来自能量观点和金属碎片。

(3)液压试验后的压力容器,符合下列条件为合格:①无渗漏;②无可见的变形;③试验过程中无异常响声;④对抗拉强度规定值下限大于等于 540 MPa 的材料,表面经无损检测抽样未发现裂纹。

2.气压试验

气压试验的危险性远高于液压试验,除能量和碎片外,气体会高速恢复被压缩的体积形成冲击波。

气压试验过程中,压力容器无异常响声,经肥皂液或其他检漏液检查无漏气、无可见的变形即为合格。

(二)气密试验

(1)条件:介质毒性程度为极度、高度危害或生产工艺过程中不允许泄漏。

(2)试验介质:空气氮、惰性气体等。

(3)合格指标:经检查无泄漏,保压不少于 30min 即为合格。

四、压力容器的改造与维修

(一)应充分关注改造与维修的难度和质量

在使用现场对在役容器进行维修、改造,尤其是动火(焊接)维修、改造在技术上是十分困难的,主要难点在于:①缺陷的去除、坡口加工、开孔等由于位置、工具等原因,难度大于制造厂;②焊接修复由于位置、施焊环境、预热条件、拘束度等原因,难度大于制造厂;

③在役产品的材料可能早被淘汰,在长期使用过程中因老化、腐蚀等原因可能造成材料性能质量的改变,均会加大维修、改造的难度。

(二)对提高维修改造的建议措施

(1)提高对维修改造单位、人员的市场准入标准。

(2)焊补前一定要严格进行无损检测,确保缺陷除净,并应进行必要的焊接工艺评定。

(3)对 Cr－Mo 低合金钢及高强钢的维修改造应慎之又慎,最好由原制造厂或其他经验丰富的单位实施。

(4)是否值得维修改造要充分考虑容器的使用价值。

五、管子与管板的胀接

(一)胀接的分类

(1)贴胀。贴胀在管板孔内表面可不开槽。贴胀一定要与强度焊联合使用,其目的在于消除管子与管板间的间隙,防止震动。

(2)强度胀。强度胀管板孔内表面应开矩形槽,并应达到全厚度胀接。强度胀可单独使用,亦可与密封焊联合使用,对重要场合亦可与强度焊联合使用。

(二)胀接方法

一般分为柔性胀(如液压胀、橡胶胀、液袋式液胀等)和机械胀。

(三)胀接质量控制要求

(1)严格检查管端与管板孔内表面的尺寸精度、清洁度、硬度、粗糙度,尤其不应有纵向或螺旋状刻痕。

(2)胀接前应计算胀接压力并进行试胀,测试胀接接头的拉脱力。

(3)胀接后应进行耐压试验,检查胀口严密性。

六、锻钢、铸铁、不锈钢及有色金属制压力容器的制造

(一)锻钢容器

主要有(整体)锻造容器(主要用于超高压)、锻焊容器(主要用于大型重要产品)以及其他容器所用的锻件(如平盖、平底封头、筒体端部等)。

锻钢容器的制造关键是锻件质量,基本要求参见 JB4726～4728。

(二)铸铁容器

铸铁容器因其质量只能用于小型、非重要场合。其表面缺陷只能用加装螺塞方法修补,但对塞头深度及直径有限制。首次试制产品应进行爆破试验。

(三)不锈钢及有色金属制容器

有色金属制容器包括铝、钛、镍、锆及其合金。

材料堆放、制造、吊装、运输全过程中应保持清洁,避免与钢等金属直接接触,防止有害离子污染。

下料切割、坡口加工宜采用机械法,热切割多用离子切割,加工边缘应打磨,去除污染区。

焊接是质量关键,包括坡口表面及附近的清洁要求,焊接方法多采用气体保护焊、等

离子焊等。

第七节 超高压容器基本知识

一、超高压容器主要特点

(1)压力高(100~1 000 MPa),规格较小。

(2)属厚壁容器($D_外/D_内>1.5$),内、外壁应力水平相差大,不可能简化。

(3)采用锻造方法制造,对材料(锻件)要求高(高强度,优良的塑性、韧性,无可焊性)。

(4)内、外壁要求精加工,零、部件间多采用法兰、螺纹连接,机加工量大,要求高。

(5)尚无统一的标准,许多问题尚待研讨。

二、设计要求

(一)失效判据(准则)的确定

由于是厚壁容器,内、外壁应力水平相差极大,若选用弹性失效准则,不仅材料利用率极低,甚至根本无法设计。由于高强钢的"屈服比"高,容器的全屈服压力与爆破压力十分接近,若选用塑性失效准则,不利于安全运行。由于实际材料为非理想塑性材料,屈服后会发生应变硬化(即此时材料的实际强度有所提高),在容器的极限强度前运行仍是安全的。因此,超高压容器设计宜采用爆破失效准则,即对容器的爆破压力取安全系数。

(二)爆破压力的计算与安全系数的选取

爆破压力计算方法有多种,《超高压容器安全监察规程》推荐两种,一种以材料拉伸试验数据计算,一种以材料的扭转试验数据计算。后者的计算准确度高于前者。

对不同的爆破压力计算式取不同的安全系数,当用拉伸试验数据计算爆破压力时,安全系数大于等于2.7。考虑不同计算方法的准确度,尽管计算方法不同,容器实际安全系数大致相当。

(三)应力校核

对开孔、形状过渡区等应力集中部位应进行应力分析计算校核。

三、制造要求

(1)原材料(锻件)质量是关键,要求采用真空脱气喷粉、炉外精炼、电渣重熔等先进冶炼技术,保证钢的纯净度,保证优良的力学性能(强度、塑性、韧性、断裂韧性等)。

(2)锻造比一般应大于3。

(3)制造期间至少做两次(热处理前后各一次)100%超声探伤,筒体表面应做100%磁粉或渗透探伤。

内、外表面均需精加工,对表面粗糙度有较严要求(防止应力集中)。

四、提高耐压强度(承载能力)的途径

(一)采用多层热套结构

利用层间过盈,使外筒对内筒材料造成预压应力,在承受内压时使各层的应力水平趋于均匀,提高了外层材料的利用率。

超高压热套与高压热套容器的三大区别:

(1)层间过盈量的选取:前者经精确力学计算;后者按套合工艺选取。

(2)套合表面:前者需经精加工(以确保盈量准确);后者无需加工或只需粗加工。

(3)后者需通过热处理消除套合应力;前者不允许。

(二)增强处理

通过压力使内壁材料屈服,外壁仍属弹性,造成内壁材料承受预压应力,从而提高其初始屈服压力。

自增强压力应经慎重计算与控制,并关注材料本身的屈服比。

(三)采用绕丝结构

在内筒外缠绕高强度不锈钢丝,在缠绕时可通过加热等办法精确控制缠绕预应力,使内筒材料呈预压缩状态。

第八节　非金属压力容器基本知识

一、搪玻璃设备

(一)搪玻璃设备特点与应用

搪玻璃设备具有优良的耐蚀性、耐高温及不污染介质特点,可替代部分不锈钢钛材。在化工、轻工、医药等行业广泛应用,主要产品有反应釜,储罐,套筒式、夹套式及列管式换热器,塔器等。

(二)搪玻璃设备的制造要点

金属坯体表面涂敷一定厚度底釉与面釉,再经880~950 ℃烧结制成。底釉与金属表面发生物理化学反应,形成复合过渡层;面釉在设备表面形成金属与非金属相结合的复合层。

瓷釉的品质是搪玻璃设备质量的关键,对瓷釉的要求除耐(酸、碱)腐蚀外,还要求一定的耐热(温差)性、抗冲击性、绝缘性及与钢材的密着强度等多种性能。

烧结是搪玻璃设备制造的关键,应采用计算机控制的大型电炉(国内目前多为煤加热炉)并配有无级调温装置,以保证阶梯升温—保温—阶梯降温的合理烧结工艺。

二、石墨制设备

(一)石墨的分类与应用

石墨分为天然石墨与人造石墨。化工设备主要采用人造石墨。人造石墨分为透性石墨与不透性石墨。

透性石墨：人造石墨在焙烧过程中，原料中有机物气化逸出，使材料呈多孔性(且多为通孔)，且气体、液体渗透性强，多用于电力、冶金、核能等行业。

不透性石墨：采取浸渍、浇筑、压制等不同措施，堵塞孔隙，使透性石墨成为不透性石墨，主要用于化工等行业。

(二)人造石墨的制造

由焦碳、沥青混捏、压制成型；经 1 300 ℃真空焙烧，并长期保温(约 20 天)；再经 2 400～3 000 ℃高温下石墨化处理。

(三)不透性石墨的制造

不透性石墨又分为浸渍石墨、压型石墨、浇筑石墨等三类。

(1)浸渍石墨。化工设备所用的石墨材料多为浸渍石墨。浸渍剂不仅可填塞孔隙，还可增强石墨的机械强度。根据浸渍剂的不同，又分为合成树脂浸渍石墨、水玻璃浸渍石墨和沥青渍石墨。

(2)压型石墨。主要用于管子、管件的制作。采用石墨粉与黏接剂按比例混合，经混捏、压型(热挤压或冷模压)或高温热处理制成。

(3)浇筑石墨。以热固性合成树脂为胶结剂，以石墨粉为填料，加入固化剂后注入模具制成，主要用于零部件制造。

(四)不透性石墨的主要特点

优点：优良的耐蚀性；优良的导热性(优于钢)；线胀系数小，耐温度急变；不污染介质；机加工性能优良；质量轻；高温下不变形。

缺点：机械强度低于金属，质脆。

(五)不透性石墨设备制造设计的主要特点及应用

不透性石墨材料的拼接多采用黏接，黏接缝应严密，黏接剂应填满，拼接时尽量采用阶梯形，避免"通天缝"。

零部件采用机加工制成，由于石墨强度低、质脆，一般不采用两次浸渍、两次加工的方法，以保证加工精度，提高强度。

根据石墨材料的特点，设计时需注意以下要点：

(1)由于石墨材料抗压强度高，尽量使元件处于压应力状态，避免或减少拉应力、弯曲应力。

(2)因石墨制品垂直于挤压轴线方向的导热性小于平行于挤压轴线方向，故设计传热元件时，尽量使热流方向沿石墨挤压轴线方向。

(3)尽量避免黏接结构，这是因为石墨材料、金属、胶黏剂线胀系数的差异会导致过大的温差应力，此外胶黏剂在温度、时效作用下易脆化，造成断裂。当无法避免黏接结构时，黏接面应处理清洁，接缝要严密，缝宽不大于 1 mm。

(4)形状与结构要求简单。

(5)金属螺栓不宜直接拧在石墨元件上，不宜在石墨构件上直接吊装。

(6)由于材质的不均质性，需取较大安全系数，一般为 9～10。

不透性石墨主要用于换热设备，也可用于衬里、各类容器与塔器以及机械设备与密封元件。

一般来说,石墨制容器的适用范围为:设计压力不大于 2.4 MPa;设计温度为 - 70～450 ℃。

(六)增强石墨复合材料制设备

石墨属脆性材料,裂纹、刻痕、凹坑等表面缺陷将引起"缺口效应",使抗弯强度降低35%～40%。采用表面覆盖技术或碳纤维复合材料可明显减弱"缺口效应",提高强度。

表面覆盖技术分为浸渍法与缠绕法。

(1)浸渍法。一般采用碳纤维(也可采用玻璃、硅、铝、硼等纤维材料)或陶瓷复合物,将其复合在石墨表面并一起浸渍,可增加强度及耐腐性。

(2)缠绕法。将碳纤维缠绕在石墨管外壁,可提高强度尤其是抗冲击能力,但导热性降低。碳纤维复合材料是在两层碳纤维中夹一层石墨材料,可大大提高强度与耐磨性。

增强石墨材料性能好,但工艺复杂、成本高,多用于特殊场合。

第九节　压力容器主要失效方式

一、人们对失效方式的认识过程

(1)对压力容器失效方式的最初认识只是防止爆炸,并为此而制定相应的建造规范(如 ASME)。

(2)ASME Ⅷ - 1 所采用的设计准则主要仅涉及防止压力容器产生过大的弹性变形,包括弹性不稳定,并未考虑其他可能发生的失效方式。为防止多种失效方式,ASME Ⅷ - 1 在材料、结构、安全系数以及制造检验等方面进行了限制,组成了一套比较完整但不够严密科学的设计方法,使其能在未对各受压元件进行详细应力分析的条件下保证多数压力容器的安全使用。

(3)随着需要(首先是核容器)与可能(近代计算方法与技术),并通过对压力容器性能、结构特点与载荷特性的深入研究,以 ASME Ⅲ 和 ASME Ⅷ - 2 为标志,较全面认识了压力容器可能存在的多种失效方式。

二、压力容器可能存在的八种失效方式

(1)过量弹性变形,包括弹性不稳定;

(2)过量的塑性变形;

(3)脆性断裂;

(4)由应力引起的破坏/蠕变变形;

(5)塑性不稳定,即渐增的垮塌;

(6)高应变、低循环疲劳;

(7)应力腐蚀;

(8)腐蚀疲劳。

第三章 压力容器结构

第一节 压力容器的基本构成

压力容器的结构形式是多种多样的,它是根据容器的作用、工艺要求、加工设备和制造方法等因素确定的。图 3-1、图 3-2 所示分别是常见的圆筒形容器和球形容器。

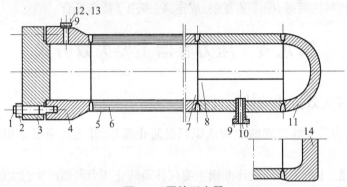

图 3-1 圆筒形容器

1—主螺栓;2—主螺母;3—端盖;4—筒体端部;5—内筒;
6—层板层;7—环焊缝;8—纵焊缝;9—管法兰;10—接管;
11—球形封头;12—管道螺栓;13—管道螺母;14—平封头

从图 3-1 可知,容器的结构是由随压力的壳体、连接件、密封元件和支座等主要部件组成的。此外,作为一种生产工艺设备,有些压力容器,如用于化学反应、传热、分离等工艺过程的压力容器,其壳体内部还装有工艺所要求的内件。对此,本书不作专门介绍,而只介绍压力容器的其他部件。

一、壳体

壳体是压力容器最主要的组成部分,是储存物料或完成化学反应所需要的压力空间,其形状有圆筒形、球形、锥形和组合形等数种,但最常用的是圆筒形和球形两种。

(一)圆筒形壳体

其形状特点是轴对称,圆筒体是一个平滑的曲面,应力分布比较均匀,承载能力较高,且易于制

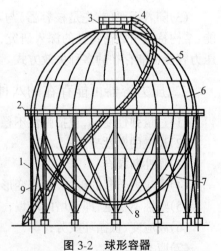

图 3-2 球形容器

1—支柱;2—中部平台;3—顶部操作平台;
4—北极板;5—北温带;6—赤道带;
7—南温带;8—南极板;9—拉杆

造,便于内件的设置和装拆,因而获得广泛的应用。圆筒形壳体由一个圆柱形的筒体和两端的封头或端盖组成。

1. 筒体

筒体直径较小时(一般＜500 mm),可用无缝钢管制作;直径较大时,可用钢板在卷板机上先卷成圆筒,然后焊接而成。随着容器直径的增大,钢板需要拼接,因而筒体的纵焊缝条数增多。当壳体较长时,因受钢板尺寸的限制,需将两个或两个以上的筒体(此时每个筒体称为筒节)组焊成所需长度的筒体。为便于成批生产,筒体直径的大小已标准化,可按表 3-1、表 3-2 中所示的公称直径选用(带括号的尺寸应尽量不采用)。对焊接筒体,表中公称直径(D_g)指它的内径;而用无缝钢管制作的筒体,表中公称直径则是指它的外径。

表 3-1　筒体的公称直径　　　　　　　　　　　　　(单位:mm)

300	(350)	400	(450)	500	(550)	600	(650)	700	800
900	1 000	(1 100)	1 200	(1 300)	1 400	(1 500)	1 600	(1 700)	1 800
(1 900)	2 000	(2 100)	2 200	(2 300)	2 400	2 600	2 800	3 000	3 200
3 400	3 600	3 800	4 000						

表 3-2　用无缝钢管作筒体的公称直径　　　　　　　　(单位:mm)

筒体公称直径	159	219	273	325	377	425
所用无缝钢管的公称直径	150	200	250	300	350	400

2. 封头与端盖

凡与筒体焊接连接而不可拆的,称为封头(图 3-1 中的 11、14);与筒体以法兰等连接而可拆的则称为端盖(图 3-1 中的 3)。根据几何形状不同,封头可分为半球形、椭圆形、碟形、有折边锥形、无折边锥形和平板形头(亦称平盖)等数种。对于组装后不再需要开启的容器,如无内件或虽有内件而不需要更换、检修的容器,封头和筒体采用焊接连接形式,能有效地保证密封,且节省钢材和减少制造加工量。对需要开启的容器,封头(端盖)和筒体的连接应采用可拆式的,此时在封头和筒体之间必须装置密封件。

(二)球形壳体

容器壳体呈球形,又称球罐。其形状特点是中心对称,具有以下优点:受力均匀;在相同的壁厚条件下,球形壳体的承载能力最高,即在同样的内压下,球形壳体所需要的壁厚最薄,仅为同直径、同材料圆筒形壳体壁厚的 1/2(不计腐蚀裕度);在相同容积条件下,球形壳体的表面积最小。壳壁薄和表面积小,制造时可以节省钢材,如制造容积相同的容器,球形的要比圆筒形的节省 30% ～40% 的钢材。此外,表面积小,对于用做需要与周围环境隔热的容器,还可以节省隔热材料或减少热的传导。所以,从受力状态和节约用材来说,球形是压力容器最理想的外形。但是,球形壳体也存在某些不足:一是制造比较困难,工时成本较高,往往要采用冷压或热压成形法。对于小型球形壳体,可先冲压成两个半球,然后再组焊成一个整球,由于半球的冲压深度大,钢材变形量大,不仅需要大型的冲压设备,而且容易产生冲压裂纹和过大的局部壳壁减薄;对于大型球形壳体,往往需要先压制成若干个球瓣,然后再将众多的球瓣组对焊成一个整球,球瓣的成形和组焊都是比较困难的,容易发生过大的角变形和焊接残余应力,有的还会产生焊接裂纹;对于超大型的球形壳体,由于运输等原因,要先在制造厂压好球瓣,然后运到使用现场组装,由于施工条件差,质量更不易保证。二是球形壳体用于反应、传质或传热容器时,既不便于在内部安装工艺内件,也不便于内部相互作用的介质的流动。由于球形壳体存在上述不足,所以其使用受到一定的限制,一般只用于中、低压的储装容器,如液化石油气储罐、液氨储罐等。此外,有些用蒸汽直接加热的容器,为了减少热损失,有时也采用球形壳体,如造纸工艺中用于蒸煮纸浆的"蒸球"等。

二、连接件

压力容器中的反应、换热、分离等容器,由于生产工艺和安装检修的需要,封头和筒体需采用可拆连接结构时就要使用连接件。此外,容器的接管与外部管道连接也需要连接件。所以,连接件是容器及管道中起连接作用的部件,一般采用法兰螺栓连接结构,如图 3-1 中的 1、4、9。

法兰通过螺栓起连接作用,并通过拧紧螺栓使垫片压紧而保证密封。用于管道连接和密封的法兰叫管法兰;用于容器端盖和筒体连接后的密封的法兰叫容器法兰。在高压容器中,用于端盖与筒体连接,并和筒体焊在一起的容器法兰又称为筒体端部。容器法兰按其结构分为整体式、活套式和任意式三种。

三、密封元件

密封元件是可拆连接结构的容器中起密封作用的元件。它放在两个法兰或封头与筒体端部的接触面之间,借助于螺栓等连接件的压紧力而起密封作用。根据所用材料不同,密封元件分为非金属密封元件(如石棉橡胶板、橡胶 O 形环、塑料垫、尼龙垫等)、金属密封元件(如紫铜垫、不锈钢垫、铝垫等)和组合式密封元件(如铁皮包石棉垫、钢丝缠绕石棉垫等)。按截面形状的不同又可分为平垫片、三角形与八角形垫片、透镜式垫片等。

不同的密封元件和不同的连接件相配合,就构成了不同的密封结构。用于压力容器的密封结构主要有平垫密封、双锥密封、伍德密封、卡扎里密封、楔形环密封、C 形环密封、O 形环密封、B 形环密封等,是压力容器的一个相当重要的组成部分。其完善与否不但影响到整个容器的结构、重量和制造成本,而且关系到容器投产后能否正常运行。

四、接管、开孔及其补强结构

(一)接管

接管是压力容器与介质输送管道或仪表、安全附件管道等进行连接的附件。常用的接管有三种型式,即螺纹短管式、法兰短管式与平法兰式(见图 3-3)。

螺纹短管式接管是一段带有内螺纹或外螺纹的短管。短管插入并焊接在容器的器壁

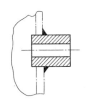 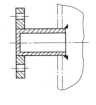 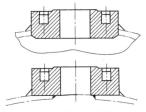

(a)螺纹短管式接管　　　　(b)法兰短管式接管　　　　(c)平法兰式接管

图3-3　接管型式示意图

上,如图3-3(a)所示。短管螺纹用来与外部管件连接。这种型式的接管一般用于连接直径较小的管道,如接装测量仪表等。

法兰短管式接管一端焊有管法兰,另一端插入并焊接在容器的器壁上,如图 3-3(b)所示。法兰用于与外部管件连接。这种型式的接管在容器外面的一段短管要求有一定的长度,以便短管法兰与外部管件连接时能够顺利地穿进螺栓和上紧螺帽,这段短管的长度一般不小于 100 mm。当容器外面有保温层时,或接管靠近容器本体法兰安装时,短管的长度要求更长一些。法兰短管式多用于直径稍大的接管。

平法兰式接管是法兰短管式接管除掉了短管的一种特殊型式。它实际上就是直接焊在容器开孔上的一个管法兰。不过它的螺孔与一般管法兰的孔不同,是一种带有内螺纹的不穿透孔。这种接管与容器的连接有贴合式和插入式两种型式,如图 3-3(c)所示,贴合式接管有一面加工成圆柱状(或球状),使与容器的外壁贴合,并焊接在容器开孔的外壁上,因而容器的孔可以开得小一些,但圆柱形的法兰面加工比较困难。插入式法兰接管两面都是平面;它插入到容器壁内表面并进行两面焊接。插入式接管加工比较简单,但不适宜用于容器内装有大直径部件(如塔板)的容器上。平法兰式接管的优点是它既可以作接口管与外部管件连接,又可以作补强圈,对器壁的开孔起补强作用,容器开孔不需另外再补强;缺点是装在法兰螺孔内的螺栓容易被碰撞而折断,而且一旦折断后要取出来则相当困难。

(二)开孔

为了便于检查、清理容器的内部,装卸、修理工艺内件及满足工艺的需要,一般压力容器都开设有手孔和人孔。手孔的大小要使人的手能自由通过,并考虑手上还可能后握有装拆工具和供安装的零件。一般手孔的直径不小于 150 mm。对于内径≥1 000 mm 的容器,如不能利用其他可拆装置进行内部检验和清洗时,应开设人孔,人孔的大小应使人能够钻入。手孔和人孔的尺寸应符合有关标准的规定。手孔和人孔有圆形和椭圆形两种。椭圆孔的优点是容器壁上的开孔面积可以小一些,而且其短径可以放在容器的轴向上。这就减小了开孔对容器强度的削弱。对于立式圆筒形容器来讲,椭圆形人孔也适宜于人的进出。

手孔和人孔的封闭型式有内闭式和外闭式两种。内闭式的手孔或人孔,孔盖放在孔壁里面,用两个螺栓(手孔则为一个螺栓)把压马紧压在孔外放置并支撑在孔边的横杆上(见图3-4)。这种型式多采用椭圆孔和带有沟柄的孔盖,因为这样便于放置垫片和安装孔盖。内闭式人孔盖板的安装虽较困难,但密封性能较好,容器内介质的压力可以帮助压紧孔盖,有自紧密封的效用。特别是它可以防止因垫片等失效而导致容器内介质的大量喷出,因而适用于工作介质为高温或有毒气体的容器。

外闭式手孔或人孔的结构一般就是一个带法兰的短管和一个平板型盖或稍压弯的不折边的球形盖,用螺栓或双夹螺栓紧固,盖上还焊有手柄。开启次数较多的人孔常采用铰接的回转盖(见图3-5)。这种装置使用带有铰链的螺栓和带有缺口螺孔的法兰,孔盖用销钉与短管铰接,拧松螺母翻转螺栓后即可把整个孔盖绕销钉翻转,装卸都较为方便,更适宜于装在高处的人孔结构。

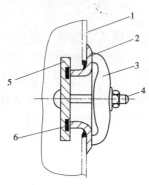
图3-4 内闭式人孔
1—器壁;2—人孔圈;3—压马;
4—螺栓;5—人孔盖;6—垫片

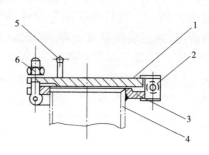
图3-5 带回转盖的外闭式人孔
1—盖;2—铰接结构;3—法兰;
4—短管;5—手柄; 6—螺栓

(三)开孔补强结构

容器的筒体或封头开孔后,不但减小了容器壁的受力面积,而且还因为开孔造成结构不连续而引起应力集中,使开孔边缘处的应力大大增加,孔边的最大应力要比器壁上的平均应力大几倍,对容器的安全运行极为不利。为了补偿开孔处的薄弱部位,就需进行补强措施。开孔补强方法有整体补强和局部补强两种。前者采用增加容器整体壁厚的方式来提高承载能力,这显然不合理;后者则采用在孔边增加补强结构来提高承载能力。容器上的开孔补强一般用局部补强法,其原理是等面积补强,即使补强结构在有效补强范围内所增加的截面面积大于或等于开孔所减少的截面面积,局部补强常用的结构有补强圈、厚壁短管和整体锻造补强等数种。

1.补强圈补强结构

补强圈补强结构(见图3-6)是在开孔的边缘焊一个加强圈,其材料与容器材料相同,厚度一般也与容器的壁厚相同,其外径约为孔径的2倍。加强圈一般贴合在容器外壁上,与壳体及接管焊接在一起,圈上开一带螺纹的小孔,备作补强圈周围焊缝的气密性试验之用。

2.厚壁短管补强结构

厚壁短管补强结构(见图3-7)是把与开孔连接的生产接管的一段管壁加厚,使这段接管除了承受管内压力所需的厚度外,还有很大一部分剩余厚度用来加强孔边。厚壁短管插入孔内,并高出容器壁的内表面,与容器壁内外表面焊接。厚壁短管的壁厚一般等于或稍大于器壁的厚度,插入长度一般为壁厚的3~5倍。这种补强结构的补强效果较好,因为用以补强的金属都集中在孔边的局部应力最大的区域内,而且制造容易,用料也较省,因而被广泛采用。特别是一些对应力集中比较敏感的低合金高强度钢制造的容器,开孔补强更适宜用厚壁短管补强结构。但这种补强方式只适宜于开孔尺寸较小的容器。

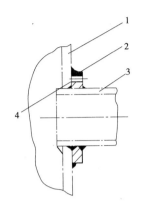

图 3-6　补强圈结构
1—容器壁；2—补强圈；3—短管；4—小孔

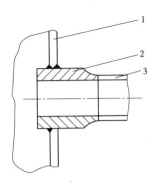

图 3-7　厚壁短管补强结构
1—容器壁；2—厚壁短管；3—连接管

3．整体锻造补强结构

整体锻造补强结构见图 3-8。近年来在球形容器制造中采用的结构(见图 3-8(a))是先把开孔与部分球壳锻造成一个整体，再车制成形后与壳体进行焊接。这种补强结构合理，使焊缝避开了孔边应力集中的地方，因而受力情况较好。但制造困难，成本较高，多用于高压或某些重要的容器上。

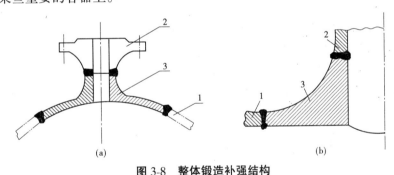

(a)　　　　　　　　　　　　(b)

图 3-8　整体锻造补强结构
1—壳体；2—法兰或接管；3—补强元件

上述三种补强结构均用于需开孔补强的容器，但容器上有些开孔是不需要补强的，这是因为容器在设计时存在某些加强因素，如：考虑钢板规格、焊缝系数而使容器壁厚加大；考虑接管的金属在一定范围内也有加强作用等。所以当开孔较小削弱程度不大，孔边应力集中程度在允许范围以内时，开孔处可以不另行补强。具体规定参阅《钢制压力容器》。

五、支座

支座对压力容器起支撑和固定作用。用于圆筒形容器的支座，随圆筒形容器安装位置不同，有立式容器支座和卧式容器支座两类。此外，还有用于球形容器的支座。

第二节 圆筒体结构

一、整体式筒体

整体式筒体结构有单层卷焊、整体锻造、锻焊、铸－锻－焊以及电渣重熔等五种结构形式,分别介绍如下。

(一)单层卷焊式筒体

单层卷焊式筒体是用卷板机将钢板卷成圆筒,然后焊上纵焊缝制成筒节,再将若干个筒节组焊形成筒体,它与封头或端盖组装成容器。这是应用最广泛的一种容器结构,具有如下一些优点:

(1)结构成熟,使用经验丰富,理论较完善;

(2)制造工艺成熟,工艺流程较简单,材料利用率高;

(3)便于利用调质(淬火加回火)处理等热处理方法,发送和提高材料的性能;

(4)开孔、接管及内件的装设容易处理;

(5)零件少,生产及管理均方便;

(6)使用温度无限制,可作为热容器及低温容器。

但是,单层卷焊式筒体也存在某些缺陷,一是其壁厚往往受到钢材轧制和卷制能力的限制,我国目前单层卷焊筒体的最大壁厚一般≤120 mm;二是规格相同的压力容器产品,单层卷焊筒体所用钢板厚度最大,厚钢板各项性能差异大,且综合性能也不如薄板和中厚板,因此产生脆性破坏的危险性增大;三是在壁厚方向上应力分布不均匀,材料利用不够合理。随着冶金和压力容器制造技术的改进,单层卷焊结构的上述不足将逐步得到克服。

(二)整体锻造式筒体

整体锻造式筒体是最早采用且沿用至今的一种压力容器筒体结构形式:在钢坯上采用钻孔或热冲孔方法先开一个孔,加热后在孔中穿一心轴,然后在压机上进行锻压成形,最后再经过切削加工制成,筒体的顶、底部可和筒体一起锻出,也可分别锻出后用螺纹连接在筒体上,是没有焊缝的全锻制结构。如容器较长,也可将筒体分几节锻出,中间用法兰连接。

整体锻造式筒体常用于超高压等场合,它具有质量好、使用温度无限制的优点。因制造时钻孔在钢锭心部的比较疏松的部位,剩余部分经锻压加工后组织密实,故质量可靠。但制造存在一些缺点,如制造时需要有锻压、切削加工和起重设备等一整套大型设备;材料利用率较低;在结构上存在着与单层卷焊筒体相同的缺点。因此,这种筒体结构一般只用于内径为300~500 mm的小型容器上。

(三)锻焊式筒体

锻焊式筒体是在整体锻造式筒体的基础上,随着焊接技术的进步而发展起来的,是由若干个锻制的筒节和端部法兰组焊而成,所以只有环焊缝而没有纵焊缝。与整体锻造式相比,无需大型锻造设备,故容器规格可以增大,保持了整体锻造式筒体材质密实、质量好、使用温度没有限制等主要优点。因而常用于直径较大的化工高压容器,且在核容器上也获得了广泛的应用。

(四)铸－锻－焊式筒体

铸－锻－焊式筒体是随着铸造、锻造技术的提高和焊接工艺的发展而出现的一种新型的筒体。制造时，根据容器的尺寸，在特制的钢模中直接浇铸成一个空心八角形铸锭，钢模中心设有一活动式激冷柱塞，在钢水凝固过程中，可以更换柱塞以控制激冷速度，使晶粒细化。浇铸后切除冒口及两端，锻造成筒节，经机加工和热处理后组焊成容器。这种制造工艺可大大降低金属消耗量，但制造工序较复杂。

(五)电渣重熔筒体

电渣重熔筒体(或称电渣焊成形筒体)是近年发展起来的一种制造过程高度机械化、自动化的筒体结构形式。制造时，将一个很短的圆筒(称为母筒)夹在特制机床的卡盘上，利用电渣焊在母筒上连续不断地堆焊，直到所需长度。熔化的金属形成一圈圈的螺圈条，经过冷却凝固而成为一体，其内外表面同时进行切削加工，以获得所要求的尺寸和光洁度。这种筒体的制造无需大型工装设备，工时少，造价低，器壁内各部分材质比较均匀，无夹渣与分层等缺陷，是一种很有前途的制造高压容器的工艺。

二、组合式筒体

组合式筒体结构又可分为多层板式结构和绕制式结构两大类。

(一)多层板式筒体结构

多层板式筒体结构包括多层包扎、多层热套、多层绕板、螺旋包扎等数种。这种筒体由数层或数十层紧密贴合的薄金属板构成，具有以下一些优点：一是可以通过制造工艺过程在层板间产生预应力，使壳壁上的应力沿壁厚分布比较均匀，壳体材料可以得到较充分的利用，所以壁厚可以稍薄；二是当容器的介质具有腐蚀性时，可以采用耐腐蚀的合金钢作内筒，而用碳钢或其他强度较高的低合金钢作层板，能充分发挥不同材料的长处，节省贵重金属；三是当壳壁材料中存在裂纹等严重缺陷时，缺陷一般不易扩展到其他各层；四是由于使用的是薄板，具有较好的抗裂性能，所以脆性破坏的可能性较小；五是在制造上不需要大型锻压设备。其缺点是：多层板厚壁筒体与锻制的端部法兰或封头的连接焊缝，常因两连接件的热传导情况差别较大而产生焊接缺陷，有时还会因此而发生脆断。由于多层板式筒体在结构上和制造上都具有较多的优点，所以近年来制造的高压容器，特别是大型高压容器多采用这种结构，而且制造方法也在不断发展。现分述如下。

1. 多层包扎式筒体

多层包扎式筒体是一种目前使用最广泛、制造和使用经验最为成熟的组合式筒体结构。其制造工艺是先用15~25 mm厚的钢板卷焊成内筒，然后再将6~12 mm厚的层板压卷成两块半圆形或三瓦片形，用钢丝绳或其他装置扎紧并点焊固定在内筒上，焊好纵缝并把其外表面修磨光滑，依此继续直到达到设计厚度为止。层板间的纵焊缝要相互错开一定角度，使其分布在筒节圆周的不同方位上。此外筒节上开有一个穿透各层层板(不包括内筒)的小孔(称为信号孔、泄漏孔)，用以及时发现内筒破裂泄漏，防止缺陷扩大。筒体的端部法兰过去多用锻制，近年来也开始采用多层包扎焊接结构。和其他结构形式相比，多层包扎式筒体生产周期长、制造中手工操作量大。

2.多层热套式筒体

多层热套式筒体最早用于制造超高压反应容器和炮筒上。它是由几个用中等厚度（一般为20～50 mm）的钢板卷焊成的圆筒套装而成，每个外层筒的内径均略小于套入的内层筒的外径，将外层筒加热膨胀后把内层筒套入，这样将各层筒依次套入，直到达到设计厚度为止。再将若干个筒节和端部法兰（端部法兰也可采用多层热套结构）组焊成筒体。早期制作这种筒体在设计中均应考虑套合预应力因素，以确保层间的计算过盈量（内筒外径大于外筒内径的数量），这就需要对每一层套合面进行精密加工，增加了加工上的困难。近年来工艺改进后对过盈量的控制要求较宽，套合面只需进行粗加工或只喷砂（或喷丸）处理而不经机加工，大大简化了加工工艺。筒体组焊成后进行退火热处理，以消除套合应力和焊接残余应力。多层热套式筒体兼有整体式和组合筒体两者的优点，材料利用率较高，制造方便，无需其他专门工艺装备，发展应用较快。当然，多层热套式筒体也有弱点，因其层数较少，使用的是中厚板，所以在防脆断能力方面要差于多层包扎式。

3.多层绕板式筒体

多层绕板式筒体是在多层包扎式筒体的基础上发展而来的。它由内筒、绕板层、楔形板和外筒四部分组成。内筒一般用10～40 mm厚的钢板卷焊而成；绕板层则是用厚3～5 mm的成卷钢板构成，首先将成卷钢板的端部搭焊在内筒上，然后用专用的绕板机床将绕板连续地缠绕在内筒上，直到达到所需厚度为止。起保护作用的外筒厚度一般为10～12 mm，是两块半圆形壳体，用机械方法紧包在绕板外面，然后纵向焊接。由于绕板层是螺旋状的，因此在绕板层与内、外筒之间均出现了一个底边高等于绕板厚度的三角形空隙区，为此在绕板层的始端与末端都得事先焊上一段较长的楔形板以填补空隙（见图3-9）。故筒体只有内外筒有纵焊缝，绕板层基本上没有纵焊缝，省却需逐层修磨纵焊缝的工作，其材料利用率和生产自动化程度均高于多层包扎式结构。但受限于卷板宽度，筒节不能做得很长（目前最长的为2.2 m），且长筒的环焊缝较多。

4.螺旋包扎筒体

螺旋包扎筒体是多层包扎式结构的改进型。多层包扎式筒体的层板层为同心圆，随着半径的增加，每层层板的展开长度不同，因此要求准确下料以保证装配焊接间隙，这不仅费时而且费料。螺旋包扎式结构则有所改进，它采用楔形板和填补板作为包扎的第一层（见图3-10）。楔形板一端厚度为层板厚度的2倍，然后逐渐减薄至层板厚度，这样第一层就形成一个与层板厚度相等的台阶，使以后各层呈螺旋形逐层包扎。包扎至最后一层，可用与第一层楔形板方向相反的楔形板收尾，使整个筒节仍呈圆形。这种结构比多层包扎式下料工作量要少，并且材料利用率也有所提高。

(二)绕制式筒体结构

这种结构形式包括型槽绕带式和扁平钢带式两种。这种筒体是由一个用钢板卷焊而成的内筒和在其外面缠绕的多层钢带构成。它具有多层板式筒体的一些优点，而且可以直接缠绕成所需长度的筒体，因而可以避免多层板筒体那样深而窄的环焊缝。

1.型槽绕带式筒体

型槽绕带式筒体制造时先用18～50 mm厚的钢板卷焊一个内筒并将内筒的外表面加工成可以与型槽钢带相互啮合的沟槽，然后缠绕上数层型槽钢带至所需厚度。钢带的始端和末端用焊接固定。由于型槽钢带的两面都带有凹凸槽(见图 3-11),缠绕时钢带层之间及其和内筒之间均能互相啮合,使筒体能承受一定的轴向力。此外,在缠绕时一面用电加热钢带,一面拉紧钢带,并用辊子压紧和定向,缠绕后用空气和水冷却,使钢带收缩而对内层产生预应力。筒体的端部法兰也可以用同样方法绕成,并将外表面加工成圆柱形,然后在其外面热套上法兰箍。

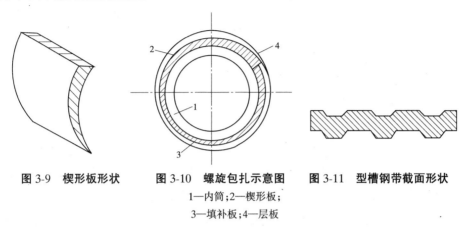

图 3-9 楔形板形状　　图 3-10 螺旋包扎示意图　　图 3-11 型槽钢带截面形状

1—内筒;2—楔形板;

3—填补板;4—层板

型槽绕带容器适用于大型高压容器,此种结构一般用于直径 600 mm 以上、温度 350 ℃ 以下、压力 19.6 MPa 以上的工况。

这类产品制造时机械化程度、生产效率和材料利用率均较高,经长期使用证明,质量良好,安全可靠。但由于钢带形状复杂,尺寸公差要求很严,从而给轧钢厂的轧辊制造带来很大困难,若变换钢带材料就必须重新设计、制造轧辊。况且钢带之间的啮合需要几个面同时贴紧,质量难以保证,带层之间总有局部啮合不良现象。筒壁开孔和搬运都比较困难,要小心避免外层钢带损坏。

2.扁平钢带式筒体

扁平钢带式筒体属我国首创,其全称应为扁平钢带倾角错绕式筒体,由内筒、绕带层和筒体端部三部分组成。内筒为单层卷焊,其厚度一般为筒体总厚度的 20%～25%,筒体端部一般为锻件,其上有 30° 锥面以便与钢带的始末端相焊。扁平钢带以倾角(钢带缠绕方向与筒体横断面之间的夹角一般为 26°～31°)错绕的方式缠绕于内筒上,如图 3-12 所示。这样带层不仅加强了筒体的周向强度,同时也

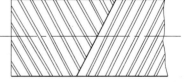

图 3-12 扁平钢带错绕示意图

加强了轴向强度,克服了型槽绕带式筒体轴向强度不足的弱点。相邻钢带交替采用左、右旋螺纹方向缠绕,使筒体中产生附加扭矩的问题得以消除,改善了受力状态。

这种筒体避免了深度焊缝,并且具有先漏后破、破坏时无碎片、事故危害性较小等优点。加之材料来源广泛(一般为 70 mm×4 mm 断面的扁平钢带)、制造设备和制造工艺简易、生产周期短等特点,因而已在小型化肥厂中广为应用。

扁平钢带式筒体也存在某些不足之处,如钢带之间的间隙在绕制过程中很难均匀;每条钢带距缠绕终端 300 mm 轴向长度;由于结构的原因无法施加预应力而只能浮贴于内

筒或里层钢带上。经多次爆破试验证实,这种结构的爆破压力低于其他型式的容器。故目前扁平钢带式容器用于直径小于1 000 mm、压力小于31.36 MPa、温度小于200 ℃的工况条件。

第三节　封　头

封头按形状可以分为三类,即凸形封头、锥形封头和平板封头。

一、凸形封头

凸形封头有半球体、碟形、椭圆形和无折边球形封头之分。现介绍如下。

(一)半球形封头

半球形封头实际上就是一个半球体,直径较小的半球形封头可整体压制成形,而直径较大的则由于其深度太大,整体压制困难,故采用数块大小相同的梯形球面板和顶部中心的一块圆形球面板(球冠)组焊而成(见图3-13)。球冠的作用是把梯形球面板之间的焊缝间隔开,以保持一定的距离,避免应力集中。根据强度计算,半球形封头的壁厚都小于筒体壁厚,为了减少其连接处由于几何形状不连续而产生的局部应力,半球形封头与筒体的连接采用了如图3-14所示的三种形式。

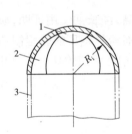

图 3-13　半球形封头

1—球冠;2—梯形球面板;3—筒体

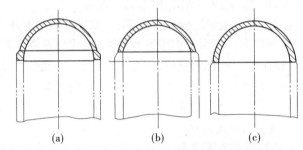

图 3-14　半球形封头与筒体连接示意图

图3-14(a)所示连接形式为:半球形封头的上部为等厚球缺(不足半个球体,整体或由多块球面板组焊而成);下部为一个锻制的,厚度逐渐减薄的窄球带。图3-14(b)所示连接形式为:封头做成一个等厚球缺,而将筒体与封头连接的端部加工成一圈窄球带,与封头构成半球形。图3-14(c)所示连接形式为:半球形封头内径与筒体内径相同,在焊完封头与筒体的环缝后,再在封头外壁堆焊金属,使连接处平滑过渡。在实际使用中,常取半球形封头的厚度与圆筒体相同。从节省材料的观点和受力状态而言,在直径和承受压力相同的条件下,所需厚度最小;封头容积相同时表面积最小,受力也最均匀,故半球形封头是最好的一种形式。但是由于其深度太大,加工制造困难,除用于压力较高、直径较大的储罐或其他特殊需要外,一般较少采用。

(二)碟形封头

碟形封头又称带折边的球形封头(见图3-15),由半径为 R_c 的球面、高度为 L 的圆筒形直边、半径为 r 的连接球面与直边的过渡区三部分组成。过渡区的存在是为了避免边缘应力叠加在封头与筒体的连接环焊缝上。碟形封头的深度 h 与 R_c 和 r 有关，h 值的大小直接影响到封头的制造难易和壁的厚薄：小的 h 虽较易加工制造，但过渡区的 r 变小，形状突变严重，因此而产生的局部应力导致封头壁厚也随之增大；反之 h 大些使 r 变大，形状突变平缓，因而产生的局部应力与封头壁厚随之减小，但加工制造较困难。故《钢制压力容器》就合理选用 r 和 R_c 作了如下规定性限制：

(1)碟形封头球面部分的内半径应不大于封头的内直径，通常取 $R_c = 0.9 D_g$；

(2)碟形封头过渡区半径应不小于封头内直径的 10% 和封头厚度的 3 倍；

(3)封头壁厚(不包括壁厚附加量)应不小于封头内直径的 0.30%。

(三)椭圆形封头

椭圆形封头由半椭球体和圆筒体两部分组成，如图 3-16 所示。高度为 L 的圆筒部分有如碟形封头的圆筒体，在于避免边缘应力叠加在封头与筒体的连接环焊缝上。由于封头的曲率半径是连续而均匀变化的，所以封头上的应力分布也是连续而均匀变化的，受力状态比碟形封头好，但不如半球形封头。

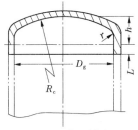
图 3-15　碟形封头

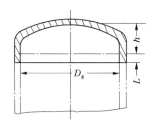
图 3-16　椭圆形封头

椭圆形封头的深度 h 取决于椭圆形的长短轴之比，即封头的内直径与封头 2 倍深度之比($D_g/2h$)：其比值越小，封头深度就越大，受力较好，需要的壁厚也小，但加工制造困难；比值越大，虽易于加工制造，但封头深度越小，受力状态变坏，需要的壁厚增大。一般 $D_g/2h$ 之值以不大于 2.6 为宜。$D_g/2h = L$ 的椭圆形封头称为标准椭圆形封头，是压力容器中常用的一种封头；否则为非标准椭圆形封头。

(四)无折边球形封头

如图 3-17 所示的无折边球形封头是一块深度很小的球面体(球冠)，实际上就是为了减小深度而将半球形或碟形封头的大部分除掉，只以其上的球面体制造而成。它结构简单，深度浅，容易制造，成本也较低。但是它与筒体的连接处由于形状突变而产生较大的局部应力，故受力状况不良。因此，这种封头一般只用在直径较小、压力较低的容器上。为了保证封头和筒体连接处不致遭到破坏，要求连接处角焊缝采用全焊透结构(见图 3-18)。

二、锥形封头

如图 3-19 所示为无折边锥形封头和折边锥形封头。

1. 无折边锥形封头

无折边锥形封头就是一段圆锥体(见图 3-19(a))。由于锥体与筒体直接连接，连接处壳体形状突变而不连续，产生较大的局部应力，这一应力的大小取决于锥体半顶角 α 的大

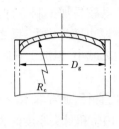

图 3-17　无折边球形封头

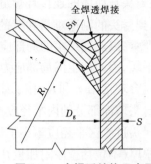

图 3-18　全焊透结构示意图

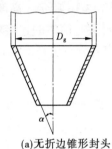

(a)无折边锥形封头　　　　　(b)折边锥形封头

图 3-19　锥形封头

小,α 角越大应力越大;反之则小。《钢制压力容器》对无折边封头做了如下三点限制:

(1)无折边锥形封头只适用于锥体半顶角 $\alpha \leqslant 30°$ 的情况;

(2)当 $\alpha > 30°$ 时适用;

(3)无折边锥形封头连接处的对接焊缝必须采用全焊透结构。

压力容器上采用无折边锥形封头时,多采用局部加强结构,加强结构的形式较多,既可以在锥形封头与筒体连接处附近焊加强圈,也可在封头与筒体连接处局部加大壁厚。

2．折边锥形封头

折边锥形封头包括圆锥体、折边和圆筒体三个部分(见图 3-19(b)),多用于锥体半顶角 $\alpha > 30°$,α 越大锥体应力越大,所需壁厚也越大,加工就越困难。所以,除非特殊需要,带折边锥形封头的半顶角一般不大于 45°。折边内半径 r 越大,封头受力状态越好,因此《钢制压力容器》作出如下限制:折边内半径 r 应不小于锥体大端内径 D_g 的 10% 及锥体厚度的 3 倍。

就受力状态而言,锥形封头较半球形、碟形、椭圆形封头都差,但是锥形封头由于其形状有利于流体流速的改变和均匀分布,有利于物料的排出,所以在压力容器上仍得到应用,一般用于直径较小、压力较低的容器上。

第四节　法兰连接结构

一、法兰的连接与密封作用原理

法兰在容器与管道中起连接与密封作用,下面以螺栓连接的法兰为例说明其结构特点。法兰实际上就是套在管道和容器端部的圆环,上面开有若干螺栓孔,一对相组配的法兰之间装有垫片,用螺栓连接在一起,通过拧紧螺栓来连接一对法兰,并压紧垫片,使垫片表面产生塑性变形,从而阻塞了容器内介质向外流的通道,起到密封作用。这就是法兰的密封原理。

二、法兰与简体的连接形式

根据法兰与简体的连接形式不同,容器法兰分为整体法兰、活套法兰和任意式法兰三种,下面具体介绍其连接形式。

(一)整体法兰

法兰与法兰颈部为一整体或法兰与容器的连接可视为相当于整体结构的法兰,称为整体法兰。根据它与简体的连接形式又可分为平焊法兰(见图 3-20)和对焊法兰(见图 3-21,亦称长颈法兰)两类,平焊法兰是将法兰环套在简体外面,用填角焊与简体连接的法兰。这种法兰因其结构简单、制造容易而使用广泛。但是其刚性差,受力后容易产生变形和泄漏,有时还导致简体弯曲,所以一般只用于直径较小,压力、温度较低的低压容器上。对焊法兰是通过锥颈与简体对焊连接的法兰。这种法兰因根部带有较厚的锥颈圈,不仅刚性较好,不易变形,而且法兰环通过锥颈与简体对接,局部应力较平焊法兰大大降低,而强度增加。但这种法兰制造比较困难,所以仅在中压容器上采用。

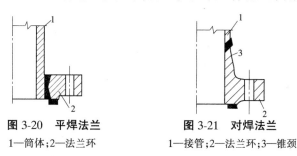

图 3-20　平焊法兰　　　　　图 3-21　对焊法兰

1—简体;2—法兰环　　　　1—接管;2—法兰环;3—锥颈

(二)活套法兰

法兰环套在简体外面但不与简壁固定成整体的法兰,称为活套法兰(图 3-22 示出这种法兰的四种常见形式)。图 3-22(a)是套在翻边简体上的活套法兰,多用于压力很低的有色金属制造的容器;图 3-22(b)是套在简体焊接环上的活套法兰,常用于钢制搪瓷容器;图 3-22(c)是套在一个由两个半圈组成的套环上的活套法兰,装卸法兰较方便;图3-22(d)是用螺纹与简体连接的活套法兰,因加工螺纹比较麻烦,所以只用于管式容器上。

这类法兰因与简体没有刚性联系,故拆卸、维修或更换均较方便,不会使简壁产生附加应力,可用于不同材料的简体制造。但其强度较低,对直径与压力相同的容器,活套法兰所需的厚度要比整体法兰大得多,所以一般只用于搪瓷或有色金属制造的低压容器上。

(三)任意式法兰

将法兰环开好坡口并先镶在简体上,然后再焊在一起的法兰称为任意式法兰,其结构类似整体法兰中的平焊法兰,但与简体连接处未采用全焊透结构,故强度比后者差,常见的结构形式如图 3-23 所示,只用于直径较小的低压容器上。

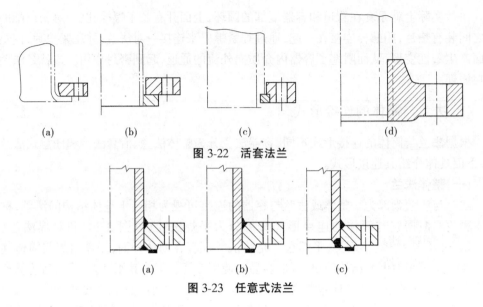

图 3-22　活套法兰

（a）　　　　　（b）　　　　　（c）

图 3-23　任意式法兰

三、法兰密封面及垫片

（一）法兰密封面

法兰密封面即法兰接触面,简称法兰面。一般需经过比较精密的加工,以保证足够的精度和光洁度,才能达到预期的密封效果。常用的法兰密封面有平面型、凹凸型、榫槽型、自紧式等数种。

平面型密封面只有一个光滑的平面,见图 3-24(a),为改善密封性能,常在密封面上车制出几道宽约 1 mm、深约 0.5 mm 的同心圆沟槽,如同锯齿。这种密封面结构简单,容易加工,但安装时垫片不易装正,紧螺栓时也易挤出,一般用于低压、无毒介质的容器上。

凹凸型密封面(见图 3-24(b))是一对法兰的密封面分别为凹凸面,且凸面高度略大于凹面深度。安装时把垫片放在凹面上,因此容易装正,且紧螺栓时也不会挤出。其密封性能优于平面型,但加工较困难,一般用于中压容器。

榫槽型密封面(见图 3-24(c))是在一对法兰的密封面上,将其中一个加工出一圈宽度较小的榫头,将另一个加工出与榫头相配合的榫槽,安装时垫片放在榫槽内。这种密封面因垫片被固定在榫槽内,不可能向两边挤出,所以密封性能更好,且垫片较窄,减轻了压紧螺栓的负荷。但这种密封面结构复杂,加工困难,且更换垫片比较费事,榫头也容易损坏,所以一般只用于易燃或有毒的工作介质或工作压力较高的中压容器上。因其在氨生产设备上用得较多,所以又称为氨气密封。

自紧式密封面(见图 3-25)是将密封面和垫片加工成特殊形状,承受内压后,垫片会自动紧压在密封面上确保密封效果,所以称为自紧式密封面。这种密封面的接触面积小,垫片在内压作用下有自紧能力,密封性能好,减少了螺栓的紧力,也就减小了螺栓和法兰的尺寸。这种密封面结构适用于高压及压力、温度经常波动的容器上。

（二）垫片

法兰密封面即使经过精密的加工,法兰面之间也会存在微小的间隙,而成为介质泄漏

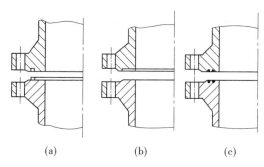

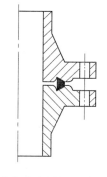

图 3-24　法兰密封面示意图　　　　图 3-25　自紧式密封面示意图

的通道。垫片的作用就是在螺栓的栓紧力作用下产生塑性变形,以填充法兰密封面之间存在的微小间隙,堵塞介质泄漏通道,从而达到密封的目的。

容器法兰连接所用的垫片有非金属软垫片、缠绕垫片、金属包垫片和金属垫片等数种。非金属软垫片是用弹性较好的板材按法兰密封面的直径及宽度剪成一个圆环。所用材料主要有橡胶板、石棉橡胶板和石棉板等,根据容器的工作压力、温度以及介质的腐蚀性来选用。一般低压、常温(≤100 ℃)和无腐蚀性的介质容器多用橡胶板(经强硫化处理的硬橡胶工作温度可达 200 ℃);介质温度较高(对水蒸气<450 ℃,对油类<350 ℃)的中、低压容器通常用石棉橡胶板或耐油石棉橡胶板;一般的腐蚀性介质的低压容器常采用耐酸石棉板;压力较高时则用聚乙烯板或聚四氟乙烯板。

缠绕垫片用石棉带与薄金属带(低碳钢带或合金钢带)相间缠绕制成。因为薄金属带有一定的弹性,而且是多道密封,所以密封性能较好。用于压力或温度波动较大,特别是直径较大的低压容器上最为适宜,因为这种垫片直径再大也可以没有接口。

金属包垫片又称包合式垫片,是用薄金属板(一般是用白铁皮,介质有腐蚀性的用薄不锈钢板或铝板)内包石棉材料等卷制而成的圆环。这种垫片耐高温、弹性好,防腐能力强,有较好的密封性能。但制造较为费事,一般只用于直径较大、压力较高的低压容器或中压容器上。

四、法兰连接的紧固形式

法兰连接的紧固形式有螺栓紧固(见图 3-26)、带铰链的螺栓紧固(见图 3-27)和"快开式"法兰紧固(见图 3-28)等数种。螺栓紧固结构简单、安全可靠,法兰通常都广泛采用这种紧固形式,但也存在拆装费时的弱点。所以,这种紧固形式只用于一些不经常拆卸的法兰连接。若容器端盖常须开启,则用带铰链的螺栓紧固。因螺栓带有铰链,法兰上螺孔开有缺口,用这种紧固形式拆卸时不用从螺栓上卸下螺母,只要拧松后螺栓就可绕铰链轴从法兰边翻转下来。为了便于拆卸,螺母制成特殊的带有蝶形或环状的肩部。这种法兰紧固形式虽装卸方便省时,但法兰较厚时,若螺栓安放稍有不正,在容器运行时可能发生螺栓滑脱飞出的意外事故,故其常只用于压力较低、直径较小的容器法兰连接,多见于染料、制药等化工容器。"快开式"法兰紧固是一种不用螺栓紧固的法兰连接结构,用于端盖需要频繁开闭的压力容器。这种紧固形式具有一对形状比较特殊的法兰,与容器筒体连接的法兰较厚,中间有一条环形槽,槽外端部圈环内侧开有若干个齿形缺口;焊在端盖上的法兰较薄,其厚度略小于筒体法兰上环形槽的宽度,其外径略小于环形槽的内径。法兰外侧开有齿形缺口,节距与筒形法兰上齿形缺口节距相同。装配时把端盖法兰的缺口对齐筒体法兰上的齿,并放入环形槽内,然后转动端盖约一个槽齿的距离,使两者的齿对齐,两个法兰即连接完毕。它的密封装置一般是在筒体法兰的密封面上加工出一条环形密封槽,装入整体式垫片,在密封槽的底部通入蒸汽或压缩空气,垫片即被压紧在端盖法兰的密封面上,达到密封的目的。直径较大的端盖,装配时要用机械传动减速装置来转动。这种法兰紧固形式可以减轻劳动强度,节省装卸时间,密封性能也较好。但使用时要注意安全,开盖前必须将容器内的压力泄尽,最好能装设连锁装置来保证开盖前容器内泄失压力。

图 3-26 螺栓紧固   图 3-27 带铰链螺栓紧固   图 3-28 "快开式"法兰

容器法兰及管法兰、螺栓及垫片等连接件的规格均已标准化,国家及有关部门均制定了有关标准,选用时可以查阅。

第五节 密封结构

一、密封结构分类

按照其密封机理的不同,密封结构可分为强制密封和自紧密封两大类。前者是通过紧固端盖与筒体端部的螺栓等连接件强制将密封面压紧来达到密封的(主要有平垫密封、卡扎里密封、八角垫密封等)目的;后者是利用容器内介质的压力使密封面产生压紧力来达到密封(主要有O形环密封、双锥面密封、伍德密封、C形环密封、B形环密封、平垫自紧密封等数种)目的。

二、几种常用的密封结构

(一)平垫密封

平垫密封分强制式和自紧式二种,强制式平垫密封(下称平垫密封)的结构与一般法兰连接密封相同,由于工作压力较高,密封面一般都采用凹凸型或榫槽型,也有在密封面上加工几道同心圆密封沟槽(见图3-29)。

平垫密封结构简单,使用时间较长,经验比较成熟,垫片及密封面加工容易,多用于温度不高、直径较小、压力较低的容器上。当压力容器的压力升高,直径变大时,端盖和筒体法兰均需相应地增厚加大,从而变得笨重,连接螺栓的规格亦需加大,数量增多,造成加工和装配都不方便。所以,在大直径的高压容器上不宜采用平垫密封。此外,在温度较高(200 ℃以上)和压力、温度波动较大的工况条件下平垫密封也不可靠。其推荐使用范围可查阅《钢制压力容器》;平垫密封所使用的垫片可选用退火铝、退火紫铜和10号钢制作。

平垫密封虽然结构简单,但需要有较大的紧固力,所以端盖和连接螺栓的尺寸都较大,为了减轻端盖与筒体端部连接螺栓的载荷,有些高压容器采用了带压紧环的平垫密封结构(见图3-30)。这种密封是在平垫圈的上面装有一个压紧环和若干个压紧螺栓,垫圈下面装有托板。容器的密封是通过拧、压紧螺栓加力于压紧环而压紧平垫来实现的,从而具有端盖与筒体端部的连接螺栓,可不承受垫圈的压紧力及垫圈易于预紧等优点。

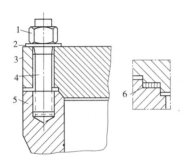 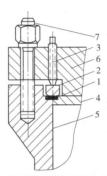

图 3-29　平垫密封结构

1—主螺母;2—垫圈;3—端盖;

4—主螺栓;5—筒体端部;6—平垫

图 3-30　带压紧环的平垫密封结构

1—平垫;2—压紧环;3—压紧螺栓;4—托板;

5—筒体端部;6—端盖;7—连接螺栓

自紧式平垫密封是依靠容器介质的压力作用在顶盖上压紧平垫片来实现的,其结构如图3-31所示。它减少了笨重而复杂的法兰螺栓连接结构,顶盖与筒体端部以螺纹连接,密封可靠。由于顶盖可以在一定范围内移动,所以在温度、压力波动时仍能保持良好的密封性能。这种结构的缺点是拆卸较困难,对大直径容器拧紧其螺纹套筒也有困难,所以不宜用于大直径的高压容器。

(二)卡扎里密封

这是一种强制式密封,有外螺纹卡扎里密封、内螺纹卡扎里密封和改良卡扎里密封三种形式。其中外螺纹卡扎里密封(见图3-32)用得最多,它的垫片是一个横断面呈三角形的软金属垫,由铜或铝制成。容器的筒体法兰与端盖用螺纹套筒连接,通过拧紧、压紧螺栓加力于压紧环而压紧垫片来实现密封。这种结构的优点是省去了筒体端部与端盖的连接螺栓,拆卸方便,属于快拆结构;垫片的面积也可较小,因而所需压紧力及压紧螺栓的直径也较小;密封可靠,适用于温度波动较大的容器。但结构复杂,密封零件多,且精度要求高,加工困难。这种密封结构常用于大直径、高压,需经常装拆和要求快开的压力容器。

内螺纹卡扎里密封(见图3-33)的作用原理与外螺纹的基本相同,只是将带螺纹的端盖直接旋入带有内螺纹的筒体端部内。密封垫片置于端盖与筒体端部连接交界处,其上有压紧环,通过压紧螺栓使密封垫片的内侧面和底面分别与端盖侧面和筒体端部面紧密贴合实现密封。它比外螺纹卡扎里密封省略一个较难加工的螺纹套筒,结构简单了一些,但它的端盖需加厚,占据了较多的压力空间,螺纹易受介质腐蚀,装卸也不方便,工作条件差。一般只用于小直径的高压容器上。

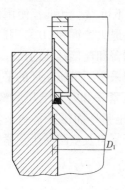 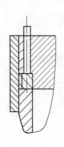 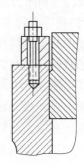

图 3-31　自紧式平垫密封　　图 3-32　外螺纹卡扎里密封　　图 3-33　内螺纹卡扎里密封

改良卡扎里密封结构(见图 3-34)不用螺纹套筒连接端盖与筒体,而改用螺栓连接,其他均与外螺纹卡扎里密封相同。无甚显著的优点,所以很少采用。

(三)双锥密封

双锥密封如图 3-35 所示。

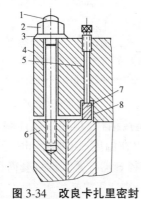 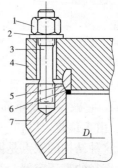

图 3-34　改良卡扎里密封　　　　　图 3-35　双锥密封

1—主螺栓;2—主螺母;3—垫圈;4—端盖;　　1—主螺母;2—垫圈;3—主螺栓;4—端盖;

5—预紧螺栓;6—筒体法兰;7—压紧环;8—密封垫片　　5—双锥环;6—软金属垫;7—筒体端部

双锥环套在端盖的突台上,双锥面和端盖、筒体端部的密封面之间放置有软金属垫。为了改善密封性能,在双锥面上还加工了两三道半圆形沟槽。此外,端盖突台的侧面(即与双锥环的套合面)铣有几条较宽的轴向槽,以便容器内介质的压力通过这些槽作用于双锥环的内侧表面。其密封的实现一是通过拧紧主螺栓产生的压紧力,压紧双锥面与筒体法兰和端盖的密封面;二是容器内介质的压力(自紧力)通过端盖突台侧面的轴向槽作用于双锥环的内侧,也使双锥面与筒体法兰和端盖的密封面压紧。所以也有人将这种密封形式称为半自紧式密封。由于其结构简单、加工容易、密封性能良好及拆装较方便,在我国高压容器上获得了广泛的采用,是国内最为成熟的高压密封结构。缺点是端盖和连接螺栓尺寸较大。

(四)伍德密封

这是一种属于自紧式密封的组合式密封(见图3-36)。其结构由浮动端盖、四合环、压垫和筒体端部四大部分组成。

密封时首先拧紧牵制螺栓,靠牵制环的支撑使浮动端盖上移,同时调整拉紧螺栓将压垫预紧而形成预密封,随着容器内介质压力的上升,浮动端盖逐渐向上移动,端盖与压垫之间,以及压垫与筒体端部之间的压紧力也逐渐增加,从而达到密封目的。压垫的外侧开有1～2道环形沟槽,使压垫具有弹性,能随着浮动端盖的上下移动而伸缩,使密封更加可靠。为便于从筒体内取出,四合环是由四块元件组成的圆环,又称压紧环。这种密封结构的

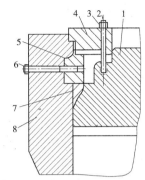

图 3-36　伍德密封结构示意图

1—浮动端盖;2—牵制螺栓;3—螺母;4—牵制环;
5—四合环;6—拉紧螺栓;7—压垫;8—筒体端部

密封性能良好,不受温度与压力波动的影响,且装卸方便,适用于要求快开的压力容器,端盖与筒体端部不用螺栓连接,所以用料较少,重量较轻。但结构复杂,零件多而加工精度及组装要求均很高,浮动端盖占据高压空间太多等,以往多用于氮肥工业,因为存在上述不足,现已逐渐被其他密封所取代,但在一些直径不大,对密封有特殊要求(如压力、温度波动大)且要求快开的高压容器中仍有采用。

(五)O 形环密封

密封垫圈的横断面呈"O"形而得名,O形环有金属O形环和橡胶O形环两大类,用得多的是金属O形环密封。橡胶O形环因材料性能的限制,目前只用于常温或温度不高的场合。其结构如图3-37所示,有非自紧式O形环、充气O形环、双金属O形环三种。非自紧式O形环就是一个横断面为O形的金属环形管,属于强制式密封,适用于压力较低的容器,可以密封真空及盛有腐蚀性的液体或气体介质的容器。充气O形环是在环内充有压力为3.92～4.9 MPa的惰性气体,以防止O形环在高温下失去金属弹性,高温下环内的惰性气体压力会随着温度的上升而增加O形环的回弹能力。此结构属于强制式密封,适用于高温高压场合。自紧式O形环的内侧钻有若干个小孔,由于环内具有与容器内介质相同的压力,因而会向外扩大形成轴向自紧力,故属自紧式密封结构,适用于高压、超高压的压力容器。双道金属O形环则主要用于密封性能要求较高的场合,漏过第一道O形环的介质会被第二道O形环挡住,并可由两道O形环之间的通道导出(见图3-38),

图 3-37　O 形环密封结构

1—O形环;2—端盖;3—筒体端部

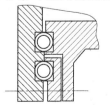

图 3-38　双道 O 形环密封结构

可以防止有害介质漏入大气,核容器多采用这种密封结构。

第六节 支 座

一、立式容器支座

在直立状态下工作的容器称为立式容器。其支座主要有悬挂式、支撑式及裙式三类。

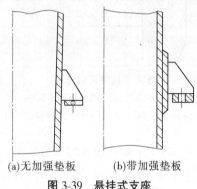

(a)无加强垫板　　(b)带加强垫板

图 3-39 悬挂式支座

(一)悬挂式支座

俗称耳架,适用于中小型容器,在立式容器中应用广泛。其结构如图 3-39 所示。它是由两块筋板及一块底板焊接而成的,通过筋板与容器筒体焊在一起。底板用地脚螺栓搁置并固定在基础上,为了加大支座的反力分布在壳体上的面积,以避免因局部应力过大使壳壁凹陷,必要时应在筋板和壳体之间放置加强垫板(见图 3-39(b))。悬挂式支座的型式、结构、尺寸、材料及安装要求详见 JB1165《悬挂式支座》标准。

(二)支撑式支座

支撑式支座一般由两块竖板及一块底板焊接而成(见图 3-40)。竖板的上部加工成和被支撑物外形相同的弧度,并焊于被支撑物上。底板搁在基础上并用地脚螺栓固定(见图 3-40)。当荷重>4 t 时,还要在两块竖板端部加一块倾斜支撑板。支撑式支座的型式、结构、尺寸、材料及安装要求详见 JB1166《支撑式支座》标准。

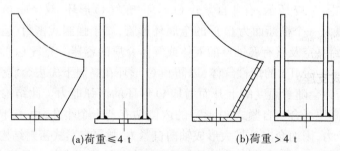

(a)荷重≤4 t　　　　　　　　(b)荷重＞4 t

图 3-40 支撑式支座

(三)裙式支座

裙式支座由裙座、基础环、盖板和加强筋组成,有圆筒形和圆锥形两种形式(见图 3-41)。常用于高大的立式容器。裙座上端与容器壁焊接,下端与搁在基础上的基础环焊接,用地脚螺栓加以固定。为便于装拆,基础环装设地脚螺栓处开成缺口,而不用圆形孔,盖板在容器装好后焊上,加强筋在盖板与基础环之间。为避免应力集中,裙座上端一般应焊在容器封头的直边部分,而不应焊在封头转折处,因此裙座内径应和容器外径相同。其设计计算请查阅《钢制压力容器》。

二、卧式容器支座

在水平状态下工作的容器为卧式容器。其支座主要有鞍式、圈座及支撑式三类。

(一)鞍式支座

这是卧式容器使用最多的一种支座形式(见图 3-42)。一般由腹板、底板、垫板和加强筋组成。有的支座没有垫板,腹板则直接与容器壁连接。若带垫板则作为加强板使用,一是加大支座反力分布在壳体上的面积,对于大型薄壁卧式容器可以避免因局部应力过大而使壳壁凹陷;二是可以避免因支座与壳体材料差别大时进行异钢种焊接;三是对于壳体材料需进行焊后热处理的容器,可先将加强垫板焊在壳体上,在制造厂同时进行热处理,而在施工现场再将支座焊在加强垫板上,从而解决支座与壳体在使用现场焊接后难以进行热处理的矛盾。因此,加强垫板的材料应与容器壳体的材料相同。

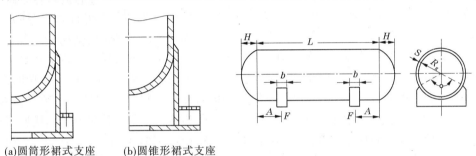

(a)圆筒形裙式支座 　 (b)圆锥形裙式支座

图 3-41　裙式支座　　　　　　图 3-42　鞍式支座结构示意图

此外,在设计、安装鞍式支座时要注意解决容器的热膨胀问题,要求支座的设置不能影响容器在长度方向的自由伸缩;在使用时要观察容器的膨胀情况。

(二)圈座

圈座的结构比较简单(见图 3-43)。对于大直径薄壁容器,真空下操作的容器和需要两个以上支撑的容器,一般均采用圈座支撑。压力容器采用圈座做支座时,除常温状态下操作的容器外,亦应考虑容器的膨胀问题。

(三)支撑式支座

其结构也较简单(见图 3-44)。因支撑式支座在与容器壳体连接处会造成较大的局部应力,所以只适用于小型卧式容器。

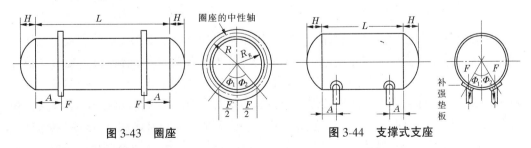

图 3-43　圈座　　　　　　　　图 3-44　支撑式支座

三、球形容器支座

一般球形容器都设置在室外,会受到各种自然环境(如风载荷、地震载荷及环境温度变化)的影响,且重量较大(如容积8 250 m³ 的球形液氨储罐,基本体重463 t,最大操作重量为4 753 t,水压试验时的重量为8 713 t),外形又呈圆球状,因而支座的结构设计和强度计算比较复杂。为了满足不同的使用要求,应有多种球形容器支座结构与之适应。但总括起来可分为柱式支座和裙式支座两大类。其中柱式支座又可分为赤道正切柱式支座、V形柱式支座和三柱合一型柱式支座等三种主要类型。裙式支座则包括圆筒形裙式支座、锥形支座、钢筋混凝土连续基础支座、半埋式支座、锥底支座等多种。在上述各种支座中,以赤道正切柱式支座使用最为普遍。因此,下面重点介绍赤道正切柱式支座,而其他形式的支座只作简略介绍。

(一)赤道正切柱式支座

这种支座的结构特点是由多根圆柱状的支柱,在球壳的赤道带部位等距离分布,支柱的上端加工成与球壳相切或近似的形状并与球壳焊在一起,如图3-45所示。为了保证球壳的稳定性,必要时在支柱之间加设松紧可调的连接拉杆(见图3-46)。支柱与球壳连接结构如图3-45(b)所示。支柱上端的盖板有半球式和平板式两种,目前大多采用半球式盖板。支柱和球壳的连接又可分为有加强垫板和无加强垫板两种结构。加强垫板虽可增加球壳连接处的刚性,但由于加强垫板和球壳之间采用搭接焊,不仅增加了探伤的困难,而且当球壳采用低合金高强度钢时,在加强垫板与球壳焊接过程中易产生裂纹。因此,《球形储罐设计规定》采用无垫板结构。支柱与球壳连接的下部结构可分为直接连接和托板连接两种,《球形储罐设计规定》中规定采用托板连接结构(见图3-45(b)),它有利于改善支座的焊接条件。

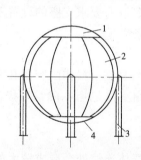
(a)赤道正切柱式支座

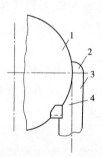
(b)支柱与球壳连接结构

图3-45 球形容器支座
1—顶极板;2—球瓣;3—支座;4—底极板

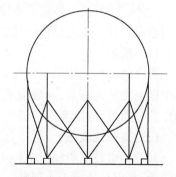

图3-46 拉杆结构示意图
1—球壳;2—盖板;3—支柱;4—托板

支柱有整体和分段之别。整体支柱主要用于常温球罐以及采用无焊接裂纹敏感性材料做壳体的球罐。支柱上端在制造厂加工成与球壳外形相吻合的圆弧状,下端与底板焊好,然后运到现场和球壳焊接在一起。分段支柱由上、下两段支柱组成,其结构如图3-47所示。其上段与球壳赤道板的连接焊缝应在制造厂焊好并进行焊后热处理,上段支柱长度一般为支柱总长度的1/2。分段支柱适用于低温球罐以及采用具有焊接裂纹敏感性材料做壳体的球罐。在常温球罐中,当希望改善支柱与球壳连接部位的应力状态时,也可采用分段支柱。

对于储存易燃、易爆及液化石油气物料的球罐,每个支柱应设置易熔塞排气口及防火隔热层(见图3-48)。

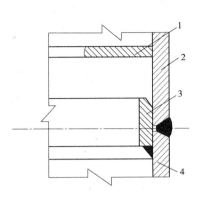

图 3-47　分段式支柱

1—加强环;2—上段支柱;

3—导环;4—下段支柱

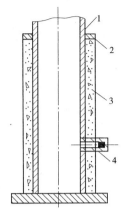

图 3-48　支柱排气及防火结构

1—支柱;2—隔热层挡板;

3—防火隔热层;4—易熔塞排气口

　　对需进行现场整体热处理的球形容器,因热处理时球壳受热膨胀,将引起支柱的移动,因此要求支柱与基础之间应有相应的移动措施。支柱可采用无缝钢管或卷制焊接钢管制造。

(二)其他类型的支座

　　由于支座种类繁多,在此只简略介绍 V 形柱式、圆筒形裙式及钢筋混凝土连续基础支座三种。

　　(1)V 形柱式支座的结构特点是每两根支柱呈 V 形设置,且等距离与赤道带相连,故柱间无需设置拉杆。这种支座比较稳定,适用于承受热膨胀变形的工况。

　　(2)圆筒形裙式支座是用钢板卷焊成的圆筒形裙架,通过圆环形垫板固定在基础上,一般适用于小型球形容器。其特点是支座低而省料,稳定性较好,但低支座造成容器底部配管困难,工艺操作、施工与检修也不方便。

　　(3)钢筋混凝土连续基础支座,是将支座与基础设计成一个整体,即用钢筋混凝土制成圆筒形的连续基础,该基础的直径一般近似地等于球壳的半径。这种支座的特点是球壳重心低,支撑稳定;支座与球壳接触面积大,荷重较大;但制造时对形状公差要求较严。

第四章 安全附件

安全阀、爆破片、压力表、液位计、温度计等是压力容器的主要安全附件,这些安全附件的灵敏可靠是压力容器安全工作的重要保证。

第一节 安全阀

一、安全阀工作原理

安全阀主要由三部分组成:阀座、阀瓣和加载机构。阀座和座体有的是一个整体,有的组装在一起,与容器连通。阀瓣通常连带有阀杆,紧扣在阀座上。阀瓣上面是加载机构,用来调节载荷的大小。当容器内的压力在规定的工作压力范围之内时,器内介质作用于阀瓣上的压力小于加载机构施加在它上面的力,两者之差构成阀瓣与阀座之间的密封力,使阀瓣紧压着阀座,容器内气体无法排出;当器内压力超过规定的工作压力并达到安全阀的开启压力时,介质作用于阀瓣的力大于加载机构加在它上面的力,于是阀瓣离开阀座,安全阀开启,容器内气体通过阀座排出。如果容器的安全泄放量小于安全阀的排量,容器内压力逐渐下降,很快降回到正常工作压力,此时介质作用于阀瓣上的力又小于加载机构施加在它上面的力,阀瓣又紧压阀座,气体停止排出,容器保持正常的工作压力继续工作。安全阀通过作用在阀瓣上的两个力的不平衡作用,使其启闭,以达到自动控制压力容器超压的目的。

二、安全阀的类型

(一)按加载机构分类

1. 重锤杠杆式安全阀

重锤杠杆式安全阀是利用重锤和杠杆来平衡作用在阀瓣上的力,其结构如图 4-1 所示,通过调整重锤在杠杆上的位置或改变重锤的质量来调整校正安全阀的开启压力。

重锤式安全阀的特点是结构简单、调整容易且比较准确,所加载荷不会随阀瓣的升高而显著增大,动作与性能不太受高温的影响,但其结构比较笨重,重锤与阀体的尺寸不相称,阀的密封性能对震动较敏感,阀瓣回座时容易偏斜,回座压力比较低,有的甚至要降到正常工作压力的 70% 才能保持密封,这对压力容器的持续正常运行是不利的。重锤杠杆式安全阀宜用于高温场合下,特别是锅炉和高温容器上。

2. 弹簧式安全阀

弹簧式安全阀是利用弹簧被压缩的弹力来平衡作用在阀瓣上的力,其结构如图 4-2 所示,通过调整螺母来调整安全阀的开启(整定)压力。

弹簧式安全阀的特点是结构轻便紧凑、灵敏度比较高、安置方位不受限制、对震动不

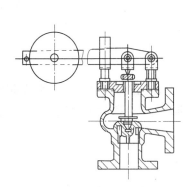

图 4-1　重锤杠杆式安全阀

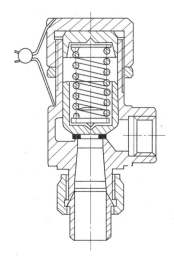

图 4-2　弹簧式安全阀

敏感,但其所加的载荷会随着阀的开启而发生变化,阀上的弹簧会由于长期受高温的影响而弹力减低。宜用于移动设备和介质压力脉动的固定式设备。

(二)按阀瓣开启高度分类

根据阀瓣开启高度的不同,安全阀分为全启式和微启式。

1.全启式安全阀

如图 4-3 所示,安全阀开启时阀瓣开启高度 $h \geqslant d/4$(d 为流道最小直径)。阀瓣开启

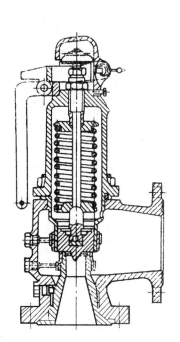

(a)有提升把手及上下调节圈

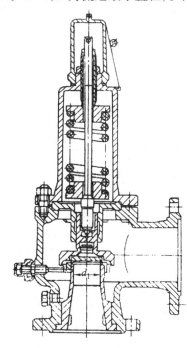

(b)无提升把手,有反冲盘及下调节圈

图 4-3　全启式安全阀

高度已经使其帘面积(阀瓣升起时,在其密封面之间形成的圆柱或圆锥形通道面积)大于或等于流道面积(阀进口端到密封面间流道的最小截面面积)。为增加阀瓣的开启高度,装设上、下调节圈。装在阀瓣外面的上调节圈和阀座上的下调节圈在密封面周围形成一个很窄的缝隙,当开启高度不大时,气流两次冲击阀瓣,使它继续升高,开启高度增大后,上调节圈又迫使气流方向转弯向下,反作用力使阀瓣进一步开启。这种形式的安全阀灵敏度较高,调节圈位置很难调节适当。

2．微启式安全阀

阀瓣开启高度很小,$h = (1/40 \sim 1/20)\,d$。为了增加阀瓣开启高度,一般在阀座上装设一个调节圈(见图4-4)。微启式安全阀的制造、维修、试验和调节比较方便,宜用于排气量不大、要求不高的场合。

(三)按气体排放方式分类

安全阀按照气体排放的方式不同可以分为全封闭式、半封闭式和开放式。

1．全封闭式安全阀

排气侧要求密封严密,阀所排出的气体全部通过排气管排放,介质不能向外泄漏。主要用于介质为有毒、易燃气体的容器。

2．半封闭式安全阀

排气侧不要求做气密试验,阀所排出的气体大部分通过排气管排放,一部分从阀道与阀杆之间的间隙中漏出。适用于介质为不会污染环境的气体容器上。

3．开放式安全阀

阀盖敞开,弹簧内室与大气相通,有利于降低弹簧的温度。主要适用于介质为空气,以及对大气不造成污染的高温气体容器。

三、安全阀的型号规格及主要性能参数

(一)安全阀的型号规格

根据阀门型号编制方法的规定,安全阀的型号由六个单元组成,其排列方式如下:

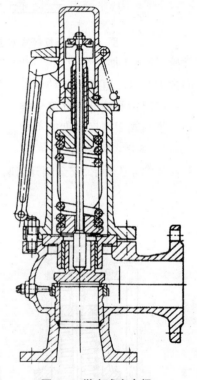

图4-4　微启式安全阀

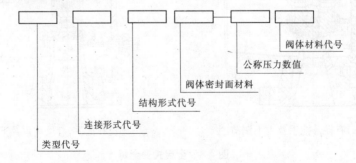

阀体材料代号

公称压力数值

阀体密封面材料

结构形式代号

连接形式代号

类型代号

安全阀的类型代号:用汉语拼音字母表示,弹簧式安全阀的代号为 A;杠杆重锤式安全阀的代号则为 GA。

连接形式代号:用阿拉伯数字表示,1 代表内螺纹连接;2 代表外螺纹连接;4 代表法兰连接。

结构形式代号:用阿拉伯数字表示,0 代表散热片、全启式封闭型;1 代表微启式封闭型;2 代表全启式封闭型;3 代表扳手、双联弹簧微启式开放型;4 代表扳手、全启式封闭型;7 代表扳手、微启式开放型;8 代表扳手、全启式开放型;9 代表先导式(脉冲式)安全阀。

阀体密封面材料代号:用汉语拼音表示,Y 代表硬质合金;H 代表合金钢;T 代表铜合金;B 代表巴氏合金;F 代表氟塑料;W 代表阀体直接加工成密封面。

公称压力:单位为 MPa。

阀体材料代号:用汉语拼音表示,Z 代表灰铸铁;C 代表铸钢;I 代表铬钼钢;P 代表不锈钢(铬、镍、钛钢)等($P_n \leqslant 1.6$ MPa 的灰铸铁阀体和 $P_n \geqslant 2.5$ MPa 的碳素钢阀体省略本代码)。

(二)主要性能参数

1. 公称压力

安全阀与容器的工作压力应相匹配。因为弹簧的刚度不同而使安全阀规范化、系列化。安全阀分为几种工作压力级别,例如低压用安全阀常按压力范围分为 5 级,公称压力用 Pg 表示:Pg4、Pg6、Pg10、Pg13、Pg16。向制造厂定货时,除了应注明产品型号、适用介质、工作温度外,还应注明工作压力级别。

2. 开启高度

是指安全阀开启时,阀芯离开阀座的最大高度。根据阀芯提升高度的不同,可将安全阀分为微启式和全启式两种:微启式安全阀的开启高度为阀座喉径的 1/20～1/40;全启式安全阀的开启高度为阀座喉径的 1/4 以上。

3. 安全阀的排放量

安全阀的排放量一般都标记在它的铭牌上,要求排放量不小于容器的安全泄放量。该数据由阀门制造单位通过设计计算与实际测试确定。

四、对安全阀的要求

对安全阀有以下要求:

(1)安全阀应选用经省级以上(含省级)安全监察机构批准的企业的合格产品。

(2)安全阀的选用必须符合压力容器的设计需要。

(3)对易燃介质或毒性程度为极度、高度或中度危害介质的压力容器,应在安全阀的排出口设导管,将排放介质引至安全地点,并进行妥善处理,不得直接排入大气。

(4)移动式压力容器安全阀的开启压力应为罐体设计压力的 1.05～1.10 倍,安全阀的额定排放压力不得高于罐体设计压力的 1.2 倍,回座压力不应低于开启压力的 0.8 倍。

(5)杠杆式安全阀应有防止重锤自由移动的装置和限制杠杆越出的导架;弹簧式安全阀应有防止随便拧动调整螺钉的铅封装置;静重式安全阀应有防止重片飞脱的装置。

(6)安全阀安装应符合以下几点要求:

①安全阀应垂直安装,并应装设在压力容器液面以上气相空间部分,或装设在与压力容器气相空间相连的管道上。

②压力容器与安全阀之间的连接管和管件的通孔,其截面面积不得小于安全阀的进口截面面积,其接管应尽量短而直。

③压力容器一个连接口上装设两个或两个以上的安全阀时,则该连接口入口的截面面积应至少等于这些安全阀的进口截面面积总和。

④安全阀与压力容器之间一般不宜装设截止阀门。为实现安全阀的在线校验,可在安全阀与压力容器之间装设爆破片装置。对于盛装毒性程度为极度、高度、中度危害介质,易燃介质,腐蚀、黏性介质或贵重介质的压力容器,为便于安全阀的清洗与更换,经使用单位主管压力容器安全的技术负责人批准,并制定可靠的防范措施,方可在安全阀与压力容器之间装设截止阀门。压力容器正常运行期间截止阀必须保证全开(加铅封或锁定),截止阀的结构与通径应不妨碍安全阀的安全泄放。

⑤安全阀装设位置应便于检查和维修。

(7)新安全阀在安装之前,应根据使用情况进行调试后,才准安装使用。

(8)安全附件应实行定期检验制度,安全附件的定期检验按照《压力容器定期检验规程》的规定进行。《压力容器定期检验规程》未作规定的,由检验单位提出检验方案,报省级安全监察机构批准。

安全阀一般每年至少应校验一次,拆卸进行校验有困难的应采用现场校验(在线校验)。

(9)安全阀有下列情况之一时,应停止使用并更换:

①安全阀的阀芯和阀座密封不严且无法修复;

②安全阀的阀芯与阀座粘死或弹簧严重腐蚀、生锈;

③安全阀选型错误。

五、安全阀常见故障及其排除方法

安全阀常见的故障有以下几种。

(一)阀门泄漏

即设备在正常压力下,阀瓣与阀座密封面间发生超过允许程度的渗漏。其原因和排除方法为:

(1)脏物落在密封面上。可使用提升扳手将阀门开启几次,把脏物冲去。

(2)密封面损伤。应根据损伤程度,采用研磨或车削后研磨的方法加以修复。

(3)由于装配不当或管道载荷等原因使零件的同心度遭到破坏。应重新装配或排除管道附加的载荷。

(4)整定压力降低,与设备正常工作压力太接近,以致密封比压力过低。应根据设备强度条件对整定压力进行适当的调整。

(5)弹簧松弛从而使整定压力降低引起阀门泄漏。可能是由于高温或腐蚀等原因所造成,应根据原因采取更换弹簧,甚至调换阀门等措施。如果由于调整不当所引起,则必须把调整螺杆适当拧紧。

(二)阀门震荡

阀门震荡即阀瓣频繁启闭。其可能原因及排除方法为:

(1)安全阀排放功能过大。应当选择额定排量尽可能接近设备必需排放量的安全阀或限制阀瓣开启高度。

(2)由于进口管道太小或阻力太大致使安全阀排量不足,从而引起震荡。应使进口管内径不小于阀门进口通径或减少进口管道阻力。

(3)排放管道阻力过大,造成排放时过大的背压。应降低管道阻力。

(4)弹簧刚度过大。应改用刚度较小的弹簧。

(5)调节圈调节不当,使回座压力过高。应重新调整调节圈位置。

(6)安全阀型式选择不当。应更换安全阀。

(三)安全阀启闭不灵活

(1)调节圈调整不当,致使安全阀开启过程拖长或回座迟缓。应重新加以调整。

(2)内部运动零件卡阻,可能是由于装配不当、脏物混入或零件腐蚀等原因造成。应查明原因并清除之。

(3)排放管道阻力过大,产生较大的背压。应减少排放管道的阻力。

(四)安全阀不在规定的初始整定压力下开启

安全阀调整好以后,其实际开启压力相对于整定值有一定的偏差。整定压力偏差:当整定压力小于 0.5 MPa 时为 ±0.014 MPa;当整定压力大于或等于 0.5 MPa 时为 ±3% 整定压力。超出这个范围为不正常。造成开启压力值变化的原因有:

(1)由于工作温度变化引起的,例如安全阀在常温下调整而用于高温时,开启压力常常有所降低,可以通过适当旋紧螺杆来调节。如果是属于选型不当致使弹簧腔室温度过高时,则应调换适当型号(例如带散热器)的安全阀。

(2)由于弹簧腐蚀所引起的,应调换弹簧。

(3)由于背压变动而引起的,当背压变化较大时,应选用背压平衡式波纹管安全阀。

(4)由于内部活动零件卡阻,应检查消除之。

(五)安全阀不能保证完全开启

(1)弹簧刚度太大。应装设刚度较小的弹簧。

(2)阀座和阀瓣上协助阀瓣开启的机构设置不当,或者调节圈调整得不正确。应重新调整之,或者必要时更换其他结构形式的安全阀。

(3)阀瓣在导向套中的摩擦增加。检查同轴度与间隙。

(六)排放管道震动

若排放管道震动,应减少管道弯头或紧固管道。

第二节 爆破片

爆破片又称防爆膜、防爆片,是一种断裂型的泄压装置,它利用膜片的断裂来泄压。

泄压后爆破片不能继续有效使用,压力容器也被迫停止运行。

一、爆破片的特点

与安全阀相比,爆破片有以下特点:

(1)适于浆状、有黏性、腐蚀性工艺介质,这种情况下安全阀不可靠。

(2)惯性小,可对急剧升高的压力迅速作出反应。

(3)在发生火灾或其他意外时,在主泄压装置打开后,可用爆破片作为附加泄压装置。

(4)严密无泄漏,适用于盛装昂贵或有毒介质的压力容器。

(5)规格型号多,可用各种材料制造,适应性强。

(6)便于维护、更换。

但爆破片作为泄压装置也有其局限性,主要表现在:

(1)当爆破片爆破时,工艺介质损失较大,所以常与安全阀串联使用,以减少工艺介质的损失。

(2)不宜用于经常超压的场合。

(3)爆破特性受温度及腐蚀介质的影响。

(4)一般拉伸型爆破片的工作压力不宜接近其规定的爆破压力,当承受的压力为循环压力时尤甚。

二、爆破片的结构形式

爆破片主要由一副夹盘和一块很薄的膜片组成。夹盘用埋头螺钉将膜片夹紧,然后装在容器的接口法兰上。通常所说的爆破片已经包括了夹盘等部件,所以也称为爆破片组合件。常见的爆破片组合件有以下三种:

(1)膜片预拱成形,并预先装在夹盘上的拉伸型爆破片如图 4-5(a)所示。这种爆破片特点是爆破压力较稳定,并且可以在很大的压力范围内使用。

(2)利用透镜垫和锥形夹盘形式的爆破片(见图 4-5(b))可适用于高压场合。

(3)螺纹接头夹盘(见图 4-5(c))是通过螺纹套管和垫圈将膜片压紧,但膜片容易偏置,因而使用可靠性差。

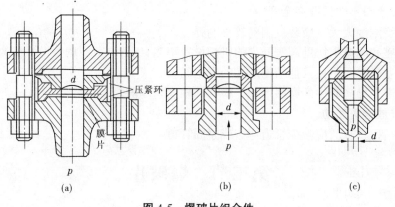

图 4-5 爆破片组合件

三、爆破片的适用场所

由于爆破片的自身特点,在一些情况下应优先选用爆破片作为泄压装置。

(一)工作介质为不洁净气体的压力容器

在石油化工生产过程中,有些气体往往混杂有黏性(如煤焦油)或粉状的物质,或者容易产生结晶体,对于这样的一些气体,如果采用安全阀作为安全泄压装置,则这些杂质或结晶体就会在长期的运行过程中积聚在阀瓣上,使阀座产生较大的黏结力,或者堵塞阀的通道,减少气体对阀瓣的作用面积,使安全阀不能按规定的压力开启,失去安全阀泄压装置应有的作用,在这种情况下,安全泄压装置应采用爆破片。

(二)由于物料的化学反应可能使压力迅速上升的压力容器

有些反应容器由于容器内的物料发生化学反应产生大量气体,使容器内的压力升高。这样的压力容器常常由于操作不当,例如投料的数量有误、原料不纯、反应速度控制不当等,因而发生压力骤增。这种情况下,如果采用安全阀作为安全泄压装置,一般是难以及时泄放压力的,容器内的压力将急剧增加。这种容器的安全泄压装置就必须采用爆破片。

(三)工作介质为剧毒气体的压力容器

盛装剧毒气体的压力容器,其安全泄压装置也应该采用爆破片,而不宜用安全阀,以免污染环境。

(四)介质为强腐蚀介质的压力容器

盛装强腐蚀介质的压力容器的安全泄漏装置亦选用爆破片。若选用安全阀,由于介质的腐蚀作用,使阀瓣与阀座关闭不严,产生泄漏,或使阀瓣与阀座黏结,不能及时打开,使容器爆破。

四、对爆破片的要求

对爆破片有以下的要求:

(1)爆破片应选用持有国家质量监督检验检疫总局颁发的制造许可证的单位生产的合格产品。

(2)爆破片的选用必须符合压力容器的设计需要。

(3)对易燃介质或毒性程度为极度、高度或中度危害介质的压力容器应在爆破片的排出口装设导管,将排放介质引至安全地点,并进行安全处理,不得直接排入大气。

(4)爆破片装置应进行定期更换,对于超过最大设计爆破压力而未爆破的爆破片应立即更换;在苛刻条件下使用的爆破片装置应每年更换,一般爆破片装置应在2~3年内更换(制造单位明确可延长使用寿命的除外)。

五、爆破片的维护

爆破片在使用期间不需要特殊维护,但需要定期检查爆破片、夹持器及泄放管道。

(1)对爆破片主要检查表面有无伤痕、腐蚀、变形,有无异物附在其上。必要时可用溶剂和水进行清洗,如果发现有腐蚀应及时更换。

(2)对夹持器、真空托架,要检查腐蚀情况,接触表面有无损伤、异物。

(3)对泄放管道的检查包括:是否通畅,有无腐蚀,固定处是否牢固。还要检查拦截爆破片碎片装置的情况。

(4)所有爆破片都有一定的工作期限(寿命)。许多因素都会影响爆破片的寿命,如容器工作压力与爆破压力之比、工作温度、压力的波动情况、爆破片的材料、工艺介质的腐蚀性、大气温度等。目前,爆破片的使用寿命还不能用公式计算,只有根据各自的使用条件来决定。在设备运转一定时间后,取出爆破片,重新作爆破试验,这样积累相当数据后,根据情况决定使用期限。

(5)由于物理、化学因素的作用,爆破片的爆破压力会逐渐降低,因此在正常使用条件下,即使不破裂,也应定期(一般是一年一次)予以更换。对于超压未爆的爆破片应立即更换。

(6)工厂应储存一定数量的备件,以便在定期检查时能及时更换。备件在库房中保管时要注意防腐蚀、防变形,避免高温、低温、高湿的影响。

第三节　压力表

压力表是一种测量压力大小的仪表,可用来测量容器的实际压力值,操作人员可以根据压力表指示的压力对容器进行操作,将压力控制在允许的范围内。

一、压力表的结构和原理

压力容器上普遍使用的压力表主要是弹簧式压力表,它由表盘、弹簧弯管、连杆、扇形齿轮、小齿轮、中心轴、指针等零件组成,如图4-6所示。

弹簧是由金属管制成的,管子截面呈扁平圆形,它的一端固定在支座上,与管接头相通;另一端是封闭的自由端,与连杆连接。连杆的另一端连接扇形齿轮,扇形齿轮又与中心轴上的小齿轮相衔接。压力表的指针固定在中心轴上。

当被测介质的压力作用于弹簧管的内壁时,弹簧管扁平圆形截面就有膨胀成圆形的趋势,从而由固定端开始向外伸张,也就是使自由端向外移动,再经过连杆带动扇形齿轮与小齿轮转动,使指针向顺时针方向偏转一个角度。这时指针在压力表盘上指示的刻度值,就是压力容器内压力值。压力容器压力越大,指针偏转角度也越大。当压力降低时,弹簧弯管力图恢复原状,加上游丝的牵制,使指针返回到相应的位置。当压力消失后,弹簧弯管恢复到原来的形状,指针也就回到始点(零位)。

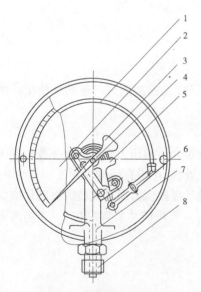

图4-6　弹簧管式压力表
1—弹簧弯管;2—表盘;3—指针;
4—中心轴;5—扇形齿轮;6—连杆;
7—支座;8—管接头

二、对压力表的要求

(一)压力表的选用

(1)选用的压力表必须与压力容器内的介质相适应。

(2)低压容器使用的压力表精度不应低于2.5级;中压及高压容器使用的压力表精度不应低于1.5级。

(3)压力表刻度极限值应为最高工作压力的1.5~3.0倍,表盘直径不应小于100 mm。

(二)压力表的校验和维护

压力表的校验和维护应符合国家计量部门的有关规定。压力表安装前应进行校验,在刻度盘上应划出指示最高工作压力的红线,注明下次校验日期。压力表校验后应加铅封。

(三)压力表的安装要求

(1)压力表的装设位置应便于操作人员观察和清洗,且应避免受到辐射热、冻结或震动的不利影响。

(2)压力表与压力容器之间应装设三通旋塞或针形阀;三通旋塞或针形阀上应有开启标记和锁紧装置;压力表与压力容器之间不得连接其他用途的任何配件或接管。

(3)用于水蒸气介质的压力表,在压力表和压力容器之间应装有存水弯管。

(4)用于具有腐蚀性或高黏度介质的压力表,在压力表与压力容器之间应装设能隔离介质的缓冲装置。

(四)压力表的更换

压力表有下列情况之一时,应停止使用并更换:

(1)有限止钉的压力表,在无压力时,指针不能回到限止钉处;无限止钉的压力表,在无压力时,指针距零位置的数值超过压力表的允许误差。

(2)表盘封面玻璃破裂或表盘刻度模糊不清。

(3)封印损坏或超过校验有效期限。

(4)表内弹簧管泄漏或压力表指针松动。

(5)指针断裂或外壳腐蚀严重。

(6)其他影响压力表准确指示的缺陷。

三、压力表的维护

在压力容器运行中,应加强对压力表的维护和检查。压力容器的操作人员对压力表的维护应做好以下几点工作:

(1)压力表应保持洁净,表盘上的玻璃要明亮清晰,使表盘内指针指示的压力值能清楚易见,表盘玻璃破碎或表盘刻度模糊不清的压力表应停止使用。

(2)压力表的连接管要定期吹洗,以免堵塞,特别是对用于较多的油垢或其他黏性物质气体的压力表连接管,要经常检查压力表指针的转动与波动是否正常,检查连接管上的旋塞是否处于全开状态。

(3)压力表必须定期校验,校验周期按计量部门要求进行。校验完毕应认真填写校验记录和校验合格证并加铅封。如果容器在正常运行中发现压力表指针不正常或其他可疑迹象时应立即检验校正。

第四节　液面计

液面计是用来测量液体介质液位的一种计量仪表。

一、液面计的类型和结构

(一)玻璃管式液面计

玻璃管式液面计的结构简单,由上阀体、下阀体、玻璃管和放水阀等构件组成(如图4-7所示)。安装维修方便,通常在工作压力0.6 MPa和介质为非易燃易爆或无毒的容器中。

用于容器上的玻璃管式液面计有定型产品,玻璃管的公称通径为$\Phi15$ mm和$\Phi25$ mm两种。玻璃管直径过小易产生毛细管现象,液位显示会与实际液位稍有偏差。液面计玻璃管的中心线与上、下阀体的垂直中心线应互相重合,否则在安装和使用过程中玻璃管容易损坏。液面计应有防护罩,防止玻璃管损坏时介质外溢造成事故。防护罩最好用较厚的耐高温钢化玻璃板制成,将玻璃管罩住,但不影响观察液位。防护罩也有用铁皮制作的,为了便于观察液位,在防护罩的前面应开有宽度大于12 mm、长度与玻璃管可见长度相等的缝隙,并在防护罩后面留有较宽的缝隙,以便光线射入,使压力容器操作人员清晰地看到液位。

(二)玻璃板式液面计

玻璃板式液面计如图4-8所示。

这种液面计主要由上阀体、下阀体、框盒、平板玻璃等构件组成。具有读数直观、结构简单、价格便宜的优点。由于要求其耐压,故不能做得太长。大型储罐安装液面计时,就需要把几段玻璃板连接起来使用,安装检修不太方便。但由于板式液面计比管式液面计耐高压,安全可靠性好,所以凡介质是易燃、剧毒、有毒、压力和温度较高的容器,采用板式液面计比较安全。

(三)浮球液面计

浮球液面计又称浮球磁力式液面计(见图4-9)。其工作原理是当容器内液位升降时,以浮球为感受元件,带动连杆结构通过一对齿轮使互为隔绝的一组门形磁钢转动,并带动指针使得刻度盘上指示出容器内的充装量。多安装在各类液化气体汽车槽车和油品汽车槽车上。它具有以下优点:

(1)结构简单,动作可靠,精度较高,安装维护方便,具有耐震动、耐磨损、耐压、耐高温和耐腐蚀等特性。

(2)表盘指示直观,读数清晰、准确可靠。

(3)由于内部传动机构与表盘及指针互为隔绝,因而这种液面计的密封性能极好。

(四)旋转管式液面计

旋转管式液面计(见图4-10)主要由旋转管、刻度盘、指针、阀芯等组成,一般用于液化石油气汽车槽车和活动罐上。

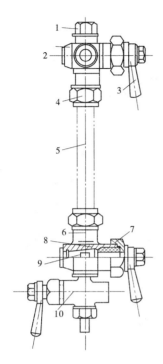

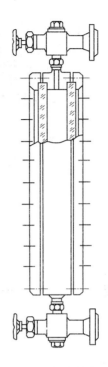

图 4-7　旋塞玻璃管液面计

1—玻璃管盖；2—上阀体；3—手柄；
4—玻璃管螺母；5—玻璃管；6—下阀体；
7—封口螺母；8—填料；9—塞子；10—放水阀

图 4-8　双面玻璃液面计

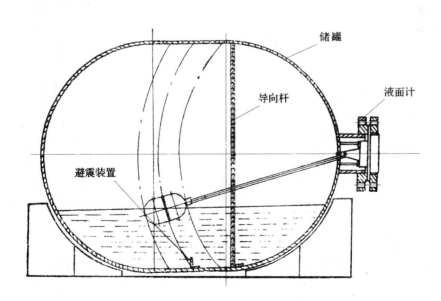

图 4-9　浮球磁力式液面计

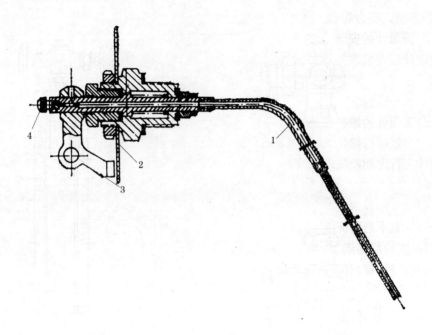

图 4-10　旋转管式液面计

1—旋转管;2—刻度盘;3—指针;4—阀芯

(五)滑管式液面计

滑管式液面计(见图 4-11)主要由套管、带刻度的滑管、阀门和护罩等组成,一般用于液化石油气汽车槽车、火车槽车和地下储罐。测量液位时,将带有刻度的滑管拔出,当有液态液化石油气流出时,即知液位高度。

二、对液面计的要求

(一)各种情况下对液面计的选用

压力容器用液面计应符合有关标准的规定,并符合下列要求:

(1)应根据压力容器的介质、最高工作压力和温度正确选用。

(2)在安装使用前,低、中压容器用液面计,应进行 1.5 倍液面公称压力的液压试验;高压容器的液面计,应进行 1.25 倍液面计公称压力的液压试验。

(3)盛装 0 ℃以下介质的压力容器,应选用防霜液面计。

(4)寒冷地区室外使用的液面计,应选用夹套型或保温型结构的液面计。

(5)用于易燃、毒性程度为极度、高度危害介质的液化气体压力容器上,应有防止泄漏保护装置。

(6)要求液面指示平稳的,不应采用浮子(标)式液面计。

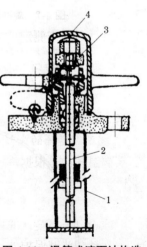

图 4-11　滑管式液面计构造

1—套管;2—带刻度的滑管;
3—阀门;4—护罩

(7)移动式压力容器不得使用玻璃板式液面计。

(二)液面计的安装

液面计应安装在便于观察的位置,如液面计的安装位置不便于观察,则应增加其他辅助设施。大型压力容器还应有集中控制的设施和报警装置。液面计上最高和最低安全液位应作出明显的标志。

(三)液面计的维护管理

压力容器运行操作人员,应加强对液面计的维护管理,保持完好和清晰。使用单位应对液面计实行定期检修制度,可根据实际情况,规定检修周期,但不应超过压力容器内外部检修周期。

(四)液面计的更换

液面计有下列情况之一时,应停止使用并更换:

(1)超过检修周期。

(2)玻璃板(管)有裂纹、破碎。

(3)阀件固死。

(4)出现假液位。

(5)液面计指示模糊不清。

第五节　温度计

温度计是用来测定压力容器内温度高低的仪表。

一、温度仪表的类型与结构

压力容器上常用的温度计有玻璃温度计、压力式温度计、热电偶温度计等。

(一)玻璃温度计

1.玻璃温度计的原理与结构

玻璃温度计是根据水银、酒精、甲苯等工作液体具有热胀冷缩的物理性质制成的。在工业锅炉中使用最多的是水银玻璃温度计。

水银玻璃温度计,由温包、毛细管和分度标尺等部分组成,一般有内标式和外标式两种。内标式水银温度计的标尺分格刻在置于膨胀毛细管后面的乳白色玻璃板上。该板与温包一起封在玻璃保护外壳内,根据安装位置的需要,具有细而直或弯成90°或135°的尾部,工程用温度计的尾端长度一般在85～1 000 mm之间,直径是7～10 mm,装入标尺的玻璃套管的标准长度和直径分别等于220 mm和18 mm,见图4-12。

2.玻璃温度计的优缺点

水银玻璃管温度计的优点是测量范围大(−30～500 ℃),精度较高,结构简单,价格便宜等。缺点是易破碎,示值不够明显,不能远距离观察。

(二)压力式温度计

1.压力式温度计的原理与结构

压力式温度计是根据温包里的气体或液体,因受热而改变压力的性质制成的。一般分为指示式与记录式两种。前者可直接从表盘上读出当时的温度数值,后者有自动记录装置,可记录出不同时间的温度数值。主要由表头、金属软管和温包等构件组成,如图4-13所示,温包内装有易挥发的碳氢化合物液体。测量温度时,温包内的液体受热蒸发,并且沿着金属软管内的毛细管传到表头。表头的构造和弹簧管式压力表相同,表头上的指针发生偏转的角度大小与被测介质的温度高低成正比,即指针在刻度盘上的读数等于被测介质的温度值。

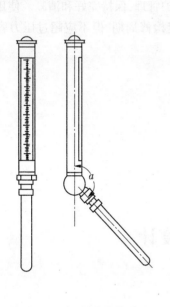

图 4-12　工业用水银温度计

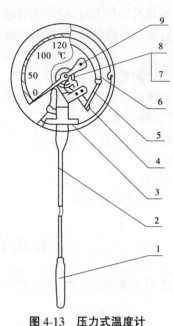

图 4-13　压力式温度计

1—温包;2—毛细管;3—支座;
4—扇形齿轮;5—连杆;6—弹簧管;
7—小齿轮;8—游丝;9—指针

2.压力式温度计的适用范围及优缺点

压力式温度计适用于远距离测量非腐蚀性气体、蒸汽或液体的温度,被测介质压力不超过 6.0 MPa,温度不超过 400 ℃。它的优点是温度指示部分可以离开测点,使用方便;缺点是精度较低,金属软管容易损坏。

(三)热电偶温度计

1.热电偶温度计的原理与结构

热电偶温度计是利用两种不同金属导体的接点,受热后产生热电势的原理制成的测量温度的仪表。主要由热电偶、补偿导线和电器测量仪表(检流计)三部分组成,如图4-14所示。用两根不同的导体或半导体(热电极)ab 和 ac 的一端互相焊接,形成热电偶的工作端(热端)a,用它插入被测介质中以测量温度,热电偶的自由端(冷端)b、c 分别通过导线与测量仪表相连接。当热电偶的工作端与自由端存在温度差时,则 b、c 两点之间产生了热电势,因而补偿导线上就有电流通过,而且温差越大,所产生的热电势和导线上的电流也越大。通过观察测量仪表上指针偏转的角度,就可直接读出所测介质的温度值。常

用的普通铂铑－铑热电偶(WRLL 型)最高测量温度为 1 600
℃,普通铂铑－铂热电偶(WRLB 型)最高测量温度为 1 400 ℃,
普通镍铬－镍硅热电偶(WREU 型)最高测量温度为 1 100 ℃。

2.热电偶温度计的优缺点

热电偶温度计的优点是灵敏度高,测量范围大,无须外接电
源,便于远距离测量和自动记录等;缺点是需要补偿导线,安装
费用较贵。

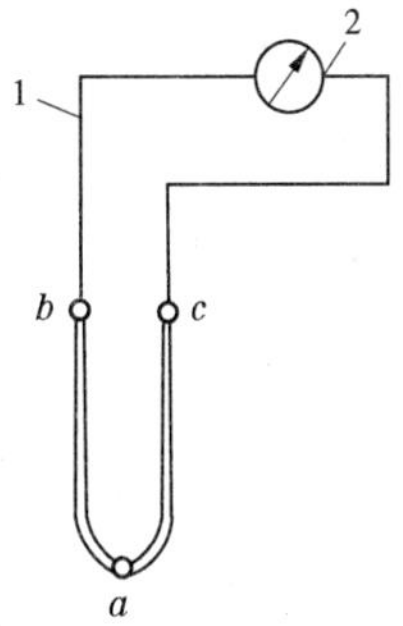

图 4-14　热电偶温度计
1—补偿导线;2—测量仪表

二、对温度计的要求

(1)应选择合适的测温点,使测温点的情况有代表性,并尽
可能减少外界因素(如辐射、散热等)的影响。其安装要便于操
作人员观察,并配备防爆照明。

(2)温度计的温包应尽量深入压力容器或紧贴于容器器壁上,同时露出容器的部分应
尽可能短些,确保能测准容器内介质的温度。用于测量蒸汽和物料为液体的温度时,温包
的插入深度不应小于 150 mm,用于测量空气或液化气体的温度时,插入深度不应小于
250 mm。

(3)对于压力容器内介质的温度变化剧烈的情况,进行温度测量时应考虑到滞后效
应,即温度计的读数来不及反映容器内温度变化的真实情况。为此除选择合适的温度计
型式外,还应注意安装的要求。如用导热性强的材料作温度计保护套管,在水银温度计套
管中注油,在电阻式温度计套管中充填金属屑等,以减小传热的阻力。

(4)温度计应安装在便于工作、不受碰撞、减少震动的地点。安装内标式玻璃温度计
时,应有金属保护套,保护套的连接要求端正。对于充液体的压力式温度计,安装时其温
包与指示部位应在同一水平面上,以减小由于液体静压力引起的误差。

(5)新安装的温度计应经国家计量部门鉴定合格。使用中的温度计应定期进行校验,
误差应在允许的范围内。在测量温度时不宜突然将其直接置于高温介质中。

第六节　常用阀门

一、闸阀

闸阀主要由手轮、填料、压盖、阀杆、闸板、阀体等零件组成。

闸阀按闸板形式可分为楔式和平行式两类。楔式大多制成单闸板,两侧密封面成楔
形。平行式大多制成双闸板,两侧密封面是平行的。图 4-15所示为楔式单闸板闸阀,闸
板在阀体内的位置与介质流动方向垂直,闸板升降即是阀门启闭。

闸阀的优点是:介质通过阀门为直线流动,阻力小,流势平稳,阀体较短,安装紧凑。
缺点是:在阀门关闭后,闸板一面受力较大,容易磨损,而另一面不受力,故开启和关闭需
用较大的力量。为此,常在高压或大型闸阀的一侧加装旁通管路和旁通阀,既起预热作用
又可减小主阀门闸板两侧的压力差,使开启阀门省力。

二、截止阀

截止阀主要由阀杆、阀体、阀芯和阀座等零件组成,如图 4-16 所示。

截止阀按介质流动方向可分为标准式、流线式、直流式和角式等数种,如图 4-17 所示。

截止阀阀芯与阀座之间的密封形式通常有平行和锥形两种。平行密封面启闭时擦伤少,容易研磨,但启闭力大,多用在大口径阀门中。锥形密封面结构紧密,启闭力小,但启闭时容易擦伤,研磨需要专门工具,多用在小口径阀门中。

安装截止阀时,必须使介质由下向上流过阀芯与阀座之间的间隙,如图 4-17 中箭头所示方向,以减小阻力,便于开启。并且要在阀门关闭后,填料和阀杆不与介质接触,不受压力和温度的影响,防止气、水侵蚀而损坏。

截止阀的优点是:结构简单,密封性能好,制

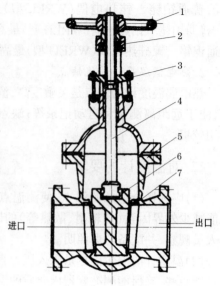

图 4-15　楔式单闸板闸阀

1—手轮;2—阀杆螺母;3—压盖;4—阀杆;
5—阀体;6—闸板;7—密封面

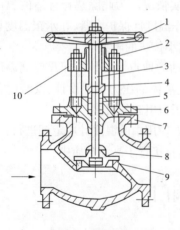

图 4-16　截止阀

1—手轮;2—阀杆螺母;3—阀杆;
4—填料压盖;5—填料;6—阀盖;
7—阀体;8—阀芯;9—阀座;10—螺纹

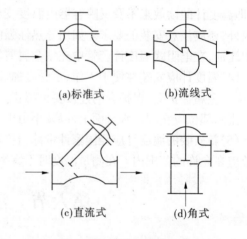

(a)标准式　　　(b)流线式

(c)直流式　　　(d)角式

图 4-17　截止阀通道形式

造和维护方便,广泛用于截断流体和调节流量的场合。缺点是:流体阻力大,阀体较长,占地较大。

三、节流阀

节流阀又名针形阀,主要由手轮、阀杆、阀体、阀芯和阀座等零件组成,如图 4-18 所示。阀芯直径较小,呈针形或椭圆形,通过阀芯与阀座之间间隙的细微改变,能精细地调

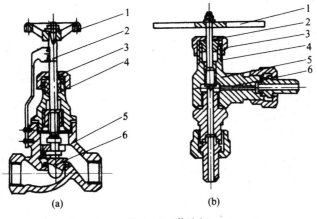

图 4-18 节流阀

1—手轮;2—阀杆;3—填料盖;4—填料;5—阀体;6—阀芯

节流量,或进行节流调节压力。

节流阀的优点是:外形尺寸小,重量轻,密封性能好。缺点是:制造精度高,加工较困难。

四、止回阀

止回阀又称逆止阀或单向阀,是依靠阀前、阀后流体的压力差而自动启闭,以防介质倒流的一种阀门。止回阀阀体上标有箭头,安装时必须使箭头的指示方向与介质流动的方向一致。

止回阀按阀芯的动作,分为升降式和摆动式两种。

(一)升降式止回阀

升降式止回阀又称为截门式止回阀,主要由阀盖、阀芯、阀杆和阀体等零件组成,如图 4-19 所示。在阀体内有一个圆形的阀芯,阀芯连着阀杆(也可用弹簧代替),阀杆不穿通上面的阀盖,并留有空隙,使阀芯能垂直于阀体作升降运动。这种阀门一般应安装在水平管道上。升降式止回阀的优点是:结构简单,密封性较好,安装维修方便。缺点是:阀芯容易被卡住。

(二)摆动式止回阀

摆动式止回阀主要由阀盖、阀芯、阀座和阀体等零件组成,如图 4-20 所示。阀芯的上端与阀体用插销连接,整个阀芯可以自由摆动,当进口压力高于出口压力时,介质便顶开阀芯进入容器。当进口压力低于出口压力时,容器内压力便压紧阀芯,阻止介质倒流。摆动式止回阀的优点是:结构简单,流动阻力较小。缺点是:噪音较大,密封性差。

五、减压阀

减压阀主要有两种作用,一是将较高的介质压力自动降到所需的压力;二是当高压侧的压力波动时,起自动调节作用,使低压侧的压力稳定。

减压阀的作用原理,主要依靠膜片、弹簧等敏感元件来改变阀芯与阀座之间的间隙,使流体通过时产生节流,从而达到对压力自动调节的目的。

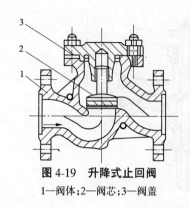

图 4-19　升降式止回阀

1—阀体;2—阀芯;3—阀盖

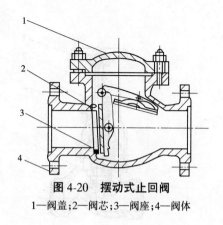

图 4-20　摆动式止回阀

1—阀盖;2—阀芯;3—阀座;4—阀体

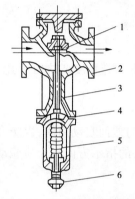

图 4-21　弹簧薄膜式减压阀

1—阀芯;2—阀体;3—阀杆;
4—薄膜;5—弹簧;6—手轮

弹簧薄膜式减压阀是较为常用的减压阀,其主要由弹簧、薄膜、阀杆、阀芯、阀体等零件组成,如图 4-21 所示。当薄膜上侧的压力高于薄膜下侧的弹簧压力时,薄膜向下移动,压缩弹簧,阀杆随即带动阀芯向下移动,使阀芯的开启度减小,由高压端通过的介质流量随之减少,从而使出口压力降低到规定的范围内。当薄膜上侧的介质压力小于下侧的弹簧压力时,弹簧自由伸长,顶着薄膜向上移动,阀杆随即带动阀芯向上移动,使阀芯的开启高度增大,由高压端通过的介质流量随之增多,从而使出口处的压力升高到规定的范围内。

弹簧薄膜式减压阀的灵敏度比较高,而且调节比较方便,只需旋转手轮,调整弹簧的松紧度即可。但是,如果薄膜行程大时,橡胶薄膜容易损坏,同时承受压力和温度亦不能太高。因此,弹簧薄膜式减压阀较普遍地使用在温度与压力不太高的水和空气介质管道。

第五章 压力容器安全监督

第一节 压力容器设计环节监督

一、压力容器设计单位须经行政许可

国务院颁布的《特种设备安全监察条例》第十一条明确规定:"压力容器的设计单位应当经国务院特种设备安全监督管理部门许可,方可从事压力容器的设计活动。"

压力容器的设计单位应当具备的条件:有与压力容器设计相适应的设计人员、设计审核人员;有与压力容器设计相适应的健全管理制度和责任制度。

对于压力容器气瓶、氧舱的设计文件应经国务院特种设备安全监督管理部门核准的检验机构鉴定,方可制造。

二、压力容器设计行政许可分级实施范围

(一)国家质检总局负责许可范围
(1)固定式压力容器(A):超高压容器、高压容器(A1);第三类低、中压容器(A2);球形储罐(A3);非金属压力容器(A4)。

(2)移动式压力容器(C):铁路罐车(C1);汽车罐车或者长管拖车(C2);罐式集装箱(C3)。

(二)省级质量技术监督局许可范围
主要为固定式压力容器(D),包括第一类压力容器(D1)和第二类低、中压容器(D2)。

三、对设计单位有关要求

《压力容器安全技术监察规程》对设计单位设计压力容器提出了具体要求:

(1)设计单位对设计质量负责;压力容器的设计总图上,必须加盖压力容器设计资格印章,设计总图上有设计、校核、审核(定)人员签字。

(2)压力容器设计总图上应注明压力容器名称、类别、设计条件等内容。

(3)压力容器的设计不得低于最高工作压力,装有安全泄放装置的压力容器,应设立安全阀。

(4)设计压力容器时,应有足够的腐蚀裕量。

(5)压力容器的设计文件,包括设计图样、技术条件、强度计算书,必要时还包括设计或安装、使用说明书。

(6)对盛装液化气体的固定压力容器设计的专项规定。

(7)对设计储存容器的专项要求。

(8)对移动式压力容器的专项要求。

(9)对铸钢、钢制压力容器元件强度设计、开孔设计等要求。

设计压力容器除对设计单位监督外,对其设计人员也进行监督,主要的形式是对设计单位的人员实行培训考核,设计人员取得资格才能从事相应设计工作。

四、对设计单位评审机构监督

设计单位从事压力容器设计,须经国家质检总局或省级特种设备安全监察机构的申请受理,设计单位经受理,评审机构可以进行评审,评审符合要求,受理核准机构才能发放压力容器设计资质。

压力容器设计单位的评审机构的资质,包括人员,同时受到国家、省级核准机构的监督,这种监督包括以下三个环节的监督:

一是评审机构的资质、许可。评审机构须取得评审资格才能对设计单位进行评审。

二是人员资格。评审机构的人员,必须经国家质检局培训考核取得资格,才能在评审机构从事评审工作。

三是在具体开展压力容器设计单位评审过程中,接受核准机构的监督。

第二节　压力容器生产环节监督

一、压力容器生产需经许可

国务院颁发的《特种设备安全监察条例》第二章"特种设备的生产"对压力容器生产要求共有五条具体规定,其中第十四条规定:"……压力容器……的生产制造单位,应经国务院特种设备安全监督管理部门许可,方可从事相应的活动。"国家质量监督检验检疫总局2002年7月1日公布的《锅炉压力容器制造监督管理办法》,又进一步明确了若干项具体规定。

二、压力容器制造许可级别划分

(一)国家质检总局负责许可范围

(1)A级压力容器:超高压容器、高压容器(A1);第三类低、中压容器(A2);球形储罐现场组焊或球壳板制造(A3);非金属压力容器(A4);医用氧舱(A5)。

(2)B级压力容器:无缝气瓶(B1);焊接气瓶(B2);特种气瓶(B3)。

(3)C级压力容器:铁路罐车(G);汽车罐车或长管拖车(C2);罐式集装箱。

(二)省级质量技术监督局负责许可范围

主要为D级压力容器,包括第一类压力容器(D1)和第二类低、中压容器(D2)。

三、对压力容器制造许可资源条件的监督

(一)基本条件

(1)申请压力容器制造许可企业,应具有独立法人资格或营业执照;

(2)具有 A1 级或 A2 级或 C 级压力容器制造许可证的企业即具备 D 级压力容器制造许可资格;

(3)压力容器制造企业应有质量控制人员(设计、工艺、材料、焊接、理化、热处理、无损检测、压力试验、最终检验)。

(4)技术人员:A1 级、A2 级、C 级、B2 级和 B3 级许可企业技术人员比例不少于企业职工总人数的 10%;A3 级、A4 级、A5 级、B2 级和 B3 级许可企业技术人员比例不少于本企业职工总人数的 5%,且不少于 5 人。

(5)专业作业人员。

持证焊工:A2 级、A3 级和 C 级许可企业,不少于 10 名焊工,且具备至少 4 项合格项目;A1 级、A5 级、B2 级和 B3 级许可企业,不少于 8 名焊工;D 级许可企业,具有不少于 6 名焊工,且具备至少 2 项合格项目。

无损检测作业人员:A1 级许可企业,至少应有 RT(或 UT、MT、PT)高级无损检测责任人员 1 名;C 级许可企业,至少应具有 RT(或 UT)高级无损检测责任人员 1 人,有 RT 和 UT 中级人员各 2 人·项;A2 级、A3 级许可企业,至少应具有 RT 和 UT 中级人员各 3 人·项,无损检测责任人员应具有中级资格证书;A5 级、B2 级、D 级许可企业,至少应具有 RT 和 UT 中级人员各 2 人·项,无损检测责任人员应具有中级资格证书;B1 级许可企业,至少应具有 UT 或 MT 中级人员各 2 人·项,无损检测责任人同应具有中级资格证书;B3 级许可企业需要进行无损检测的,应分别符合 B1 级或 B2 级许可企业无损检测人员数量和级别的要求。

(6)场地、设备、设施。压力容器制造许可企业,应具备与压力容器制造相适应的场地、加工设备、成形设备、切割设备、焊接设备、起重设备和必要的工装。

(二)专项条件

1.A 级许可企业中制造许可专项条件

(1)A1 级许可企业中制造超高压容器的企业,应具满足超高压容器需要的机加工设备和检测设备,应具有中高级机加工人员至少 2 人。制造高压容器的企业,应有满足要求的热处理设备。

(2)A2 级许可企业应具备额定能力不小于 30 mm 的卷板机和起重能力不小于 20 t 的吊车。深冷(绝热)容器制造企业,应具备填料烘干、充填、抽真空设备和检漏仪器。

(3)A3 级许可企业制造球壳板的企业,应具备能力不小于 1 200 t 的压力机和经验丰富的球壳板制造专业操作人员。

(4)A4 级许可企业中,制造纤维缠绕容器的,应具备自控缠绕机械。

(5)A5 级许可企业,应具有中级(或以上)持证电工至少 2 人和电气检测设备。

2.B 级压力容器制造许可专项条件

(1)B 级许可企业,应具有满足气瓶爆破试验要求的专用场地和爆破试验自动记录设备。

(2)B1 级许可企业,应具备气瓶连续制造流水线,制造调质钢气瓶的,应具备 UT 或 MT 无损检测设备仪器,淬火、回火的热处理设施及外测法水压试验设备。

(3)B2 级许可企业,应具备气瓶制造线,其中乙炔瓶应具备配料、搅拌、振动、烘干和蒸压釜等设备;液化石油气瓶应具备连续制造流水线和热处理及其自动记录装置。

(4)B3级许可企业,应具备专用制造和制造线,制造缠绕气瓶的应具有自控缠绕机械和固化设备。

(5)满足制造专门产品需要的其他专用设备。

3.C级压力容器制造许可专项条件

(1)C1级许可企业,应具备铁路专用线。

(2)C2级和C3级许可企业,应具备相应的组装能力和试验设施。

4.不锈钢或有色金属容器制造许可专项条件

不锈钢或有色金属容器制造企业必须具备专用的制造场地和专用的加工设备、成形设备、切割设备、焊接设备和必要的工装,不得与碳钢混用。

四、对压力容器制造企业质量管理体系的监督

(一)对管理职责的要求

压力容器制造企业应有质量方针和质量目标的书面文件。各级人员能够理解质量方针并贯彻执行,应符合以下要求:

(1)企业内与质量有关的活动、职责、职权和相互关系应清晰,各项活动之间的接口具有控制和协调措施。

(2)从事与质量活动有关的管理、执行和验证工作人员,特别是具有独立行使权力开展工作人员,应规定其职责、权限和相互关系,并形成文件(包括材料、焊接、无损检测等负责人的责任)。工厂管理层中应指定一名成员为质量保证工程师,并明确其对质保体系的建立、实施、保持和改进的管理职责与权限。

(二)对质量体系的要求

企业应建立符合压力容器设计、制造,而且包含了质量管理基本要素的质量体系文件。

(1)应编制质量保证手册,质保手册应包括或引用质量体系程序,并概述质量体系文件的结构。

(2)应编制符合实际要求且与规定的质量方针相一致的程序文件,具有有效实施质量体系及形成文件的程序。

(3)质保手册中规定的表格应该标准化、文件化,现行的质量记录表格的内容应能满足相应级别压力容器产品的质量控制要求。

(4)应有正在贯彻实施的并能确保产品质量的质量计划。质量计划中产品质量控制点(包括记录审核点、见证点和停止点)应合理设置。

(三)对文件和资料控制的要求

压力容器制造企业,应制订文件和资料的控制规定,应包括以下内容:

(1)应制订文件管理的规定:明确管理文件类型;文件的编制、会鉴、发放、修改、回收、保管等的规定。

(2)应有确保有关部门使用最新版本的受控文件的规定。

(3)适当范围的外来文件,如标准和顾客提供的图样。

(四)对设计控制的要求

(1)设计部门各级人员的职责应该有明确的规定。

(2)应有与压力容器制造有关的规程、规定和标准。

(3)压力容器的设计文件应规定企业所制造的压力容器产品满足压力容器产品安全质量要求。

(4)应有关于新标准收集和贯彻的规定。

(5)应制订对设计过程进行控制的规定(包括设计、输入、输出、评审、更改、验证等环节)。

(五)对采购与材料控制的要求

1.采购控制

(1)应有供方进行有效质量控制的规定。

(2)对供方有质量问题时,企业具有处理方式的规定。

(3)分包的压力容器承压部件应由取得中国政府或授权机构认可的制造企业制造,企业对分包的压力容器受压部件的质量进行有效控制。

(4)应制订采购文件的控制程序。

(5)应制订原材料及外购件(指板材、管材等承压材料)的验收与控制的规定,以防止用错材料。

2.材料的保管和发放

(1)应制订原材料及外购件保管的规定,包括关于存放、标识、分类等要有明确的规定。

(2)应制订原材料库房存放措施的规定。

(3)应制订关于材料发放的管理规定,包括材料的领用、代用等。

(4)应制订材料标记移植管理规定,包括加工工序中的材料标识移植和余料处理等。

(六)对工艺控制的要求

(1)应制订工艺文件管理的规定,包括工艺文件的编制、发放、更改、审批等应有明确的规定。

(2)应制订与压力容器产品相适应的工艺流程图或产品工序过程卡、工艺卡(或作业指导书)。

(3)应有主要受压部件的工艺流程卡和指导作业人员的工艺文件(作业指导书)的规定。

(七)对焊接控制的要求

1.焊材管理

应有焊材的订购、接收、检验、储存、烘干、发放、使用和回收的管理规定,并能有效实施。

2.焊接管理

(1)应有焊工培训、考核和焊工焊接档案管理的规定。

(2)应制订适应压力容器产品需要的焊接工艺评定(PQR)、焊接工艺指导书(WPS)或焊接工艺卡,并应满足中国有关技术的要求。应有验证焊接工艺评定(PQR)的管理规定和焊接工艺指导书(WPS)分发、使用、修改的程序和规定。

(3)应制订确保合格焊工从事受压元件焊接工作的措施,并制订焊工资格评定及其记录(WPQ)的管理办法,同时规定了产品焊缝的焊工识别方法,并能有效实施。

(4)应制订焊缝返修的批准及返工后重新检查和母材缺陷补焊的程度性规定。

(5)应有对主要受压元件施焊记录的规定。

(八)对热处理控制的要求

(1)应制订处理工艺文件的管理规定,包括对热处理工艺文件的编制、审批、使用、分发、记录、保存等。

(2)应制订热处理的质量控制管理规定。

(3)热处理分包时,应有分包管理规定,至少应包括对分包评价规定和对分包项目质量控制的规定。

(九)对无损检测控制的要求

(1)应制订无损检测质量控制规定,包括对检测方法的确定、标准规范的选用、工艺的编制批准、操作环节的控制、报告的审核签发和底片档案的管理等。

(2)应编有无损检测的工艺和记录卡,并且能满足所制造产品的要求。

(3)应制订无损检测人员资格管理的规定。

(4)无损检测分包时,应有分包管理规定,至少应包括对分包方评价规定和对分包项目质量控制的规定。

(十)对理化检验的要求

(1)应制订理化检验的管理规定。

(2)应有对理化检验结果的确认和重复试验的规定。

(3)理化检验分包时,应有分包管理规定,至少应包括对分包方评价规定和对分包项目质量控制的规定。

(十一)对压力试验的控制要求

(1)应编制压力试验工艺和相关程序要求。

(2)应制订对压力试验进行质量控制的规定,包括对压力试验的监督、确认,对压力试验过程的安全防护,压力试验介质和环境温度等。

(十二)其他检验控制的要求

(1)应制订检验管理的规定,其内容包括:检验管理人员的权责、进货检验、过程检验、最终检验、检验报告的存档和质量证明书管理等。

(2)应制订检验和试验计划,并能有效实施。

(3)应制订关于检验和试验状态标识的规定。

(十三)对计量与设备控制的要求

(1)制订计量管理规定,保证仪器、仪表、工具等在计量有效期内使用。

(2)应有对计量器具和试验仪器进行有效的控制、校准和维护的规定。

(3)应有计量环境适于计量试验的规定。

(4)应有制造设备管理的规章制度。

(十四)对不合格品的控制要求

(1)应制订对不合格品进行有效控制的规定,以防不合格品的非预期使用或安装。

(2)应对不合格品的标识、记录、评价、隔离(可行时)和处置等进行控制的规定。

(十五)对质量改进的要求

(1)应有对产品的质量信息(包括厂内和厂外)进行反馈、汇集分析、处理的流程。

(2)应有进行内部质量审核的规定,以确保质量保证体系正常运作并能对存在的问题进行分析研究,提出解决问题的措施和预防措施。

(3)应有内部质量审核的规定。审核活动应由与审核无直接责任的人员进行。应制订质量审核意见的接受、处理和回复程序,以及纠正或改进措施;具有对监检企业(或第三方检验企业)及客户发现并提出的产品质量问题进行及时解决的规定。

(十六)对人员培训的要求

应制订质保工程师、焊接工程师、检验人员、理化和无损检测人员、焊工和其他对产品质量有重要影响的制造活动执行者、验证者和管理人员等培训的规定。

五、对压力容器产品制造的监督

(一)监督检验依据

对压力容器产品制造监督检验的依据有《特种设备安全监察条例》、《压力容器安全技术监察规程》、《超高压容器安全监察规程》、《医用氧舱安全管理规定》、《液化气体汽车罐车安全监察规程》、《气瓶安全监察规程》、《溶解乙炔气瓶安全监察规程》和现行的相关标准技术条例以及设计文件等。

(二)监督检验单位和监检员

境内压力容器制造企业的压力容器产品安全性能监检工作,由企业所在地的省级质量技术监督部门特种设备安全监察机构授权有相应资格的检验单位承担;境外压力容器制造企业的压力容器产品安全性能监检工作,由中华人民共和国质量监督检验检疫总局特种设备安全监察机构授权有相应资格的检验单位承担。监检单位所监检产品,应当符合其资格认可批准的范围。

监检员应当持有省级或国家安全监察机构颁发的相应检验项目的检验员(师)资格证书。

(三)监督检验内容

对压力容器制造过程中涉及安全性能的项目进行监督检验,对受检企业质量体系运转情况进行监督检查。

(四)监督检验项目和方法

1.图样资料

(1)检查压力容器设计单位资格印章,确认资格有效。

(2)审查压力容器制造和检验标准的有效性。

(3)审查设计变更(含材料代用)手续。

2.材料

(1)审查材料质量证明书、材料复验报告。

(2)检查材料标记移植。

(3)审查主要受压元件材料的选用和材料代用手续。

3.焊接

(1)审查焊接工艺评定及记录,确认产品施焊所采用的焊接工艺符合相关标准、规范。

(2)确认焊接试板数量及制作方法。

(3)审查产品焊接试板性能报告,确认试验结果。

(4)检查焊工钢印。

(5)审查焊缝返修的审批手续和返修工艺。

4.外观和几何尺寸

(1)检查焊接接头表面质量。

(2)检查母材表面的机械损伤情况。

(3)检查筒体最大内径与最小内径差。当直立容器壳体长度超过 30 m 时,检查筒体直线度。检查焊缝布置和封头形状偏差,并记录实际尺寸。对球形容器的球片,主要抽查成型尺寸。

5.无损检测

(1)检查布片(排版)图和探伤报告,核实探伤比例和位置,对局部探伤产品的返修焊缝,应检查扩探情况。对超声波探伤和表面探伤,除审查报告外,监检人员还应不定期地到现场对产品进行实地监检。

(2)抽查底片。抽查数量不少于设备探伤比例的 30%,且不少于 10 张(少于 10 张的全部检查),检查部位包括 T 形焊缝、可疑部位及返修片。

6.热处理

检查确认热处理记录曲线与热处理工艺的一致性。

7.耐压试验

耐压试验前,应确认需监检的项目均监检合格,受检企业应完成的各项工作均有见证。耐压试验时,监检人员必须亲临现场,检查试验装置、仪表及准备工作,确认试验结果。

8.安全附件

检查安全附件数量、规格、型号及产品合格证应当符合要求。

9.气密性试验

检查气密性试验结果,应当符合有关规范、标准及设计图样的要求。

10.出厂技术资料

(1)审查出厂技术资料。

(2)检查铭牌内容应符合有关规定,在铭牌上打监检钢印。

11.监检资料

经监检合格的产品,监检人员应根据"压力容器产品安全性能监督检验项目表"的要求及时汇总、审核见证资料,并由监检单位出具监检证书。

第三节　压力容器安装、修理、改造环节监督

一、安装、修理、改造需行政许可

国务院颁布的《特种设备安全监察条例》第十四条、第十六条、第十七条、第十八条、第二十条、第二十一条对压力容器安装、修理都有明确要求,压力容器安装、修理、改造,需经

省、自治区、直辖市特种安全监督管理部门许可,方可从事相应的维修活动。

二、对压力容器安装的基本要求

下列压力容器在安装前,安装单位或使用单位,应向地、市级特种设备安全监察机构申报压力容器名称、数量、制造单位,使用单位、安装单位及安装地点,办理报装手续:

(1)第三类压力容器;

(2)容积大于等于 10 m^3 的压力容器;

(3)蒸球;

(4)成套生产装置中同时安装的各类压力容器;

(5)液化石油气储存容器;

(6)医用氧舱。

三、对压力容器修理和改造单位的基本要求

《压力容器安全技术监察规程》第124条明确规定,从事压力容器修理和技术改造的单位,必须是已取得相应的制造资格的单位或者是经省级安全监察机构审查批准的单位。压力容器的重大的修理或改造方案经原设计单位或具备相应资格的设计单位同意并报施工所在地的地、市级安全监察机构审查备案。修理或改造单位应向使用单位提供修理或改造后的图样、施工质量证明文件等技术资料。

四、压力容器重大修理和重大改造定义

压力容器的重大修理是指主要受压元件的更换、矫形、挖补和符合《压力容器安全技术监察规程》第51条规定的对接接头焊缝的焊补。

压力容器的重大改造是指改变主要受压元件的结构或改变压力容器运行参数、盛装介质或用途等。

五、采用焊接方法修理或改造的要求

(1)压力容器的挖补、更换筒节及焊后热处理等技术要求,应参照相应制造技术规范,制订施工方案及适于使用的技术要求,焊接工艺应经焊接技术负责人批准。

(2)缺陷清除后,一般均进行表面无损检测,确认缺陷已完全清除。完成焊接工作后,应再做无损检测,确认修补部位符合质量要求。

(3)母材焊补的修补部位,必须磨平。焊接缺陷清除后的修补长度应满足要求。

(4)有热处理要求的,应在焊补后重新进行热处理。

(5)主要受压元件焊补深度大于1/2壁厚的压力容器,还应进行耐压试验。

(6)采用焊接方法对压力容器进行修理或改造时,一般应采用挖补或更换,不应采用贴补或补焊方法。

六、对改变移动式压力容器使用条件的要求

改变移动式压力容器的使用条件(介质、温度、压力、用途等)时,由使用单位提出申

请,经省级或国家安全监察机构同意后,由具有资格的制造单位更换安全附件,重新涂漆和标志;经具有资格的检验单位内、外部检验并出具检验报告后,由使用单位重新办理使用证。

第四节　压力容器使用环节安全监督

一、压力容器使用登记

《特种设备安全监察条例》第二十三条至第二十七条对压力容器的使用有明确的规定,归纳起来有以下几方面的要求:

(1)压力容器在投入使用前或投入使用后 30 日内,使用单位应向直辖市或者设区的市特种设备安全监督管理部门登记。

(2)使用单位应当建立安全技术档案。档案的内容包括:①压力容器设计文件、制造单位、产品质量合格证明、使用维护说明等文件以及安装技术文件和资料;②压力容器的定期检验和定期自行检查的记录;③压力容器的日常使用状况记录;④压力容器及其安全附件、安全保护装置、测量调控装置及有附属仪器仪表的日常维护保养记录;⑤压力容器运行故障和事故记录。

(3)使用单位对其压力容器自检的要求:使用压力容器单位至少每月进行一次自行检查,并作记录。在对压力容器进行自行检查和日常维护保养,发现异常问题时,应及时处理,特别要对安全附件、安全保护装置、测量调控装置及有关附属仪器仪表进行定期检验、检修,并作出记录。

(4)使用单位对其压力容器定期检验要求:使用压力容器的单位要按照安全技术规范定期检验。一般在安全检验合格有效期届满前 1 个月向检验检测机构提出定期检验要求。

(5)未经定期检验或者检验不合格的压力容器,不得继续使用。

二、压力容器使用单位操作人员须持证上岗

《特种设备安全监察条例》第三十九条、第四十条对特种设备作业及其管理人员都有明确规定:"应当按照国家有关规定经特种设备安全监督管理部门考核合格,取得国家统一格式的特种作业人员证书,方可从事相应的作业或管理工作。"

具体有以下要求:

(1)压力容器操作人员与管理人员须持证上岗。压力容器使用单位定期对压力容器操作人员进行专业培训与安全教育工作,培训考核工作由地、市级安全监察机构或授权的使用单位负责。

(2)压力容器操作证与管理人员的管理证,由地、市级以上安全监察机构签发。

三、使用压力容器单位接受安全监察机构监督检查

使用压力容器单位应主动接受特种设备安全监督管理部门安全监察,因为国务院颁

发的《特种设备安全监察条例》第五十一条至第六十三条明确了特种设备安全监督管理部门的职权。

(一)安全监察重点

对学校、幼儿园以及车站、客运码头、商场、体育场馆、展览馆、公园等公众聚集场所的特种设备,特种设备安全监督管理部门应当实施重点安全监察。

(二)压力容器使用过程中安全监督常用方式

(1)向压力容器使用单位主要负责人和其他有关人员调查,了解压力容器使用有关的情况;

(2)查阅压力容器使用有关资料;

(3)对压力容器使用单位,发现有违反相关条例和安全技术规范的行为或者在用压力容器存在事故隐患的,以书面形式发出特种设备安全监察指令,责令使用单位及时采取措施,予以改正或者消除事故隐患。

(三)法律责任

(1)特种设备使用单位有下列情形之一的,由特种设备安全监督管理部门责令限期改正;逾期未改正的,处2 000元以上2万元以下罚款;情节严重的,责令停止使用或者停产停业整顿:

①压力容器投入使用前或者投入使用后30日内,未向特种设备安全监督管理部门登记,擅自将其投入使用的;

②未依照《特种设备安全监察条例》第二十六条的规定,建立特种设备安全技术档案的;

③未依照《特种设备安全监察条件》第二十七条的规定,对在用压力容器进行经常性日常维护保养和定期自行检查的,或者对在压力容器的安全附件、安全保护装置、测量调控装置及有关附属仪器仪表进行定期检验、检修,并作出记录的;

④未按照安全技术规范的定期检验要求,在安全检验合格有效期届满前1个月向特种设备定期检验检测机构提出定期检验要求的;

⑤压力容器出现故障或者发生异常情况,未对其进行全面检查、消除事故隐患,继续投入使用的;

⑥未制定压力容器的事故应急措施和救援预案的。

(2)压力容器存在严重事故隐患,无改造、维修价值,或者超过安全技术规范规定的使用年限,压力容器使用单位未予以报废,并向原登记的特种设备安全监督管理部门办理注销的,由特种设备安全监督管理部门责令限期改正;逾期未改正的,处5万元以上20万元以下罚款。

(3)压力容器使用单位有下列情形之一的,由特种设备安全监督管理部门责令限期改正;逾期未改正的,责令停止使用或者停产停业整顿,处2 000元以上2万元以下罚款:①未依照《特种设备安全监察条例》规定设置特种设备安全管理机构或者配备专职、兼职的安全管理人员的;②从事特种设备作业的人员,未取得相应特种设备作业人员证书,上岗作业的;③未对特种设备作业人员进行特种设备安全教育和培训的。

(4)压力容器使用单位的主要负责人在本单位发生重大特种设备事故时,不立即组织抢救或者在事故调查处理期间擅离职守或者逃匿的,给予降职、撤职的处分;触犯刑律的,依照刑法关于重大责任事故罪或者其他罪的规定,依法追究刑事责任。

压力容器使用单位的主要负责人对压力容器事故隐瞒不报、谎报或者拖延不报的,依照上述规定处罚。

(5)压力容器作业人员违反压力容器的操作规程和生产安全规章制度操作,或者在作业过程中发现事故隐患或者其他不安全因素,未立即向现场安全管理人员和单位有关负责人报告的,由压力容器使用单位给予批评教育、处分;触犯刑律的,依照刑法关于重大责任事故罪或者其他罪的规定,依法追究刑事责任。

第五节　压力容器检验检测环节安全监督

一、检验检测机构需经核准

《特种设备安全监察条例》第四十二条明确规定:"从事本条例规定的监督检验、定期检验、型式试验检验检测工作的特种设备检验检测机构,应当经国务院特种设备安全监督管理部门核准。

"特种设备使用单位设立的特种设备检验检测机构,经国务院设备安全监督管理部门核准,负责本单位一定范围内的特种设备定期检验、型式检验工作。"

二、检验检测机构类型

特种设备检验检测机构主要有定期检验、监督检验、型式试验、无损检测、气瓶检验机构。

三、检验检测机构设置原则

国家质检总局和省级质量技术监督部门应当根据特种设备数量及分布情况,按照合理布局、优化结构配置的原则,对检验检测机构的设置进行统筹规划。

鼓励检验检测机构联合重组,促进资源优化配置,采用先进技术,推行科学的管理方法,向社会提供优质、可靠、便捷的服务。

四、检验检测机构基本条件

(1)必须是独立承担民事责任的法人实体(特种设备使用单位设立的检验机构除外),能够独立公正地开展检验检测工作。

(2)单位负责人应当是专业工程技术人员,技术负责人应当具有检验师(或者工程师)及以上持证资格,熟悉业务,具有适应岗位需要的政策水平和组织能力。

(3)具有与其承担的检验检测项目相适应的技术力量,持证检验检测人员、专业工程技术人员数量应当满足相应规定要求。

(4)具有与其承担的检验检测项目相适应的检验检测仪器、设备和设施。

(5)具有与其承担的检验检测项目相适应的检验检测、试验、办公场地和环境条件。

(6)建立质量管理体系,并能有效实施。

(7)具有检验检测工作所需的法规、安全技术规范和有关技术标准。

五、检验检测核准部分项目

检验检测核准项目见表5-1。

表 5-1　检验检测核准项目

核准项目代号	核准项目			备注
RJ1	压力容器	超高压容器	监督检验	
RD1			定期检验	
RJ2		球形储罐	监督检验	
RD2			定期检验	
RJ3		第三类压力容器	监督检验	
RD3			定期检验	
RJ4		第一、二类压力容器	监督检验	
RD4			定期检验	
RJ5		氧舱	监督检验	
RD5			定期检验	
RD6		铁路罐车	定期检验	
RD7		汽车罐车(低温、长管、罐式集装箱等)	定期检验	注明品种
PD1	气瓶	无缝气瓶	定期检验	注明品种
PD2		焊接气瓶		
PD3		液化石油气钢瓶		
PD4		溶解乙炔气瓶		
PD5		特种气瓶(缠绕、低温、车载等)		
PJ1		各类气瓶	监督检验	注明品种

第六章　压力容器的使用管理

第一节　压力容器的安全技术档案

安全技术档案是压力容器设计、制造、使用和检修全过程的文字记载,它向人们提供各过程的具体情况,通过它可以使压力容器的管理部门和操作人员全面掌握设备的技术状况,了解其运行规律。完整的技术档案是正确、合理使用压力容器的主要依据。

一、压力容器的生产技术资料

压力容器的生产技术资料包括压力容器的设计文件、制造单位、产品质量合格证明、使用维护说明以及安装技术文件和资料。

(一)压力容器的设计文件

压力容器的设计文件,包括设计图样、技术条件、强度计算书,必要时还应包括设计或安装、使用说明书。

(1)压力容器的设计单位,应向压力容器的使用单位或压力容器制造单位提供设计说明书、设计图样和技术条件。

(2)用户需要时,压力容器设计或制造单位还应向压力容器的使用单位提供安装、使用说明书。

(3)对移动式压力容器、高压容器、第三类中压反应容器和储存容器,设计单位应向使用单位提供强度计算书。

(4)按 JB4732 设计时,设计单位应向使用单位提供应力分析报告。

强度计算书的内容,至少应包括设计条件、所用规范和标准、材料、腐蚀裕量、计算厚度、名义厚度、计算应力等。

装设安全阀、爆破片装置的压力容器,设计单位应向使用单位提供压力容器安全泄放量、安全阀排量和爆破片泄放面积的计算书。无法计算时,应征求使用单位的意见,协商选用安全泄放装置。

在工艺参数、所用材料、制造技术、热处理、检验等方面有特殊要求的,应在合同中注明。

(二)压力容器的制造单位应向用户提供的技术文件和资料

压力容器出厂时,制造单位应向用户至少提供以下技术文件和资料:

(1)竣工图样。竣工图样上应有设计单位资格印章(复印印章无效)。若制造中发生了材料代用、无损检测方法改变、加工尺寸变更等,制造单位应按照设计修改通知单的要求在竣工图样上直接标注。标注处应有修改人和审核人的签字及修改日期。竣工图样上应加盖竣工图章,竣工图章上应有制造单位名称、制造许可证编号和"竣工图"字样。

(2)产品质量证明书及产品铭牌的拓印件。

(3)压力容器产品安全质量监督检验证书(未实施监督检验的产品除外)。

(4)移动式压力容器还应提供产品使用说明书(含安全附件使用说明书)、随车工具及安全附件清单、底盘使用说明书等。

(5)本节一(一)中要求提供的强度计算书。

压力容器受压元件(封头、锻件)等的制造单位,应按照受压元件产品质量证明书的有关内容,分别向压力容器制造单位和压力容器用户提供受压元件的质量证明书。

现场组焊的压力容器竣工并经验收后,施工单位除按规定提供上述技术文件和资料外,还应将组焊和质量检验的技术资料提供给用户。

(三)安装技术资料

(1)压力容器安装告知书(复印件);

(2)压力容器安装证件的复印件;

(3)压力容器的安装工艺及相关安装现场记录;

(4)压力容器安装质量证明书。

二、压力容器的使用情况记录资料

压力容器使用后,应按时记录使用情况并存入压力容器技术档案,使用情况记录包括定期检验和定期自行检查的记录、日常使用状况记录、特种设备运行故障和事故记录。

(一)定期检验和定期自行检查的记录

主要记录定期检验或修理日期、内容,检验中发现的缺陷及缺陷消除情况和检验结论,容器耐压试验及试验评定结论,容器受压元件的修理或更换情况。

压力容器使用单位应当对在用压力容器进行经常性日常维护保养,并定期自行检查。应当至少每月进行一次自行检查,并作出记录。进行自行检查和日常维护保养时发现异常情况的,应当及时处理。

(二)日常使用状况记录

主要记录压力容器开始使用日期、每次开车和停车时间;实际操作压力、操作温度及其波动范围和次数。操作条件变更时,应记下变更日期及变更后的实际操作条件。

(三)特种设备运行故障和事故记录

主要记录该设备运行中出现的故障及事故情况,如内容、发生时间、原因、处理结果、整改内容、预防措施等情况。

三、安全装置日常维护保养记录

压力容器使用单位应当对在用压力容器的安全附件、安全保护装置、测量调控装置及有关附属仪器仪表进行定期校验、检修,并作出记录。

(一)安全装置技术说明书

技术说明书应有安全装置的名称、形式、规格、结构图、技术条件及装置的适用范围等。技术说明书应由压力安全装置的制造单位提供。

(二)安全装置检验或更换记录

内容包括装置校验日期、试验或调整结果、下次校验日期、更换日期和更换记录等。校验或更换资料由压力容器专管人员如实填写。

第二节　压力容器的使用、变更登记

压力容器的使用、变更登记,依据《特种设备安全监察条例》和《锅炉压力容器使用登记管理办法》来进行。压力容器在投入使用前或者投入使用后 30 日内,使用单位应当向直辖市或者设区的市的特种设备安全监督管理部门登记,领取使用登记证。登记标志应当置于或者附着于该压力容器的显著位置。

一、使用登记

(一)使用单位提交有关文件

使用单位申请办理使用登记,应当逐台填写《压力容器登记卡》(以下简称登记卡)一式 2 份,并同时提交压力容器及其安全阀、爆破片和紧急切断阀等安全附件的有关文件,交予登记机关。有关文件包括:

(1)安全技术规范要求的设计文件,产品质量合格证明,安装及使用维修说明,制造、安装过程监督检验证明;

(2)进口压力容器安全性能监督检验报告;

(3)压力容器安装质量证明书;

(4)水处理方法及水质指标;

(5)移动式压力容器车辆行走部分和承压附件的质量证明书或者产品质量合格证以及强制性产品认证证书;

(6)压力容器使用安全管理的有关规章制度。

办理机器设备附属的且与机器设备为一体的压力容器,只需提交前条第(1)、(2)项文件。

(二)登记机关审核、办理

登记机关接到使用单位提交的文件和填写的登记卡 (以下统称登记文件),应当按照下列规定及时审核、办理使用登记:

(1)能够当场审核的,应当当场审核。登记文件符合《锅炉压力容器使用登记管理办法》规定的,当场办理使用登记证;不符合规定的,应当出具不予受理通知书,书面说明理由。

(2)当场不能审核的,登记机关应当向使用单位出具登记文件受理凭证。使用单位按照通知时间凭登记文件受理凭证领取使用登记证或不予受理通知书。

(3)对于 1 次申请登记数量在 10 台以下的,应当自受理文件之日起 5 个工作日内完成审核发证工作,或者书面说明不予登记理由;对于 1 次申请登记数量在 10 台以上 50 台以下的,应当自受理文件之日起 15 个工作日内完成审核发证工作,或者书面说明不予登记理由;1 次申请登记数量超过 50 台的,应当自受理文件之日起 30 个工作日内完成审核发证工作,或者书面说明不予登记理由。

登记机关向使用单位发证时应当退还提交的文件和填写的登记卡。

二、变更登记

压力容器安全状况发生下列变化的,使用单位应当在变化后 30 日内持有关文件向登记机关申请变更登记:

(1)压力容器经过重大修理改造或者压力容器改变用途、介质的,应当提交压力容器的技术档案资料、修理改造图纸和重大修理改造监督检验报告。

(2)压力容器安全状况等级发生变化的,应当提交压力容器登记卡、压力容器的技术档案资料和定期检验报告。

压力容器拟停用 1 年以上的,使用单位应当封存压力容器,在封存后 30 日内向登记机关申请报停,并将使用登记证交回登记机关保存。重新启用应当经过定期检验,经检验合格的持定期检验报告向登记机关申请启用,领取使用登记证。

第三节 压力容器的安全使用管理

一、压力容器的安全使用管理工作

国务院颁布的《特种设备安全监察条例》,国家质量技术监督局颁发的《压力容器安全技术监察规程》《压力容器定期检验规程》等一系列法规,对压力容器安全使用管理提出了明确和严格的要求。归纳起来,压力容器的安全使用管理工作主要有以下几项:

(1)使用压力容器单位的技术负责人(主管厂长经理或总工程师),必须对压力容器的安全技术管理负责,并根据设备的数量和对安全性的要求,设置专门机构或指定具有压力容器专业知识的技术人员,负责安全技术管理工作。

(2)使用单位必须贯彻压力容器有关的法规,编制本单位压力容器的安全管理规章制度及安全操作规程。

(3)使用单位必须持压力容器有关的技术资料到当地特种设备安全监察机构逐台办理使用登记,并管理好有关的技术资料。

(4)使用单位必须建立《压力容器技术档案》,每年应将压力容器数量和变动情况的统计报表报送主管部门和当地特种设备安全监察部门。

(5)使用单位应编制压力容器的年度定期检验计划,并负责组织实施。每年年底应将当年检验计划完成情况和第二年度的检验计划报到主管部门和当地特种设备安全监察部门。

(6)压力容器使用单位应做好压力容器运行、维修和安全附件校验情况的检查,做好压力容器检验、维修、改造和报废等的技术审查工作,压力容器受压元件的重大修理、改造方案应报当地特种设备安全监察机构审查批准。

(7)发生压力容器爆炸及重大事故的单位应迅速报当地特种设备安全监察机构和主管部门,并立即组织调查,根据调查结果填写《锅炉压力容器事故报告书》,报送当地特种设备安全监察部门和主管部门。

(8)使用单位必须对压力容器管理、焊接和操作人员进行安全技术培训,经过考核,取得合格证后,方准上岗操作。

二、压力容器的安全管理制度

压力容器的使用单位,应在压力容器管理和操作两方面,制定相应的规章制度。

(一)管理责任制

压力容器使用单位除由主要技术负责人(厂长、主管经理或总工程师)对容器的安全技术管理负责外,还应根据本单位所使用容器的具体情况,设专职或兼职人员,负责压力容器的安全技术管理工作。压力容器的专职负责人员应在技术总负责人的领导下认真履行下列职责:

(1)具体负责压力容器的安全技术管理工作,贯彻执行国家有关压力容器的管理规范和安全技术规定。

(2)参加新建容器的验收和试运行工作。

(3)编制压力容器的安全管理制度和安全操作规程。

(4)负责压力容器的登记、建档及技术资料的管理和统计上报工作。

(5)监督检查压力容器的操作、维修和检验情况。

(6)根据检验周期,组织编制压力容器年度检验计划,并负责组织实施。定期向有关部门报送压力容器的定期检验计划和执行情况以及压力容器存在的缺陷等情况。

(7)负责组织制订压力容器的检修方案,审查压力容器的改造、修理、检验及报废等工作的技术资料。

(8)组织压力容器事故调查,并按规定上报。

(9)负责组织对压力容器的检验人员、焊接人员、操作人员进行安全技术培训和技术考核。

(二)操作责任制

每台压力容器都应有专职的操作人员。压力容器专职操作人员应具有保证压力容器安全运行所必需的知识和技能,并经过技术考试合格,取得相应的上岗证件。压力容器操作人员应履行以下职责:

(1)按照安全操作规程的规定,正确操作使用压力容器。

(2)认真填写操作记录、生产工艺记录或运行记录。

(3)做好压力容器的维护保养工作(包括停用期间对容器的维护),使压力容器经常保持良好的技术状态。

(4)经常对压力容器的运行情况进行检查,发现操作条件不正常时及时进行调整,遇紧急情况应按规定采取紧急处理措施并及时向上级报告。

(5)对任何有害压力容器安全运行的违章指挥,应拒绝执行。

(6)努力学习业务知识,不断提高操作技能。

(三)管理规章制度

压力容器管理规章制度一般应包括以下几项内容:

(1)压力容器使用登记制度。

(2)压力容器的定期检验制度。

(3)压力容器修理、改造、检验、报废的技术审查和报批制度。

(4)压力容器安装、改装、移装的竣工验收制度和停用保养制度。

(5)安全附件的校验、修理制度。

(6)压力容器的统计上报和技术档案的管理制度。

(7)压力容器操作、检验、焊接及管理人员的技术培训和考核制度。

(8)容器使用中出现紧急情况的处理规定。

(9)压力容器事故报告制度。

(10)接受特种设备安全监察部门监督检查的规定。

(四)安全操作规程

压力容器安全操作规程至少应包括以下内容：

(1)压力容器的操作工艺控制指标,包括最高工作压力、最高或最低工作温度、压力及温度波动幅度的控制值、介质成分特别是有腐蚀性的成分控制值等;

(2)压力容器的岗位操作法,开、停车的操作程序和注意事项;

(3)压力容器运行中日常检查的部位和内容要求;

(4)压力容器运行中可能出现的异常现象的判断和处理方法以及防范措施;

(5)压力容器的防腐措施和停用时的维护保养方法。

第四节　压力容器的操作与维护

一、压力容器的安全操作

(一)压力容器安全操作的一般要求

尽管各种压力容器的技术性能、使用情况不尽一致,但其操作却有共同的要点,操作人员必须按规定的程序和要求进行操作。压力容器的安全操作要求主要有:

(1)压力容器操作人员必须取得当地特种设备安全监察部门颁发的《锅炉压力容器压力管道特种设备操作资格证》后,方可独立承担压力容器的操作。

(2)压力容器操作人员要熟悉本岗位的工艺流程,有关压力容器的结构、类别、主要技术参数和技术性能,严格按操作规程操作。掌握处理一般事故的方法,认真填写有关记录。

(3)压力容器要平稳操作。容器开始加压时,速度不宜过快,要防止压力的突然上升。高温容器或工作温度低于0℃的容器,加热或冷却都应缓慢进行。尽量避免操作中压力的频繁和大幅度波动,避免运行中容器温度的突然变化。

(4)压力容器严禁超温、超压运行。实行压力容器安全操作挂牌制度或装设连锁装置防止误操作。应密切注意减压装置的工作情况。装料时避免过急过量,液化气体严禁超量装载,并防止意外受热。随时检查安全附件的运行情况,保证其灵敏可靠。

(5)严禁带压拆卸压紧螺栓。

(6)坚持压力容器运行期间的巡回检查,及时发现操作中或设备上出现的不正常状态,并采取相应的措施进行调整或消除。检查内容应包括工艺条件、设备状况及安全装置等方面。

(7)正确处理紧急情况。

(二)压力容器的运行操作

1.压力容器的投用

(1)做好容器投用前的准备工作,对容器顺利投入运行,保证整个生产过程安全有重要的意义。

压力容器投用前要做好如下准备工作:对容器及其装置进行全面检查验收,检查容器及其装置的设计、制造、安装、检修等质量是否符合国家有关技术法规和标准的要求,检查容器技术改造后的运行是否能保证预定的工艺要求,检查安全装置是否齐全、灵敏、可靠以及操作环境是否符合安全运行的要求;编制压力容器的开工方案,呈请有关部门批准;操作人员了解设备,熟悉工艺流程和工艺条件,认真检查本岗位压力容器及安全附件的完善情况,在确认压力容器能投入正常运行后,才能开工。

(2)压力容器的开工和试运行。开工过程中,要严格按工艺卡片的要求和操作规程操作。在吹扫贯通试运行时,操作人员应与检修人员密切配合,检查整个系统畅通情况和严密性,检查压力容器、机泵、阀门及安全附件是否处于良好状态;当升温到规定温度时,应对容器及其管道、阀门、附件等进行恒温热紧。

(3)压力容器进料。压力容器及其装置在进料前要关闭所有的放空阀门。在进料过程中,操作人员要沿工艺流程线路跟随物料进程进行检查,防止物料泄露或走错流向。在调整工况阶段,应注意检查阀门的开启度是否合适,并密切注意运行的细微变化。

2.运行中工艺参数的控制

每台压力容器都有特定的设计参数,如果超设计参数运行,容器就会因承受能力不足而出现事故。同时,容器在长期运行中,由于压力、温度、介质腐蚀等复杂因素的综合作用,容器上的缺陷可能进一步发展并可能形成新的缺陷。为使缺陷发生和发展被控制在一定限度之内,运行中对工艺参数的安全控制是压力容器正确使用的主要内容。

(1)使用压力和使用温度的控制。压力和温度是压力容器使用过程中的两个主要工艺参数。使用压力和使用温度既是选定容器设计压力和设计温度,并进行容器设计选材及确定制造工艺的基础,又是制定容器安全操作控制指标的依据。使用压力的控制要点主要是控制其不超过最高工作压力;使用温度的控制要点主要是控制其极端的工作温度,高温下使用的压力容器,主要控制其最高工作温度;低温下使用的压力容器,主要控制其最低工作温度。因此,要按照容器安全操作规程中规定的操作压力和操作温度进行操作,严禁盲目提高工作压力;采用连锁装置、实行安全操作挂牌制度,以防止操作失误。对于反应容器,必须严格按照规定的工艺要求进行投料、升温、升压和控制反应速度,注意投料顺序,严格控制反应物料的配比,并按照规定的顺序进行降温、卸料和出料。盛装液化气体的压力容器,应严格按规定的充装量进行充装,以保证在设计温度下容器内部存在气相空间;充装所用的全部仪表量具如压力表、磅秤等都应按规定的量程和精度选用;容器还应防止意外受热。储装易于发生聚合反应的碳氢化合物的容器,为防止物料发生聚合反应而使容器内气体急剧升温而压力升高,应该在物料中加入相应的阻聚剂,同时限定这类物料的储存时间。

(2)介质腐蚀性的控制。要防止介质对容器的腐蚀,首先应在设计时根据介质的腐蚀性及容器的使用温度、使用压力等条件,选用合适的材料。同时也应该注意到,在操作过程中介质的工艺条件对容器的腐蚀有很大的影响,因此必须严格控制介质的成分、流速、温度、水分及 pH 值等工艺指标,以减小腐蚀速度,延长使用寿命。

(3)交变载荷的控制。压力容器在反复变化的载荷作用下会产生疲劳破坏,疲劳破坏往往发生在容器开孔焊接、焊缝、转角及其他几何形状突变的高压力区域。为了防止容器发生疲劳破坏,除了在容器设计时尽可能地减少应力集中,或根据需要作容器疲劳分析设计外,就容器使用过程中工艺参数而言,对工艺上要求间断操作的容器,应尽量做到压力、温度的升降平稳,尽量避免突然停车,同时应当尽量避免不必要的频繁加压和泄压。对要求压力、温度稳定的工艺过程,则要防止压力的急剧升降,使操作工艺指标稳定。对于高温压力容器和低温压力容器,应尽可能减缓温度的突变,以降低热应力。

3．压力容器的停止运行

容器的停止运行有正常停止运行和紧急停止运行两种情况。

(1)正常停止运行。由于容器及设备按生产规程要进行定期检验、检修、技术改造,或因原料、能源供应不及时,或因容器本身要求采用间歇式操作工艺的方法等正常原因而停止运行,均属正常停止运行。

压力容器及其设备的停工过程是一个变操作参数过程,在较短的时间内容器的操作压力、操作温度、液位等不断发生变化,需要进行切断物料、返出物料、容器及设备吹扫、置换等大量工作。为保证停工过程中操作人员能安全合理地操作,保证容器设备、管线、仪表等不受损坏,首先应编制停工方案。停工方案应包括的内容有:停工周期(包括停工时间和开工时间);停工操作的程序和步骤;停工过程中控制工艺变化幅度的具体要求;容器及设备内剩余物料的处理、置换清洗及必须动火的范围;停工检修的内容、要求、组织措施及有关制度。停工方案报主管领导审批通过后,操作人员必须严格执行。

容器停止运行过程中,操作人员应严格按照停工方案进行操作。同时要注意:对于高温下工作的压力容器,应控制降温速度,因为急剧降温会使容器壳壁产生疲劳现象和较大的收缩应力,严重时会使容器产生裂纹、变形、零件松脱、连接部位发生泄漏等现象,以致造成重大事故;对于储存液化气体的容器,由于容器内的压力取决于温度,所以必须先降温,才能实施降压;停工阶段的操作应更加严格、准确无误;如开关阀门操作动作要缓慢、操作顺序要正确;应清除干净容器内的残留物料,对残留物料的排放与处理应采取相应的措施,特别是可燃物、有毒气体应排至安全区域;停工操作期间,容器周围应杜绝一切火源。

(2)紧急情况下的停止运行。压力容器在运行过程中,如果突然发生故障,严重威胁设备和人身安全时,操作人员应立即采取紧急措施,停止容器运行,并按规定的报告程序,及时向有关部门报告。压力容器运行中遇有下列情况时应立即停止运行:容器的工作压力、介质温度或器壁温度超过许用值,采取措施仍不能得到有效控制;容器的主要承压部件出现裂缝、鼓包、变形、泄露等危及安全的缺陷;容器的安全装置失效,连接管断裂,紧固件损坏,难以保证安全运行;发生火灾直接威胁到容器的安全运行;容器液位失去控制,采取措施仍不能得到有效控制;高压容器的信号孔或警告孔泄漏。

压力容器运行过程中出现异常现象,经判断需紧急停止运行时,操作人员应立即采取紧急措施。首先,迅速切断电源,使向容器内输送物料的运转设备停止运行,同时联系有关岗位停止向容器内输送物料;然后迅速打开出口阀,泄放容器内的气体或其他物料,使容器压力下降,必要时打开放空阀,把气体排入大气中;对于系统性连接生产的压力容器,紧急停止运行时必须与前后有关岗位相联系,以便更有效地控制险情,避免发生更大的事故。

(三)容器运行期间的检查

1.工艺条件等方面的检查

主要检查操作条件,检查操作压力、操作温度、液位是否在安全操作规程规定的范围内;检查工作介质的化学成分,特别是那些影响容器安全(如产生腐蚀,使压力、温度升高等)的成分是否符合要求。

2.设备状况方面的检查

主要检查压力容器各连接部位有无泄漏、渗漏现象;容器有无明显的变形、鼓包;容器有无腐蚀以及其他缺陷或可疑迹象;容器及其连接管道有无震动、磨损等现象;基础和支座是否松动,基础有无下沉不均匀现象,地脚螺栓有无腐蚀等。

3.安全装置方面的检查

主要检查安全装置以及与安全有关的器具(如温度计、计量用的衡器及流量计等)是否保持完好状态。检查内容有:压力表的取压管有无泄漏或堵塞现象;弹簧式安全阀是否有锈蚀、被油污黏结等情况,杠杆式安全阀的重锤有无移动的迹象,以及冬季气温过低时,装置在室外露天的安全阀有无冻结的迹象等;安全装置和计量器具是否在规定的使用期限内,其精确度是否符合要求。

二、压力容器的维护保养

压力容器的使用安全与其维护保养工作密切相关。维护保养的目的在于提高设备的完好率,使容器能保持在完好状态下运行,提高使用效率,延长使用寿命。

(一)压力容器设备的完好标准

压力容器设备是否处于完好状态,主要从下列两个方面进行衡量。

1.容器运行正常,效能良好

其具体标志为:

(1)容器的各项操作性能指标符合设计要求,能满足正常生产要求。

(2)使用中运转正常,易于平稳地控制各项参数。

(3)密封性能良好,无泄漏现象。

(4)带搅拌装置的容器,其搅拌装置运转正常,无异常的震动和杂音。

(5)带夹套的容器,加热或冷却其内部介质的功能良好。

(6)换热器无严重结垢。管列式换热器的胀口和焊口、板式换热器的板间、各种换热器的法兰连接处均能密封良好,无泄漏及渗漏。

2．各种装备及附件完整，质量良好

一般包括以下几项内容：

(1)零部件、安全装置、附属装置、仪器仪表完整，质量符合设计要求。

(2)容器本体整洁，油漆、保温层完整，无严重锈蚀和机械损伤。

(3)有衬里的容器，衬里完好，无渗漏及鼓包。

(4)阀门及各类可拆连接处无"跑、冒、滴、漏"现象。

(5)基础牢固，支座无严重锈蚀，外管道情况正常。

(6)容器所属安全装置、指示及控制装置齐全、灵敏、可靠，紧急放空设备齐全、畅通。

(7)各类技术资料齐全、准确，有完整的设备技术档案。

(8)容器在规定期限内进行了定期检查，安全附件定期进行了调校和更换。

(二)容器运行期间的维护和保养

容器运行期间的维护保养工作主要包括以下几个方面的内容。

1．保持完好的防腐层

由于腐蚀是压力容器一大危害，所以做好容器的防蚀工作是容器日常维护保养的一项重要内容。常采用防腐层来防止介质对器壁的腐蚀，如涂漆、喷镀或电镀、衬里等。如果这些防腐层损坏，工作介质将直接接触器壁而产生腐蚀，所以必须使防腐涂层或衬里保持完好。这就要求容器在使用中注意以下几点：

(1)要经常检查防腐层有无自行脱落，检查衬里是否开裂或焊缝处是否有渗漏现象。发现防腐层损坏时，即使是局部的，也应该经过修补等妥善处理后才能继续使用。

(2)装入固体物料或安装内部附件时应注意避免刮落或碰坏防腐层。

(3)带搅拌器的容器应防止搅拌器叶片与器壁碰撞。

(4)内装填料的容器，填料环应布防均匀，防止流体介质运动的偏流磨损。

2．消灭容器的"跑、冒、滴、漏"

"跑、冒、滴、漏"不仅浪费原料和能源，污染环境，恶化操作条件，还常常造成设备的腐蚀，严重时还会引起容器的破坏事故。因此，应经常检查容器的紧固件和紧密封状况，保持完好，防止产生"跑、冒、滴、漏"。

3．维护保养好安全装置

应使容器始终保持灵敏准确、使用可靠状态。应定期进行检查、试验和校正，发现不准确或不灵敏时，应及时检修和更换。容器上安全装置不得任意拆卸或封闭不用。没有按规定装设安全装置的容器不能使用。

4．减少与消除压力容器的震动

容器在使用中风载荷的冲击或机械震动的传递，有时会引起容器的震动，这对容器的抗疲劳性是不利的。因此，当发现容器存在较大震动时，应采取适当的措施，如割断震源、加强支撑装置等，以消除或减轻容器的震动。

(三)容器停用期间的维护保养

停用容器的维护保养措施主要有以下几条：

(1)停止运行尤其是长期停用的容器，一定要将其内部介质排除干净，特别是腐蚀性介质，要经过排放、置换、清洗、吹干等技术处理。要注意防止容器的"死角"内积存腐蚀性介质。

(2)要经常保持容器的干燥和清洁。为防止大气腐蚀,要经常把散落在上面的灰尘、灰渣及其他污垢擦洗干净,并保持容器及周围环境的干燥。

(3)要保持容器外表面的防腐油漆等完整无损,发现油漆脱落或刮落时,要及时补涂。要注意保温层下和支座处的防腐。

第五节　压力容器的检验

压力容器的定期检验是指在容器的设计使用期限内,每隔一定的时间,即采用适当有效的方法,对它的承压部件和安全装置进行检查或作必要的检验。

一、压力容器定期检验的目的

实行定期检验,是及早发现缺陷、消除隐患、保证压力容器安全运行的一项行之有效的措施。通过定期检验,能达到以下三个方面的目的:

(1)了解压力容器的安全状况,及时发现问题,及时修理和消除检验中发现的缺陷,或采取适当措施进行特殊监护,从而防止压力容器事故的发生,保证压力容器在检验周期内连续地安全运行。

(2)检查验证压力容器设计的结构形式是否合理,制造、安装质量是否可靠,以及缺陷扩展情况等。

(3)及时发现运行管理中的问题,以便改进管理和操作。

因此,为了防止事故的发生,确保压力容器安全经济运行,压力容器的使用单位,必须认真安排压力容器的定期检验工作,并将压力容器年度检验计划报主管部门和当地锅炉压力容器安全监察机构。主管部门负责督促落实,锅炉压力容器安全监察机构负责监督检查。

二、压力容器检验周期

压力容器检验周期应根据容器的技术情况、使用条件和有关规定来确定,《压力容器定期检验规则》将压力容器的检验分为年度检查和定期检验两种。

(一)年度检查

指为了确保压力容器在检验周期内的安全而实施的运行过程中的在线检查,每年至少一次。

(二)定期检验

压力容器定期检验工作包括全面检验和耐压试验。

全面检验是指压力容器停机时的检验。全面检验应当由检验机构进行。其检验周期为:安全状况等级为1、2级的,一般每6年一次;安全状况等级为3级的,一般3~6年一次;安全状况等级为4级的,其检验周期由检验机构确定。

耐压试验是指压力容器全面检验合格后,所进行的超过最高工作压力的液压试验或者气压试验。每两次全面检验期间内,原则上应当进行一次耐压试验。

当全面检验、耐压试验和年度检查在同一年度进行时,应当依次进行全面检验、耐压试验和年度检查,其中全面检验已经进行的项目,年度检查时不再重复进行。

对无法进行或者无法按期进行全面检验、耐压试验的压力容器,按照《压力容器安全技术监察规程》的有关规定执行。

压力容器一般应当于投用满 3 年时进行首次全面检验。下次的全面检验周期,由检验机构根据本次全面检验结果按照《压力容器定期检验规则》的有关规定确定。安全状况等级为 4 级的压力容器,其累计监控使用的时间不得超过 3 年。在监控使用期间,应当对缺陷进行处理,以提高其安全状况等级,否则不得继续使用。

有以下情况之一的压力容器,全面检验周期应当适当缩短:①介质对压力容器材料的腐蚀情况不明或者介质对材料的腐蚀速率大于0.25 mm/a,以及设计者所确定的腐蚀数据与实际不符的;②材料表面质量差或者内部有缺陷的;③使用条件恶劣或在使用中发现应力腐蚀现象的;④使用超过 20 年,经过技术鉴定或者由检验人员确认按正常检验周期不能保证安全使用的;⑤停止使用时间超过 2 年的;⑥改变使用介质并且可能造成腐蚀现象恶化的;⑦设计图样注明无法进行耐压试验的;⑧检验中对其他影响安全的因素有怀疑的;⑨介质为液化石油气且有应力腐蚀现象的,每年或根据需要进行全面检验;⑩采用"亚铵法"造纸工艺,且无防腐措施的蒸球根据需要每年至少进行一次全面检验;⑪球形储罐(使用标准抗拉强度下限 $\sigma_b \geqslant 540$ MPa 材料制造的,投用 1 年后应当开罐检验);⑫搪玻璃设备。

安全状况等级为 1、2 级的压力容器符合下列条件之一时,全面检验周期可以适当延长:①非金属衬里层完好,其检验周期最长可以延长至 9 年;②介质对材料腐蚀速率低于0.1 mm/a(实测数据),有可靠的耐腐蚀金属衬里(复合钢板)或热喷涂金属(铝粉或者不锈钢粉)涂层,通过 1～2 次全面检查确认腐蚀轻微或者衬里完好的,其检验周期最长可以延长至 12 年;③装有触媒的反应容器以及装有充填物的大型压力容器,其检验周期根据设计图样和实际使用情况由使用单位、设计单位和检验机构协商确定,报办理《使用登记证》的质量技术监督部门(以下简称发证机构)备案。

有以下情况之一的压力容器,全面检验合格后必须进行耐压试验:①用焊接方法更换受压元件的;②受压元件焊补深度大于 1/2 壁厚的;③改变使用条件,超过原设计参数并且经过强度校核合格的;④需要更换衬里的(耐压试验应当于更换衬里前进行);⑤停止使用 2 年后重新使用的;⑥从外单位或本单位移装的;⑦使用单位或者检验机构对压力容器的安全状况有怀疑的。

压力容器的使用单位应按规定安排容器的定期检验工作,因情况特殊不能按期进行内外部检验或耐压试验的压力容器,由使用单位提出申请并经使用单位技术负责人批准,征得原设计单位和检验单位同意,报使用单位上级主管部门审批,向发放《压力容器使用证》的安全监察机构备案后,方可推迟或免除。对不能按期进行内外部检验和耐压试验的压力容器,均应制定可靠的监护和抢险措施,如因监护措施不落实出现问题,就由使用单位负责。

三、压力容器的年度检查内容

压力容器年度检查包括使用单位压力容器安全管理情况检查、压力容器本体及运行状况检查和压力容器安全附件检查等。检查方法以宏观检查为主,必要时进行测厚、壁温检查和腐蚀介质含量测定、真空度测试等。

检查前检查人员应当首先全面了解被检压力容器的使用情况、管理情况,认真查阅压力容器技术档案资料和管理资料,做好有关记录。

(一)压力容器安全管理情况检查的主要内容

(1)压力容器安全管理规章制度和安全操作规程。运行记录是否齐全、真实,查阅压力容器台账(或者账册)与实际是否相符。

(2)压力容器图样、使用登记证、产品质量证明书、使用说明书、监督检验证书、历年年检报告以及维修、改造资料等建档资料是否齐全并且符合要求。

(3)压力容器作业人员是否持证上岗。

(4)上次检验、检查报告中所提出的问题是否解决。

(二)压力容器本体及运行情况检查的主要内容

(1)压力容器的铭牌、漆色、标志及喷涂的使用证号码是否符合有关规定。

(2)压力容器的本体、接口(阀门、管路)部位、焊接接头等是否有裂纹、过热、变形、泄漏、损伤等。

(3)外表面有无腐蚀,有无异常结霜、结露等。

(4)保温层有无破损、脱落、潮湿、跑冷。

(5)检漏孔、信号孔有无漏液、漏气,检漏孔是否畅通。

(6)压力容器与相邻管道或者构件有无异常振动、响声或者相互摩擦。

(7)支撑或者支座有无损坏,基础有无下沉、倾斜、开裂,紧固螺栓是否齐全、完好。

(8)排放(疏水、排污)装置是否完好。

(9)运行期间是否有超压、超温、超量等现象。

(10)罐体有接地装置的,检查接地装置是否符合要求。

(11)安全状况等级为 4 级的压力容器的监控措施执行情况和有无异常情况。

(12)快开门式压力容器安全连锁装置是否符合要求。

(三)安全附件的检查

包括对压力表、液位计、测温仪表、爆破片装置、安全阀的检查和校验。

四、压力容器定期检验的内容

全面检验包括以下内容:宏观(外观、结构以及几何尺寸、保温层隔热层衬里)、壁厚、表面缺陷、埋藏缺陷、材质、紧固件、强度、安全附件、气密件以及其他必要的项目。

(一)宏观检查

主要是检查外观、结构及几何尺寸等是否满足容器安全使用的要求,《压力容器定期检验规则》第五章有规定的,应当按其规定评定安全状况等级。

1.外观检查

(1)容器本体、对接焊缝、接管角焊缝等部位的裂纹、过热、变形、泄漏等,焊缝表面(包括近缝区),以肉眼或者 5~10 倍放大镜检查裂纹;

(2)内外表面的腐蚀和机械损伤;

(3)紧固螺栓;

(4)支撑或者支座,大型容器基础的下沉、倾斜、开裂;

(5)排放(疏水、排污)装置;

(6)快开门式压力容器安全连锁装置;

(7)多层包扎、热套容器的泄放孔。

上述检查项目以发现容器在运行过程中产生的缺陷为重点,对于内部无法进入的容器应当采用内窥镜或者其他方法进行检查。

2.结构检查

(1)筒体与封头的连接;

(2)开孔及补强;

(3)角接;

(4)搭接;

(5)布置不合理的焊缝;

(6)封头(端盖);

(7 支座或者支撑;

(8)法兰;

(9)排污口。

上述检查项目仅在首次全面检验时进行,以后的检验仅对运行中可能发生变化的内容进行复查。

3.几何尺寸

(1)纵、环焊缝对口错边量、棱角度;

(2)焊缝余高、角焊缝的焊缝厚度和焊脚尺寸;

(3)同一断面最大直径与最小直径;

(4)封头表面凹凸量、直边高度和直边部位的纵向皱折。

(5)不等厚板(锻)件对接接头未进行削薄或者堆焊过渡的两侧厚度差;

(6)直立压力容器和球形压力容器支柱的铅垂度。

上述检查项目仅在首次全面检验时进行,以后的检验只对运行中可能发生变化的内容进行复查。

4.保温层、隔热层、衬里

(1)保温层的破损、脱落、潮湿、跑冷;

(2)有金属衬里的压力容器,如果发现衬里有穿透性腐蚀、裂纹、凹陷,检查孔已流出介质,应当局部或者全部拆除衬里层,查明本体的腐蚀状况或者其他缺陷;

(3)带堆焊层的,堆焊层的龟裂、剥离和脱落等;

(4)对于非金属材料作衬里的,如果发现衬里破损、龟裂或者脱落,或者运行中本体壁温出现异常,应当局部或者全部拆除衬里,查明本体的腐蚀状况或者其他缺陷。

外保温层一般应当拆除,拆除的部位、比例由检验人员确定。有以下情况之一者,可以不拆除保温层:①外表面有可靠的防腐蚀措施;②外部环境没有水浸入或者跑冷;③对有代表性的部位进行抽查,未发现裂纹等缺陷;④壁温在露点以上;⑤有类似的成功使用经验。

(二)低温液体(绝热)压力器补充检查

层上装有真空测试装置的低温液体(绝热)压力容器,测试夹层的真空度。其合格指标为:

(1)未装低温介质的情况下,真空粉末绝热夹层真空度应当低于65 Pa,多层绝热夹层真空度应当低于40 Pa;

(2)装有低温介质的情况下,真空粉末绝热夹层真空度应当低于10 Pa,多层绝热夹层真空度应当低于0.2 Pa。

夹层上未装真空测试装置的低温液体(绝热)压力容器,检查容器日蒸发率的变化情况,进行容器日蒸发率测量。实测日蒸发率指标小于2倍额定日蒸发率指标为合格。

(三)壁厚测定

测定位置应当有代表性,有足够的测定点数。测定后标图记录,对异常测厚点做详细标记。厚度测定点的位置,一般应当选择以下部位:

(1)液位经常波动的部位;

(2)易受腐蚀、冲蚀的部位;

(3)制造成形时壁厚减薄部位和使用中易产生变形及磨损的部位;

(4)表面缺陷检查时发现的可疑部位;

(5)接管部位。

壁厚测定时,如果遇母材存在夹层缺陷,应当增加测定点或者用超声波检测,查明夹层分布情况以及与母材表面的倾斜度,同时作图记录。

(四)表面无损检测

(1)有以下情况之一的,对容器表面对接焊缝进行磁粉或者渗透检测,检测长度不小于每条焊缝长度的20%:①首次进行全面检验的第三类压力容器;②盛装介质有明显应力腐蚀倾向的压力容器;③Cr-Mo钢制压力容器;④标准抗拉强度下限 $\sigma_b \geq 540$ MPa 钢制压力容器。

在检测中发现裂纹,检验人员应当根据可能存在的潜在缺陷,确定扩大表面无损检测的比例;如果扩检中仍发现裂纹,则应当进行全部焊接接头的表面无损检测。内表面的焊接接头已有裂纹的部位,对其相应外表面的焊接接头应当进行抽查。

如果内表面无法进行检测,可以在外表面采用其他方法进行检测。

(2)对应力集中部位、变形部位、异种钢焊接部位、奥氏体不锈钢堆焊层、T形焊接接头、其他有怀疑的焊接接头、补焊区、工卡具焊迹、电弧焊伤处和易产生裂纹部位,应当重点检查。对焊接裂纹敏感的材料,注意检查可能发生的焊趾裂纹。

(3)有晶间腐蚀倾向的,可以采用金相检验检查。

(4)绕带式压力容器的钢带始、末端焊接接头,应当进行表面无损检测,不得有裂纹。

(5)铁磁性材料的表面无损检测优先选用磁粉检测。

(6)标准抗拉强度下限 $\sigma_b \geq 540$ MPa 钢制压力容器,耐压试验后应当进行表面无损检测抽查。

(五)埋藏缺陷检测

(1)有以下情况之一时,应当进行射线检测或者超声波检测抽查,必要时相互复验:①使用过程中补焊过的部位;②检验时发现焊缝表面裂纹,认为需要进行焊缝埋藏缺陷检查的部位;③错边量和棱角度超过制造标准要求的焊缝部位;④使用中出现焊接接头泄漏的部位及其两端延长部位;⑤承受交变载荷设备的焊接接头和其他应力集中部位;⑥有衬里或者因结构原因不能进行内表面检查的外表面焊接接头;⑦用户要求或者检验人员认为有必要检测的部位。

已进行过此项检查的,再次检验时,如果无异常情况,一般不再复查。

(2)抽查比例或者是否采用其他检测方法复验,由检验人员根据具体情况确定。

(3)必要时可以用声发射判断缺陷的活动性。

(六)材质检查

(1)主要受压元件材质的种类和牌号一般应当查明。材质不明者,对于无特殊要求的容器,按 Q235 钢进行强度校核。对于第三类压力容器、移动式压力容器以及有特殊要求的压力容器,必须查明材质。对于已进行过此项检查并且已作出明确处理的,不再重复检查。

(2)检查主要受压元件材质是否劣化,可根据具体情况,采用硬度测定、化学分析、金相检验或者光谱分析等予以确定。

(七)无法进行内部检查的压力容器的检查

对无法进行内部检查的压力容器,应当采用可靠的检测技术(例如内窥镜、声发射、超声波检测等)从外部检测内表面缺陷。

(八)紧固件检查

对主螺栓应当逐个清洗,检查其损伤和裂纹情况,必要时进行无损检测。重点检查螺纹及过渡部位有无环向裂纹。

(九)强度校核

有以下情况之一的,应当进行强度校核:①腐蚀深度超过腐蚀裕量;②设计参数与实际情况不符;③名义厚度不明;④结构不合理,并且已发现严重缺陷;⑤检验人员对强度有怀疑。

强度校核的有关原则:

(1)原设计已明确所用强度设计标准的,可以按该标准进行强度校核。

(2)原设计没有注明所依据的强度设计标准或者无强度计算的,原则上可以根据用途(例如石油、化工、冶金、轻工、制冷等)或者类型(例如球罐、废热锅炉、搪玻璃设备、换热器、高压容器等),按当时的有关标准进行校核。

(3)国外进口的或者按国外规范设计的,原则上仍按原设计规范进行强度校核。如果设计规范不明,可以参照我国相应的规范。

(4)焊接接头的系数根据焊接接头的实际结构形式和检验结果,参照原设计规定选取。

(5)剩余壁厚按实测量小值减去至下次检验期的腐蚀量,作为强度校核的壁厚。

(6)校核用压力,应当不小于压力容器实际最高工作压力。装有安全泄放装置的,校核用压力不得小于安全阀开启压力或者爆破片标定的爆破压力(低温真空绝热容器反之)。

(7)强度校核时的壁温取实测最高壁温,低温压力容器取常温。

(8)壳体直径按实测大值选取。

(9)塔、大型球罐等设备进行强度校核时,还应当考虑风载荷、地震载荷等附加载荷。

(10)强度校核由检验机构或者有资格的压力容器设计单位进行。

对不能以常规方法进行强度校核的,可以采用有限元方法、应力分析设计或者试验应力分析等方法校核。

(十)安全附件检查

1.压力表

(1)无压力时,压力表指针是否回到限止钉处或者是否回到零位数值。

(2)压力表的检定和维护必须符合国家计量部门的有关规定,压力表安装前应当进行检定,注明下次检定日期,压力表检定后应当加铅封。

2.安全阀

(1)安全阀应当从压力容器上拆下,按《压力容器定期检验规则》附件三"安全阀校验要求"进行解体检查、维修与调校。安全阀校验合格后,打上铅封,出具校验报告后方准使用。

(2)新安全阀根据使用情况调试并且铅封后,才准安装使用。

3.爆破片

按有关规定按期更换。

4.紧急切断装置

紧急切断装置应当从压力容器上拆下,进行解体、检验、维修和调整,做耐压、密封、紧急切断等性能试验。检验合格并且重新铅封后方准使用。

(十一)气密性试验

介质毒性程度为极度、高度危害或者设计上不允许有微量泄漏的压力容器,必须进行气密性试验。对设计图样要求做气压试验的压力容器,是否需要再做气密性试验,按设计图样规定。

气密性试验的试验介质由设计图样规定,气密性试验的试验压力应当等于本次检验核定的最高工作压力,安全阀的开启压力不高于容器的设计压力。气密性试验所有气体应当符合《压力容器定期检验规则》的规定。碳素钢和低合金钢制压力容器,其试验用气体的温度不低于5 ℃,其他材料压力容器按设计图样规定。

气密性试验的操作应当符合以下规定:

(1)压力容器进行气密性试验时,应当将安全附件装配齐全。

(2)压力缓慢上升,当达到试验压力的10%时暂停升压,对密封部位及焊缝等进行检查,如果无泄漏或者异常现象可以继续升压。

(3)升压应当分梯次逐级提高,每级一般可以为试验压力的10%～20%,每级之间适当保压,以观察有无异常现象。

(4)达到试验压力后,经过检查无泄漏和异常现象,保压时间不少于30 min,压力下降即为合格,保压时禁止采用连续加压以维持试验压力不变的做法。

(5)有压力时,不得紧固螺栓或者进行维修工作。

盛装易燃介质的压力容器,在气密性试验前,必须进行彻底的蒸汽清洗、置换,并且经过取样分析合格,否则严禁用空气作为试验介质。对盛装易燃介质的压力容器,如果以氮气或者其他惰性气体进行气密性试验,试验后,应当保留 $0.05\sim0.1$ MPa的余压,保持密封。

有色金属制压力容器的气密性试验,应当符合相应标准规定或者设计图样的要求。

对长管拖车中的无缝气瓶,试验时可以按相应的标准进行声发射检测。

压力容器的耐压试验应在全面检验合格后方允许进行,应根据容器的使用情况、安装位置等具体情况,由检验人员确定液压试验或气压试验。耐压试验应严格遵守《压力容器安全技术监察规程》、《压力容器定期检验规则》的有关规定。耐压试验前,压力容器各连接部位的紧固螺栓必须装配齐全、紧固妥当。耐压试验地点应当有可靠的安全防护设施,并且经过使用单位技术负责人及安全部门检查认可。耐压试验过程中,检验人员与使用单位压力容器管理人员到试验现场进行检验。检验时不得进行与试验无关的工作,无关人员不得在试验现场停留。

五、压力容器定期检验的要求

(一)对检验单位和检验员的要求

压力容器定期检验工作必须由有资格的检验单位和考试合格的检验人员承担。经资格认可的检验单位和鉴定考核合格的检验员,可从事允许范围内相应项目的检验工作。超出检验范围所进行的检验工作,检验后出具的《压力容器全面检验报告书》,无论签章手续齐全与否,一概视为无效,同时,该检验单位和检验员要为此承担相应的后果和责任。

检验单位应保证检验质量,包括对检出缺陷并处理后的再检验的质量。检验时应有详细记录,检验后应出具《压力容器全面检验报告书》。保证检验质量是对检验单位最基本的要求,否则,检验后的压力容器的安全质量得不到保证,反而给压力容器埋下事故隐患,也就失去了检验的意义。因此,检验单位必须不断提高检验人员的业务素质并对检验报告严格把关,对检验结果负责。另外,《压力容器定期检验规程》规定:凡明确有检验员签字的检验报告书必须由持证检验员签字方为生效。这既是检验员的权限,也是检验员的责任,表明检验员对检验报告的正确性负责。这就要求检验员刻苦钻研专业知识和检验知识,不断提高检验水平,在检验工作中担当起自己的责任。

(二)检验前的准备工作

1．审查原始资料

检验人员在检验前应当审查以下资料:

(1)设计单位资格,设计、安装、使用说明书,设计图样,强度计算书等;

(2)制造单位资格,制造日期,产品合格证,质量证明书(对低温液体(绝热)压力容器,还包括封口真空度、真空夹层泄漏率检验结果、静态蒸发率指标等),竣工图等;

(3)大型压力容器现场组装单位资格,安装日期,竣工验收文件;

(4)制造、安装监督检验证书,进口压力容器安全性能监督检验报告;

（5）使用登记证；

（6）运行周期内的年度检查报告；

（7）历次全面检验报告；

（8）运行记录、开停车记录、操作规程条件变化情况以及运行中出现异常情况的记录等；

（9）有关维修或者改造的文件，重大改造、维修方案，告知文件，竣工资料，改造、维修监督检验证书等。

由于种种原因，有些在用压力容器的原始资料可能不全，甚至没有，然而压力容器的原始资料又是说明压力容器原始质量及安全现状的凭证，也是压力容器安全管理的重要资料，因此一定要尽最大努力予以补齐。仍然达不到要求的，应通过检验补全设备简图、技术数据、设备的缺陷情况等，作为该容器的技术资料予以存档。

2．制定检验方案

压力容器的检验单位应根据事先掌握的受检压力容器的情况，制定好检验方案。只有检验前的准备工作考虑周到细致，才能在检验过程中既全面又有所侧重地对容器本体及每个承压部件，采取合适的检验方法和检验手段，达到较为准确地捕捉缺陷的良好效果，避免漏检和错检，从而达到及时查出缺陷，进行修理，消除缺陷和隐患的检验目的。制定检验方案主要考虑以下几个方面的问题：

（1）了解容器的结构和用途。了解容器的用途，根据其使用特性，可以分析使用过程中哪些部位和部件使用条件恶劣，在检验中给予注意。压力容器的结构和形状是多种多样的，不同的结构形状应采取不同的检验手段。

（2）考虑工作介质和温度。介质不同或同一介质浓度不同，对容器的腐蚀和防腐层的破坏作用均不相同。对于介质为腐蚀性的容器，由于介质积聚在容器底部、接管周围、焊缝表面和表面缺陷的部位，造成这些部位介质浓度较高，腐蚀程度也比其他部位严重。

考虑工作温度，主要是对高、低温容器要引起重视。如高温容器要注意检查是否发生过烧、脱碳、蠕变等现象，同时，检验中除采用一般的检验方法之外，还应做硬度测定和化学成分测定。

（3）考虑容器的安装位置。主要考虑安装地点、周围环境等因素对安全的影响。如室外容器要检查风吹、雨淋、日晒的影响，承受风载大的容器要检查其拉撑杆、紧固件是否完好；安装地质条件不理想的容器，要注意检查是否有基础下沉、地面开裂等现象；周围环境污染严重的容器，要注意检查外面的腐蚀情况。

（4）了解相应的规程要求。对于不同工作压力、不同类型、不同制造要求、不同结构和用途的压力容器，所采用的检验方法、检验手段和检验要求各不相同。在制定检验方案时，要弄清该执行哪些规程和标准，这些规程和标准对检验工作有什么具体要求，否则，会出现漏检或增加检验时间及费用的现象。

（5）综合考虑技术力量和仪器能力。确定检验工作时，应配合好各类人员，检验人员要符合有关规定的要求，否则，检验结果无效。在检验仪器方面主要考虑所使用的仪器能否满足检验要求，精度、能量、性能等都应达到检验需要。

3．停机清洗置换

压力容器停机后，首先应切断容器与其他设备连接的通路，特别是与可燃或有毒介质的设备的通路。不但要关闭阀门，还必须用盲板严密封闭，以免因阀门泄漏造成爆炸或中毒事故。

容器内部的介质要全部排净。盛装易燃、助燃、毒性或窒息性介质的容器还应进行置换、中和、消毒、清洗等技术处理，并取样分析，分析结果应达到有关规范和标准的规定。

4．安全防护

安全防护工作是容器定期检验得以顺利进行的保证，所以对安全防护工作决不能因"麻烦"而"偷工减料"。检验前，应按有关规定的要求做好各项安全防护工作。

(1)检验前，必须切断与压力容器有关的电源，拆除熔断丝，并设置明显的安全标志。

(2)能够转动的或其中有可动部件的压力容器，应锁住开关，固定牢固。

(3)对槽、罐车检验时，应采取措施防止车体移动。

(4)为检验而搭设的脚手架、轻便梯等设施，必须安全牢固，便于进行检验和检测工作(对离地面 3 m 以上的脚手架设置安全护栏)。

(5)检验中如需现场射线探伤时，应隔离出透照区，设置安全标志。

5．清理打磨

检验前，对影响内外表面检验的附设部件或其他物体，应按检验要求进行清理或拆除。需要进行检验的表面，特别是腐蚀部位和可能产生裂纹性缺陷的部位，应彻底清扫干净，并按要求进行打磨。

(三)检验的基本要求

《压力容器定期检验规则》规定，在用压力容器检验的基本要求和内容是：以宏观检查、壁厚测定、表面无损检测为主，必要时可以采用以下检验检测方法：①超声波检测；②射线检测；③硬度测定；④金相检验；⑤化学分析或者光谱分析；⑥涡流检测；⑦强度校核或者应力测定；⑧气密性试验；⑨声发射检测；⑩其他检测方法。

压力容器定期检验虽然明确提出以宏观检查、壁厚测定、表面无损检测为主，但并不是取消其他检验方法。什么情况下认为有必要采用相应的检验方法，应由宏观检查情况而定。当检验员发现宏观检查的问题较大，或对检验结果有怀疑时，应采用其他方法，作进一步的检查。

(四)检验中的安全要求

压力容器内外部检验和耐压试验是压力容器的定期停运检验，重点是内部检验，由于检验员需进入压力容器内部，因此保证人身安全具有更重要的意义，也对检验中的安全工作提出了更高的要求。为保证检验人员的安全，防止在检验中发生人身伤亡事故，应注意做好如下几项工作。

1．必须进行安全隔绝

主要是将检验人员的工作场所与某些可能产生事故的危险性因素严格隔绝开来，即切断压力容器、设备之间以及与物料、水、气、电等动力部分的联系，以防止检验人员在容器内工作时，由于阀门关闭不严或误操作而使易燃、有毒介质等窜入容器内，或由于未切断电源等动力来源而造成各种意外的人身伤亡事故。隔断用的盲板要有足够的强度，以免被运行中的高压介质鼓破;隔断位置要明确指示出来。切断与容器有关的电源后,应挂上严禁送电的明显标志。

2.必须保证通风

在进入容器前,应将容器上的人孔和检查孔全部打开,使空气对流一定时间,充分通风。检验中也应保证通风,一般情况下应保证自然通风,必要时应强制通风。

3.必须定期进行安全分析

检验前,虽然对容器进行了清洗、置换、中和等技术处理,并经取样分析合格,但随着检验工作的进行,可能会产生新的不安全因素。因此,应根据具体情况定期取样,进行安全分析。检验过程中容器内部气体成分的安全分析主要包括:

(1)易燃气体含量分析:爆炸下限大于4%(体积比)的易燃气体的容器内空间合格浓度应小于0.5%;爆炸下限小于4%的容器内空间合格浓度应小于0.4%。

(2)氧含量分析:容器内部空间的气体含氧量应在18%~23%(体积比)之间。

(3)有毒气体含量分析:主要以《工业企业设计卫生标准》中规定的空气中有害物质最高容许浓度值为准。

在压力容器内有多种毒物存在的情况下,应注意毒物的联合作用问题。此外,在取样分析时,要注意采样的位置,要深入现场调查,根据容器内的具体情况和介质的性质,在最具代表性的部位取样。

4.必须注意用电安全

进入容器内检验时,应使用12 V或24 V的低压防爆灯或手电筒。检测仪器和修理工具的电源电压超过36 V时,必须采用绝缘良好的胶皮软线,并有可靠的接地。

5.必须有专人监护

检验人员进入容器内工作时,由于存在中毒、窒息、触电、燃烧、爆炸等危险因素,同时人员进出困难,联系不便,因此容易造成发生事故而不能及时被发现,导致事故扩大而造成不应有的伤亡损失,所以,在检验过程中,必须有专人在容器外监护,并有可靠的联络措施。监护人员应监守岗位,尽职尽责。

(五)出具检验报告书

检验单位的检验人员,应根据所进行的项目,认真、准确地填写检验报告书,录入计算机打印。检验员应认真分析研究有关资料和检验结果,签署检验报告,并盖检验单位印章,在容器投入使用前送交使用单位。根据具体情况决定填写的份数,但最少应填写两份,分别由检验单位和使用单位保存,且应保存到设备的寿命终止。《压力容器全面检验报告书》包括以下内容:

(1)压力容器全面检验结论报告。

(2)压力容器资料审查报告。

(3)压力容器宏观检查报告(1)。

(4)压力容器宏观检查报告(2)。

(5)壁厚测定报告。

(6)壁厚校核报告。

(7)压力容器射线检测报告。

(8)压力容器超声波检测报告。

(9)压力容器磁粉检测报告。

(10)压力容器渗透检测报告。

(11)声发射检测报告。

(12)材料成分分析报告。

(13)硬度检测报告。

(14)金相分析报告。

(15)安全附件检验报告。

(16)耐压试验报告。

(17)气密性试验报告。

(18)附加检查、检测报告。

第七章 压力容器事故危害及事故处理

压力容器是一种具有潜在爆炸危险的特殊设备。把压力容器作为一种特殊设备管理,不仅是因为它比较容易发生事故,更主要的是事故危害的严重性。

第一节 压力容器的爆炸能量

压力容器破裂时,容器内的高压介质解除了外壳的约束,迅速膨胀泄压,达到瞬间能量释放,这一能量迅速释放的过程叫爆炸(或者说,爆炸是物质从一种状态迅速转变成另一种状态,并在瞬间放出能量,同时产生巨大声响的现象)。

压力容器的爆炸事故,按其起因有物理性爆炸和化学性爆炸两类。物理性爆炸,是由于容器内介质物理性质变化(如液化气超装及温度升高引起体积增大),引起的超压和容器材料机械性能不足造成的事故。化学性爆炸是指容器内介质发生剧烈的燃烧氧化反应或聚合放热反应(如混有爆炸气体并达到爆炸极限时或发生了非正常的化学反应使温度压力迅速升高),由于化学反应能量来不及释放而引起容器破坏。

压力容器破裂时,气体膨胀所释放的能量(即爆炸能量),不仅与气体压力和容器容积有关,还与介质在容器中的物态有关。容器内的介质分为液体、气体和液化气体(或高温饱和水)。一般情况下,液体的体积随压力的增加变化不大,容器一旦发生破裂,容器内压力很快释放而不会产生爆炸,所以《压力容器安全技术监察规程》对这一类介质的容器不作规定。介质为气体和液化气体的容器破裂时能量释放的过程不同,下面分别讨论。

一、压缩气体容器的爆炸能量

压缩气体在容器破裂时迅速降压膨胀,这一过程所经历的时间很短,介质释放出来的能量来不及与系统外物质进行能量交换,可以认为没有热量传递,即气体膨胀是在绝热状态下进行的,压缩气体的爆炸能量即可按理想气体作绝热膨胀时所释放的能量来计算:

$$U_g = C_g \times V \qquad (7\text{-}1)$$

式中:U_g 为气体的爆炸能量,J;V 为气体体积,m^3;C_g 为压缩气体爆炸能量系数,J/m^3。

压缩气体爆炸能量系数 C_g 与气体的绝热指数 k 和气体的绝对压力 P 有关。即

$$C_g = \frac{P}{k-1}\Big[1-(\frac{0.1}{P})^{\frac{k-1}{k}}\Big] \times 10^6 \qquad (7\text{-}2)$$

式中:P 为气体爆炸前的绝对压力,MPa;k 为气体的绝热指数,即气体的定压比热与定容比热之比。

压力容器常用压缩气体的绝热指数 k 见表7-1。

从表7-1可以看出,常用气体(如空气、氮气、氧气、氢气及一氧化碳等)的绝热指数均为1.4或近似1.4。将 $k=1.4$ 代入式(7-2),即可得常用压力下的气体容器的爆炸能量

系数(见表7-2)。

表 7-1 常用压缩气体的绝热指数 k

气体名称	空气	氮气	氧气	氢气	甲烷	乙烷	一氧化碳	二氧化碳
绝热指数	1.4	1.4	1.397	1.412	1.315	1.18	1.395	1.295

表 7-2 常用压力下的气体容器的爆炸能量系数 C_g ($k=1.4$)

绝对压力（MPa）	0.3	0.5	0.7	0.9	1.1	1.7	2.6
能量系数（J/m^3）	2.02×10^5	4.61×10^5	7.46×10^5	1.05×10^6	1.36×10^6	2.36×10^6	3.94×10^6
绝对压力（MPa）	4.1	5.1	6.5	15.1	32.1	40.1	
能量系数（J/m^3）	6.70×10^6	8.60×10^6	1.13×10^7	2.88×10^7	6.48×10^7	8.22×10^7	

例如一个容积为 $1 m^3$，介质为空气的储气罐，工作压力为 0.9 MPa，发生爆炸能量为：

$$U_g = C_g \times V = 1.05 \times 10^6 \times 1 = 1.05 \times 10^6 (J)$$

对于介质为水蒸气时，也可按式(7-1)、式(7-2)计算。因 k 值与饱和蒸汽的干度及是否过热有关：过热蒸汽，$k=1.3$；干饱和蒸汽，$k=1.135$；湿饱和蒸汽，$k=1.035+0.1x$（x 为蒸汽干度）。将 $k=1.135$ 代入式(7-1)、式(7-2)，可得干饱和蒸汽容器爆炸能量计算公式：

$$U_s = C_s \times V \tag{7-3}$$

式中：U_s 为干饱和蒸汽的爆炸能量，J；V 为干饱和蒸汽的体积，m^3；C_s 为干饱和蒸汽爆炸能量系数，J/m^3。

各种常用压力(绝对压力)下的干饱和蒸汽容器的爆炸能量系数见表7-3。

表 7-3 常用压力下的干饱和蒸汽容器的爆炸能量系数 C_s

绝对压力（MPa）	0.4	0.6	0.9	1.4	2.6	3.1
能量系数（J/m^3）	4.5×10^5	8.5×10^5	1.5×10^6	2.8×10^6	6.2×10^6	7.7×10^6

二、液化气体(高温饱和水)容器的爆炸能量

介质为液化气体或高温饱和水的压力容器，破裂时的情况与压缩气体容器不同。它除了气体迅速膨胀以外，还包括液体(或高温水)急剧蒸发汽化的过程。

当容器破裂时,容器内的气体首先迅速膨胀,使容器内的压力瞬时降至大气压力。此时容器的饱和液处于过热状态,也就是说,它的温度高于它在大气压力下的沸点。于是气液两相失去平衡,液体迅速大量蒸发汽化,体积急剧膨胀,容器壳体受到很高的压力冲击,使其进一步破裂。这种由于压力突然下降,使原来处于平衡状态的饱和液,在大气压力下过热而迅速沸腾蒸发,体积急剧膨胀而显示出的一种爆炸现象,称为爆沸或蒸汽爆炸(高温饱和水则为水蒸气爆炸)。

介质为液化气体和高温饱和水的压力容器在破裂时所释放出的能量包括气相绝热膨胀的爆炸能量和处于过热状态的液相迅速而猛烈地蒸发的爆沸、爆炸能量两部分。在大多数情况下,这类容器中的过热饱和液占内部介质质量的绝大部分,液相爆沸的能量比气相爆炸能量大得多,所以计算时气相爆炸能量往往忽略不计。

爆沸一般是在极短的时间内完成的,所以它是一个绝热过程。处于过热状态下的液体的爆炸能量可按下式计算。

$$U_L = [(i_1 - i_2) - (s_1 - s_2)T_1]W \tag{7-4}$$

式中:U_L 为过热状态下液体的爆炸能量,J;i_1 为在容器破裂前的压力下饱和液体的焓,J/kg;i_2 为在大气压力下饱和液体的焓,J/kg;s_1 为在容器破裂前的压力下饱和液体的熵,J/(kg·K);s_2 为在大气压力下饱和液体的熵,J/(kg·K);T_1 为介质在大气压力下的沸点,K;W 为饱和液体的质量,kg。

将饱和水在大气压力下的焓和熵及沸点值,即 $i_2 = 418\,680$、$s_2 = 1\,304.2$、$T_1 = 373$ 代入式(7-4)即得各种压力下饱和水的爆炸能量:

$$U_L = [(i_1 - 418\,680) - 373(s_1 - 1\,304.2)]W \tag{7-5}$$

为简化计算,可将各种压力下饱和水的焓 i_1 和熵 s_1 代入式(7-5),并把饱和水的质量换算为体积(因为已知条件常为容器的容积),饱和水爆炸能量计算公式可写成:

$$U_w = C_w \times V \tag{7-6}$$

式中:V 为容器内饱和水所占的容积,m^3;C_w 为饱和水的爆炸能量系数,J/m^3。

饱和水的爆炸能量系数由它的压力决定,各种常用压力(绝对压力)的饱和水的爆炸能量系数 C_w 见表7-4。

表 7-4 常用压力下的饱和水的爆炸能量系数 C_w

绝对压力 (MPa)	0.4	0.6	0.9	1.4	2.6	3.1
能量系数 (J/m³)	9.414×10^6	1.667×10^7	2.648×10^7	4.021×10^7	6.570×10^7	7.551×10^7

比较表7-3和表7-4可以看出,同体积、同压力下的饱和水的爆炸能量为蒸汽的数十倍。所以,在一个汽包内,即使饱和蒸汽和水各占一半的容积,饱和蒸汽的爆炸能量也不到全部爆炸能量的10%。

以上仅讨论了压缩气体和液化气体(高温饱和水)发生物理爆炸时的能量,化学爆炸以及容器外发生的二次爆炸请参考有关资料。

第二节　压力容器事故的危害

压力容器的结构并不复杂,但在载荷作用下,应力的分布比较复杂。例如开孔处的应力分布要比不开孔处复杂得多。尤其是在高温、高压、低温、腐蚀等恶劣的运行条件下,如果管理不当,就容易发生事故。一旦容器破坏,会造成严重的后果,不但引起设备、财产的损失,还会造成人员的伤亡。

1979 年 9 月,浙江省温州市某厂液氯工段液氯钢瓶突然发生爆炸事故,这次事故共有 5 只液氯钢瓶爆炸,又有 5 只液氯钢瓶和计量罐被碎片击穿。当时,巨响震天,烟气弥漫,大量的液氯汽化气和化学反应物形成巨大蘑菇状的气柱冲天而起,高达 40 余 m,气柱间夹杂着砖、石、瓦块及钢瓶碎片,并飞向四方。强大的气浪使液氯工段的 414 m² 钢筋混凝土混合结构的厂房全部倒塌,相邻的冷冻厂房部分倒塌,附近的办公楼及距厂区周围 280 余间的民房都受到不同程度的破坏。厂房内的液氯储罐、计量罐、汽化器等设备及管线均受到损伤及破坏。爆炸中心的水泥地面被炸成一个深 1.82 m、直径 6 m 的大坑。有一只瓶重为 1 735 kg,内装 1 t 重的液氯钢瓶被气柱掀起,飞越 12 m 高的高压线路,坠落在离爆炸中心 30 余 m 远的盐仓库内。爆炸碎片飞向四面八方,在收集到的碎片中,有一块重 0.8 kg,飞出 830 m;一块重 72.5 kg 的钢瓶封头飞越厂区,飞行过程中打断一棵直径 8 cm 的树干,穿越离爆炸中心 85 m 处的居民房砖墙,落地后又蹦起将一老大娘砸死。这次事故,共有 10.2 t 液氯外溢,汽化扩散,波及面积达 7.35 km²,由于氯气浓度极高,厂房炸塌,造成死亡 59 人,中毒及重伤住院治疗的 779 人,门诊治疗的 420 余人。直接经济损失 63 万余元。由此可见事故的危害性。

压力容器发生事故的危害主要有震动危害、碎片的破坏危害、冲击波危害、有毒液化气体容器破裂时的毒害等。

一、震动

压力容器发生爆炸事故时,都会发生巨大的声响,这种声响可使物体发生震动,设备损坏,也会伤及人的耳膜和内脏,危及人的生命。

二、碎片的破坏作用

容器发生爆炸时,有些壳体则可解裂成大小不等的碎块或碎片向四周飞散,这些具有较高速度或较大质量的碎片,在飞出的过程中具有较大的动能,可击穿房屋、损坏设备、管道及造成人员伤亡,也可能引起连续爆炸或酿成火灾、中毒等,因此经常把压力容器比作巨型炸弹,若有不慎,就可能引爆,发生事故。

若被击物为塑性材料(如钢板、木材等),碎片的穿透力可按式(7-7)计算:

$$S = K \frac{E}{A} \tag{7-7}$$

式中:S 为碎片对材料的穿透深度,cm;E 为碎片击中时所具有的动能,J;A 为碎片穿透方向的截面面积,cm²;K 为材料的穿透系数,对钢板,$K = 0.001$,对木材,$K = 0.04$,对钢筋混凝土,$K=0.01$。

三、冲击波危害

容器发生爆炸时,其占80%以上的能量都是以冲击波的形式向外扩散。冲击波是介质受到外界的作用,如震动、冲击、敲打等而产生的一种介质状态突跃变化的传播,或者简称为强扰动传播。压力容器破裂时,器内的高压气体大量冲击,使它周围的空气受到冲击而发生扰动,使压力、温度、密度等发生突跃变化,这种扰动在空气中传播就成为冲击波。空气冲击波中状态的突跃变化,最显著的表现在压力上,开始时突然升高,产生一个很大的正压力,接着又迅速衰减,在很短时间内正压降为零,而且还要继续下降至小于大气压的负压。如此反复循环数次,压力一次比一次小,直到趋于平衡。它像水波一样向外扩散,形状如图7-1所示。它的破坏作用主要是由波阵面上的超压 ΔP 引起的。

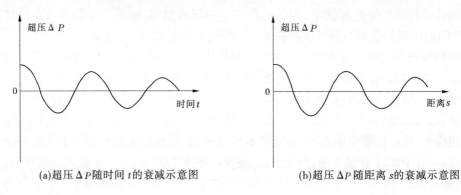

(a)超压 ΔP 随时间 t 的衰减示意图　　　　(b)超压 ΔP 随距离 s 的衰减示意图

图 7-1

在爆炸中心附近,空气冲击波波阵面上的超压 ΔP 可以达到几个甚至十几个大气压,在这样高的压力下,建筑物将被摧毁,设备、管道均会遭到严重破坏,即使 0.005 MPa 的超压就可以使门窗玻璃破碎。0.1 MPa 的超压就可使人死亡,冲击波超压 ΔP 对建筑物和人体伤害见表 7-5、表 7-6。

表 7-5　冲击波超压 ΔP 对建筑物的破坏作用

超压 ΔP(MPa)	破坏情况	超压 ΔP(MPa)	破坏情况
0.005~0.006	门窗玻璃部分破碎	0.05~0.06	木建筑厂房柱折断,房架松动
0.006~0.01	门窗玻璃大部分破碎	0.07~0.1	砖墙倒塌
0.015~0.02	窗框损坏	0.1~0.2	防震混凝土破坏
0.02~0.03	墙壁裂缝	0.2~0.3	大型钢架结构破坏
0.04~0.05	墙壁大裂缝,屋瓦飞落		

冲击波波阵面上超压的大小与产生冲击波的爆炸能量有关。且爆炸气体产生的冲击波是立体的,它以爆炸点为中心,以球面形状向外扩展。超压 ΔP 的计算请参考有关资

料。

表 7-6　冲击波超压 ΔP 对人体的伤害作用

超压 ΔP(MPa)	伤害作用
0.02~0.03	轻微损伤
0.03~0.05	听觉器官损伤或骨折
0.05~0.1	内脏严重损伤或死亡
>0.1	大部分人员死亡

四、有毒液化气体容器破裂时的毒害区

如果压力容器内的介质为有毒液化气体,当容器破裂时,有毒介质外泄,部分介质流入地沟,造成环境污染;部分介质汽化蒸发向外扩散,造成大面积毒害区域,使得人和动物中毒,甚至危害生命。有毒液化气体容器破裂时的毒害区可通过下列公式进行估算:

$$V_g = \frac{22.4WC(t-t_0)}{Mq} \cdot \frac{273+t_0}{273} \tag{7-8}$$

$$V = \frac{V_g}{A} \tag{7-9}$$

$$R = \sqrt[3]{\frac{V}{\frac{1}{2} \cdot \frac{3}{4}\pi}} \tag{7-10}$$

式中:V_g 为介质(液化气体)全部汽化成气体的体积,m³;W 为介质质量,即破裂前容器内的液化气体质量,kg;C 为介质比热,J/(kg·K);t 为破裂前温度,℃;t_0 为介质标准沸点,℃;M 为介质分子量;q 为介质汽化潜热,J/kg;V 为毒害区范围,m³;A 为毒害区浓度(%);R 为毒害区半径,m。

表 7-7 列出了容器中经常充装的有毒液化气体的危险浓度。

表 7-7　有毒液化气体的危险浓度

名称	吸入 5~10 min 致死浓度（%）	吸入 0.5~1 h 致死浓度（%）	吸入 0.5~1 h 致重伤浓度（%）
氨	0.5		
氯	0.09	0.003 5~0.005	0.001 4~0.002 1
硫化氢	0.08~0.1	0.042~0.06	0.036~0.05
二氧化氮	0.05	0.032~0.053	0.011~0.021
氢氰酸	0.027	0.011~0.014	0.01

通过估算可知,大多数液化气体生成的蒸汽体积为液体的二三百倍,如液氯为 240 倍,液氨为 150 倍,氢氰酸为 200~370 倍,液化石油气为 180~200 倍。如 1 t 液氯容器破裂时可酿成 8.6×10^4 m³ 的致死伤亡区,5.5×10^6 m³ 的中毒范围;1 m³ 的氢氰酸,可使

3 700 m³ 的空间变成中毒伤亡区。

五、二次爆炸燃烧

许多压力容器,充装的是可燃液化气体,如液化石油气等。当容器破裂时,液化气大量蒸发,与周围空气混合,遇到火种,会在容器外发生二次爆炸,酿成更大的火灾事故。

容器二次爆炸燃烧区域的计算可参考有关资料。据介绍,一个 15 kg 民用液化石油气瓶破裂爆炸时,其燃烧范围可达到 20 m,一个 1 t 的液化石油气储罐破裂爆炸时,其燃烧范围可达 78 m(即以容器为中心,以 39 m 为半径的半球形区域)。由此可见,对于易燃介质防火防爆的重要性。

第三节　压力容器破裂形式

为了提高压力容器操作人员分析和处理异常情况的技能,本节重点介绍一下容器破裂的五种形式。

一、塑性破裂(韧性破裂)

塑性破裂是因为容器承受的压力超过材料的屈服极限,材料发生屈服或全面屈服(即变形),当压力超过材料的强度极限时,则发生断裂。

(一)塑性破裂的特征

(1)塑性破裂有明显的塑性变形。破裂容器器壁有明显的伸长变形,破裂处器壁显著减薄。金属的塑性断裂是在经过大量的塑性变形后发生的,表现在容器上则是周长增大和壁厚减薄,所以,具有明显的外形变化是压力容器塑性破裂的主要特征。

(2)断口呈暗灰色纤维状。塑性破裂断口为切断型撕裂,从金相上观察,这种断裂是先滑移后断裂,所以断口呈灰暗色纤维状,断口不齐平,与主应力方向成 45°角。圆筒形容器纵向开裂时,其破裂面常与半径方向成一角度,即裂口是斜断的。

(3)容器一般无碎片飞出,只是裂开一个口。壁厚比较均匀的圆筒形容器,常常是在中部裂开一个形状为"χ"的裂口。

(二)造成塑性破裂的原因

塑性破裂常由以下几个原因造成:

(1)盛装液化气体的容器过量充装。液化气体随温度的升高而体积增加比较大,若容器内是满液,则压力急剧上升,造成超压爆炸。这可能是由于充装失误、计量误差或操作工责任心不强造成的。

(2)由于容器在使用过程中超压而使器壁应力大幅增加,超过材料的屈服极限。如化学反应容器由于操作不当,介质工艺参数失控而使化学反应速度加快、反应温度升高,使容器内压力上升。

(3)由于设计或安装错误,如容器的进气压力高于容器的设计压力而没有在进气管安装减压阀。

(4)器壁大面积腐蚀使壁厚减小。

(三)如何防止塑性破裂

防止塑性破裂事故发生的根本措施就是防止容器壳体应力超过材料的屈服极限,即防止超压。操作中应注意以下几个方面:

(1)严禁超压运行。盛装液化气体的容器,应防止过量充装和超温运行。

(2)严格按操作规程操作,防止因操作失误造成内压升高,发生事故。特别是放热反应容器,应严格控制物料加入量。

(3)压力容器应按《压力容器安全技术监察规程》进行定期检验,防止因器壁腐蚀减薄而发生事故。

二、脆性破裂

压力容器在正常压力范围内,无塑性变形的情况下突然发生的爆炸称为脆性破裂。

(一)产生脆性破裂的原因

产生脆性破裂的主要原因是:

(1)低温使材料的韧性降低或材料的脆性转变,温度升高使材料变脆。

(2)设备存在制造缺陷,造成局部压力过高。

(二)脆性破裂的特征

脆性破裂有如下特征:

(1)没有明显的塑性变形。容器发生脆性破裂时没有明显的外观变化,因而往往是在没有外观预兆的情况下突然破裂。

(2)断口齐平,呈金属光泽。作为脆性破裂的断裂源,往往是材料内部所存在的缺陷处或结构几何形状不连续处的应力集中部位。当容器壁厚较大时,出现人字形纹路,其尖端指向断裂源。

(3)一般产生碎片。由于脆性破裂的过程是裂纹迅速扩展的过程,材料的韧性又差,所以脆性破裂的容器常裂成碎片,且有碎片在容器破裂时飞出。

(4)破裂事故多在温度较低的情况下发生。因金属材料的断裂韧性随温度的降低而减小,所以有裂纹缺陷的容器常在温度较低的情况下发生脆性破裂。

(三)防止脆性事故发生的措施

防止脆性事故发生的措施有以下几点:

(1)确保材料具有较高的韧性。材料的韧性是至关重要的,因此从设计时就必须考虑选择具有良好韧性的材料来制造压力容器,必要时甚至可以放弃追求过高的强度。

(2)避免或降低容器的应力集中。如结构不良、开孔等,造成局部应力过高。在设计时,尤其是对低温容器应尽可能采用降低应力集中的补强结构,制造时应严格按设计要求施工。

(3)提高焊接质量,热处理消除容器的残余应力。消除残余应力的热处理主要是退火处理。

(4)按规定定期对容器进行检验,重点对裂纹性缺陷进行检验和无损探伤。

(5)操作时应注意容器是否出现异常泄露,即裂纹源。

三、疲劳破裂

压力容器的疲劳破裂是由于容器在频繁的加压、卸压过程中,材料受到交变应力的作用,经长期使用后所导致的容器破裂。所谓交变应力就是外加应力(工作应力)随时间呈周期性变化的应力,也称为疲劳应力,容器在承压和卸压状态下,器壁所受的应力差异很大。不过容器在使用过程中一般加压、卸压重复次数不多,所以材料通常承受的是所谓低周疲劳应力。在交变应力作用下,容器的较高应力部位会产生细微的裂纹(或微细裂纹扩展)等缺陷,并在裂纹的尖端形成高度应力集中。由于应力集中存在,使微裂纹逐渐扩大。同时,由于应力继续不断地交变,在裂纹扩大到一定程度后,如果载荷达到一定数值,或遇到冲击、震动时,容器就会沿着裂纹发生破裂。

(一)疲劳破裂的特征

疲劳破裂有如下特征:

(1)破坏总是在经过多次的反复加压和卸压以后发生。

(2)容器破坏时没有明显的塑性变形过程,器壁没有减薄。

(3)容器一般不是破裂成碎片,而是裂成一个口,泄漏失效。

(4)疲劳断口存在两个明显的区域,一个是疲劳裂纹扩展区,光滑面有滩状波纹,一个是最终断裂区,断口齐平,有金属光泽。

(5)疲劳破裂的位置往往是在容器存在应力集中的部位(如开孔接管处等)。

(二)防止疲劳破裂的措施

防止疲劳破裂的措施,在于设计中应尽量减少应力集中,采用合理的结构及制造工艺。同时,在使用过程中也应尽量减少不必要的加压、卸压或严格控制压力及温度的波动。

四、应力腐蚀

钢材在腐蚀介质作用下,引起壁厚减薄或材料组织结构改变,机械性能降低,使承载能力不够而产生的破坏,称为腐蚀破坏。

腐蚀破裂常以应力腐蚀的形式出现。应力腐蚀是金属材料在应力和腐蚀的共同作用下,以裂纹形式出现的一种腐蚀破坏。发生应力腐蚀,必须同时具备两个条件:一是应力,指拉伸应力,包括由外载荷引起的应力和在加压过程中引起的残余应力;二是腐蚀介质。

在化工及石油容器中,常见的容器应力腐蚀有下面几种。

(一)液氨对碳钢及低合金钢容器的应力腐蚀

液氨广泛用于化肥、石油化工、冶金、制冷等工业部门。液氨的储存和运输大部分用碳钢或低合金钢制压力容器。在一般情况下,无水液氨只对钢材产生轻微的均匀腐蚀。但是液氨储罐在充装、排料及检修当中,容易受空气污染,而大气中的氧及二氧化碳则促进液氨的应力腐蚀。液氨的应力腐蚀主要是残余应力,且与它的工作温度有明显的关系。

在使用中应采取下列措施以防止液氨对储存容器的应力腐蚀:

(1)在焊接工艺上采取措施,减小焊接残余应力。焊缝最好都经过消除残余应力处理,冷压封头必须经过热处理。

(2)尽可能采用屈服强度低的低碳钢制造液氨储罐。若采用合金钢材料,则16MnR比16Mn材质更合适。

(3)尽可能保持较低的工作温度,低温储存。

(4)减小空气污染。

(5)在液氨中加入0.1%～0.2%的水。试验证明,液氨中含有0.2%的水有缓蚀作用,但对高强度钢不起作用。

(二)硫化氢对钢制容器的应力腐蚀

在化工行业,硫化氢的应力腐蚀是一个比较普遍的问题,特别是湿的硫化氢对碳钢和低合金钢的应力腐蚀。在应力因素方面,除了薄膜应力以外,主要是焊接残余应力、强行装配组焊引起的附加应力等;在腐蚀因素方面,介质中含量较高的硫化氢及水分与高强度钢焊缝区的淬硬组织,构成了腐蚀环境。

预防硫化氢对压力容器的应力腐蚀,除了从根本上降低介质中硫化氢的含量外,比较有效的措施是消除残余应力或减小焊接残余应力和其他附加应力。最常用的办法是进行焊后热处理。还可采用内壁涂防腐层的办法。

(三)热碱溶液对钢制容器的应力腐蚀

压力容器的工作介质中,如果含有一定浓度的氢氧化钠溶液,在温度较高的特定环境中,会对碳钢或合金钢产生应力腐蚀。这种现象俗称碱脆,或称苛性脆化。例如1979年10月某厂发生了一次人造水晶高压釜断裂爆炸事故,主要原因就是热碱液对容器的应力腐蚀。

钢的碱脆一般要同时具备三个条件,即高的温度、高的碱浓度和拉伸应力。

碱脆断裂的容器,没有宏观塑性变形。断裂都发生在应力集中部位,断面与主拉伸应力大体成垂直。

(四)含水一氧化碳对钢的应力腐蚀

在通常情况下,一氧化碳气体可以被铁吸附,在金属表面形成一层保护膜。但是由于多种原因,内壁上这层保护膜遭到局部破坏。于是在保护膜被破坏的地方,因二氧化碳和水的作用,使铁发生快速阳极溶解,并形成向纵深方向扩展的裂纹,而无水的一氧化碳气体不存在对钢产生应力腐蚀的现象。这种腐蚀属于电化学腐蚀。

(五)高温高压氢对钢的应力腐蚀

在石油化工容器中,有一些容器的工作介质是温度为几百摄氏度、压力为几百个大气压、含有一定比例的氢的混合气体。例如合成氨的合成塔,介质为氮、氢、氨的混合气体。碳钢及低合金钢在高温高压的还原性介质(特别是氢)的作用下,强度和塑性都会严重降低,而它的外表面却没有明显的破坏迹象。这一现象俗称"氢脆"。原因是发生了化学反应,高温高压的氢进入钢中,与渗碳体相互作用,生成甲烷,使钢脱碳。其反应为:

$$Fe_3C + 2H_2 \longrightarrow 3Fe + CH_4$$

氢气是否会使钢发生氢脆,主要决定于它的压力、温度、作用时间和钢的化学组成。通常,氢的分压越大、温度越高,钢的脱碳层越深,发生氢脆断裂的时间越短。其中温度因素尤为重要。

钢中碳与合金的含量对氢脆也有很大影响。在相同的温度和压力条件下,碳含量越高,越容易发生氢脆。在合金钢中,碳含量的影响就更为明显。钢中若加入铬、钛、钒等元素,则可阻止钢产生氢脆。

五、蠕变破裂(坏)

蠕变是指当金属的温度高于某一限度时,即使应力(主要为拉应力)低于屈服极限,材料也能发生缓慢的塑性变形。这种塑性变形经长期积累,最终也能导致材料破坏,这一现象称为蠕变破坏。

由于导致容器发生蠕变破坏是容器长期处在高温(碳素钢和普通低合金钢的蠕变温度界限为 350~400 ℃)下工作,应力长期作用的结果,所以,蠕变破坏一般都有明显的塑性变形,其变形量的大小取决于材料的塑性。

容器发生蠕变破裂事故非常少,但对于高温容器仍不可忽视。例如,高温加氢反应、高温高压下的合成氨、高温加热炉等设备,在设计、制造、使用过程中应特别考虑蠕变问题。

第四节　事故处理

压力容器的事故是多种因素综合作用的结果,压力容器发生事故的危害是巨大的。因此,对于每一次事故,应按照"四不放过"原则(即事故原因不查清不放过、事故责任人没处理不放过、事故相关者没得到应有的教育不放过、事故的规范措施不落实不放过),认真进行调查分析,以便从中吸取经验教训,研究防止再次发生类似事故的措施。

一、事故分类

压力容器事故是指压力容器发生爆炸、受压元件严重损坏,以及由于受压元件开裂,可燃气体泄漏引起的火灾或有毒气体泄漏引起人员中毒死亡、受伤的事故。

根据《锅炉压力容器压力管道特种设备事故处理规定》,压力容器事故,按照所造成的人员伤亡和破坏程度,分为特别重大事故、特大事故、重大事故、严重事故和一般事故。

(一)特别重大事故

指造成死亡 30 人以上(含 30 人),或者受伤(包括急性中毒,下同)100 人以上(含 100 人),或者直接经济损失 1 000 万元以上(含 1 000 万元)的设备事故。

(二)特大事故

指造成死亡 10~29 人,或者受伤 50~99 人,或者直接经济损失 500 万元以上(含 500 万元)1 000 万元以下的设备事故。

(三)重大事故

指造成死亡 3~9 人,或者受伤 20~49 人,或者直接经济损失 100 万元以上(含 100 万元)500 万元以下的设备事故。

(四)严重事故

指造成死亡 1~2 人,或者受伤 19 人以下(含 19 人),或者直接经济损失 50 万元以上(含 50 万元)100 万元以下,以及无人员伤亡的设备事故。

(五)一般事故

指无人员伤亡,设备损坏不能正常运行,且直接经济损失50万元以下的设备事故。

二、事故调查

压力容器发生破坏性事故时,事故单位应立即组织抢救受伤人员和采取有关紧急措施保护现场,防止事故蔓延和扩大,并着手对事故进行调查。特别重大事故按照国务院的有关规定,由国务院或者国务院授权的部门组织成立特别重大事故调查组,国家质量监督检验检疫总局参加。特大事故由国家质量监督检验检疫总局会同事故发生地的省级人民政府及有关部门组织成立特大事故调查组,省级质量技术监督行政部门参加。重大事故由省级质量技术监督行政部门会同事故发生地的市(地、州)人民政府及有关部门组织成立重大事故调查组,市(地、州)质量技术监督行政部门参加。严重事故由市(地、州)质量技术监督行政部门会同事故发生地的县(市、区)人民政府及有关部门组织成立事故调查组,县(市、区)质量技术监督行政部门参加。一般事故由事故发生单位组织成立事故调查组。一级质量技术监督行政部门认为有必要时,可以会同有关部门直接组织成立事故调查组。移动式压力容器、特种设备异地发生的事故,由事故发生地有关部门组织成立事故调查组,并通知办理使用注册登记的质量技术监督行政部门参加。办理使用注册登记的质量技术监督行政部门应当协助调取设备档案等资料,配合做好事故调查工作。事故调查的程序如下。

(一)成立调查组

事故发生后,应立即成立调查组,组长应由事故单位负责人或主管部门的有关负责人担任。调查组人员组成包括:当地质量技术监督局分管压力容器监察工作的负责人或技术人员,事故单位的设备管理部门、安全部门、设备使用部门的有关人员,当地科研、检验、高等院校的有关专家等。参加事故调查组的专家应具有事故调查所需要的相关专业知识,与事故发生单位及相关人员不存在任何利益或者利害关系。

(二)事故现场调查

事故现场是分析事故的依据,所以必须进行详细的检查记录,现场调查一般应包括以下几个方面。

1. 容器破坏情况的检查和测量

包括设备原来的安装位置,事故发生时设备的破坏形式(膨胀、泄漏、裂口、爆炸)和碎片飞出情况,以及与设备相连部件的损坏情况,并取样作进一步的试验、分析。

调查时注意作以下记录:断口的形状、颜色、晶粒和断口纤维状等特征;裂口的位置、方向,裂口的宽度、长度及其壁厚;碎片的重量等。可以从断口和破坏情况初步判断事故性质,是塑性、脆性破裂还是疲劳破裂等。

2. 对安全附件装置情况的调查

压力容器发生事故后,在初步检查安全阀、压力表、温度测量仪表后,再拆卸下来进行详细检查,以确定是否超压或超温运行。

若有减压阀者,应检查其是否失灵。装设爆破片者,应检查其是否已爆破等情况。

3. 对建筑物破坏情况和人员伤亡情况的调查

建筑物损坏情况,与爆炸中心的距离以及门窗破坏情况,从现场破坏情况可进行爆炸能量估算。人员伤亡情况,包括受伤部位及其程度,便于确定受害程度。

(三)了解事故发生前设备运行情况

为了准确了解事故发生前设备运行的真实情况,应尽量收集各种操作记录,包括容器在事故发生时的操作压力、温度、物料装填量、物料成分及进出流量等,事故发生过程是否出现不正常情况,采取的紧急措施,安全装置的动作情况;操作人员的操作水平,有无经过安全培训、考核合格等情况,是否持证上岗,便于判断是否有误操作现象。

(四)了解设备制造和使用检验情况

了解包括压力容器的制造厂、出厂日期、有无产品合格证、质量证明书及监检证书等情况,材质情况及制造时存在的缺陷。容器的使用情况及使用年限、上次检验日期、内容及所发现的问题。容器的工作条件,压力、温度、介质成分及浓度,对容器构成应力腐蚀、晶间腐蚀及其他腐蚀的可能性。以便判断是因设计、制造不良引起事故,还是使用管理不当造成的事故。

(五)对取样进行金相组织、化学成分、机械性能的检验,并对断口作技术分析

通过材料的性能检验和断口的外观及金相检查等技术检验与鉴定,可以确切地查明事故原因。

三、事故结论

通过事故现场调查及技术鉴定分析,必要时对爆炸能量进行估算,广泛听取各有关专家的意见,给出调查结论。

四、上报和处理事故的一般要求

(一)明确事故责任

压力容器发生事故后,发生事故的单位必须按《锅炉压力容器压力管道特种设备事故处理规定》的要求逐级上报。当事故造成重大损失时,还应报当地人民检察院,提请有关部门立案追究责任人员的行政责任、经济责任直至刑事责任。

压力容器发生爆炸事故,或因设备损坏造成人员伤亡事故的单位,应立即将事故概况用电报、电话、传真或者其他快速方法报告企业主管部门和当地质量技术监督部门。

发生压力容器爆炸事故的单位,应立即组织调查,当地质量技术监督部门应派员参加调查。事故发生后,除防止事故扩大或抢救人员而采取必要的措施外,一定要保护好现场,以备调查分析。调查时,应认真查清事故发生的原因,提出改进的措施和对事故责任者的处理意见。根据调查结果填写《锅炉压力容器事故报告书》,并附上事故照片,报送当地质量技术监督部门和主管部门。

发生压力容器重大事故的单位,应尽快将事故情况、原因及改进措施书面报告当地质量技术监督部门。

设备发生一般事故时,由使用单位分析原因,采取改进措施,不需要统计上报。

(二)事故原因分类原则

填报事故原因时按以下原则分类:

(1)设计制造方面。结构不合理,材质不符合要求,焊接质量不好,受压元件强度不够以及其他由于设计制造不良造成的事故。

(2)运行管理方面。违反劳动纪律,违章作业,超过检验期限没有进行定期检验,操作人员不懂技术,无水质处理设施或水质处理不好以及其他由于运行管理不善造成的事故。

(3)安全附件不全、不灵。

(4)安装、改造、检修质量不好以及其他方面引起的事故。

(三)确认事故责任单位有争议时的处理方法

在调查、分析事故中,对确定事故主要责任单位发生争议时,压力容器安全监察机构应该组织各方,共同研究,作出裁决。

附录1 中华人民共和国安全生产法

(中华人民共和国主席令第70号 2002年11月1日起施行)

第一章 总 则

第一条 为了加强安全生产监督管理,防止和减少生产安全事故,保障人民群众生命和财产安全,促进经济发展,制定本法。

第二条 在中华人民共和国领域内从事生产经营活动的单位(以下统称生产经营单位)的安全生产,适用本法;有关法律、行政法规对消防安全和道路交通安全、铁路交通安全、水上交通安全、民用航空安全另有规定的,适用其规定。

第三条 安全生产管理,坚持安全第一、预防为主的方针。

第四条 生产经营单位必须遵守本法和其他有关安全生产的法律、法规,加强安全生产管理,建立、健全安全生产责任制度,完善安全生产条件,确保安全生产。

第五条 生产经营单位的主要负责人对本单位的安全生产工作全面负责。

第六条 生产经营单位的从业人员有依法获得安全生产保障的权利,并应当依法履行安全生产方面的义务。

第七条 工会依法组织职工参加本单位安全生产工作的民主管理和民主监督,维护职工在安全生产方面的合法权益。

第八条 国务院和地方各级人民政府应当加强对安全生产工作的领导,支持、督促各有关部门依法履行安全生产监督管理职责。

县级以上人民政府对安全生产监督管理中存在的重大问题应当及时予以协调、解决。

第九条 国务院负责安全生产监督管理的部门依照本法,对全国安全生产工作实施综合监督管理;县级以上地方各级人民政府负责安全生产监督管理的部门依照本法,对本行政区域内安全生产工作实施综合监督管理。

国务院有关部门依照本法和其他有关法律、行政法规的规定,在各自的职责范围内对有关的安全生产工作实施监督管理;县级以上地方各级人民政府有关部门依照本法和其他有关法律、法规的规定,在各自的职责范围内对有关的安全生产工作实施监督管理。

第十条 国务院有关部门应当按照保障安全生产的要求,依法及时制定有关的国家标准或者行业标准,并根据科技进步和经济发展适时修订。

生产经营单位必须执行依法制定的保障安全生产的国家标准或者行业标准。

第十一条 各级人民政府及其有关部门应当采取多种形式,加强对有关安全生产的法律、法规和安全生产知识的宣传,提高职工的安全生产意识。

第十二条 依法设立的为安全生产提供技术服务的中介机构,依照法律、行政法规和执业准则,接受生产经营单位的委托为其安全生产工作提供技术服务。

第十三条 国家实行生产安全事故责任追究制度,依照本法和有关法律、法规的规定,追究生产安全事故责任人员的法律责任。

第十四条 国家鼓励和支持安全生产科学技术研究和安全生产先进技术的推广应用,提高安全生产水平。

第十五条 国家对在改善安全生产条件、防止生产安全事故、参加抢险救护等方面取得显著成绩的单位和个人,给予奖励。

第二章 生产经营单位的安全生产保障

第十六条 生产经营单位应当具备本法和有关法律、行政法规和国家标准或者行业标准规定的安全生产条件;不具备安全生产条件的,不得从事生产经营活动。

第十七条 生产经营单位的主要负责人对本单位安全生产工作负有下列职责:

(一)建立、健全本单位安全生产责任制;

(二)组织制定本单位安全生产规章制度和操作规程;

(三)保证本单位安全生产投入的有效实施;

(四)督促、检查本单位的安全生产工作,及时消除生产安全事故隐患;

(五)组织制定并实施本单位的生产安全事故应急救援预案;

(六)及时、如实报告生产安全事故。

第十八条 生产经营单位应当具备的安全生产条件所必需的资金投入,由生产经营单位的决策机构、主要负责人或者个人经营的投资人予以保证,并对由于安全生产所必需的资金投入不足导致的后果承担责任。

第十九条 矿山、建筑施工单位和危险物品的生产、经营、储存单位,应当设置安全生产管理机构或者配备专职安全生产管理人员。

前款规定以外的其他生产经营单位,从业人员超过300人的,应当设置安全生产管理机构或者配备专职安全生产管理人员;从业人员在300人以下的,应当配备专职或者兼职的安全生产管理人员,或者委托具有国家规定的相关专业技术资格的工程技术人员提供安全生产管理服务。

生产经营单位依照前款规定委托工程技术人员提供安全生产管理服务的,保证安全生产的责任仍由本单位负责。

第二十条 生产经营单位的主要负责人和安全生产管理人员必须具备与本单位所从事的生产经营活动相应的安全生产知识和管理能力。

危险物品的生产、经营、储存单位以及矿山、建筑施工单位的主要负责人和安全生产管理人员,应当由有关主管部门对其安全生产知识和管理能力考核合格后方可任职。考核不得收费。

第二十一条 生产经营单位应当对从业人员进行安全生产教育和培训,保证从业人员具备必要的安全生产知识,熟悉有关的安全生产规章制度和安全操作规程,掌握本岗位的安全操作技能。未经安全生产教育和培训合格的从业人员,不得上岗作业。

第二十二条 生产经营单位采用新工艺、新技术、新材料或者使用新设备,必须了解、掌握其安全技术特性,采取有效的安全防护措施,并对从业人员进行专门的安全生产教育和培训。

第二十三条 生产经营单位的特种作业人员必须按照国家有关规定经专门的安全作

业培训,取得特种作业操作资格证书,方可上岗作业。

特种作业人员的范围由国务院负责安全生产监督管理的部门会同国务院有关部门确定。

第二十四条 生产经营单位新建、改建、扩建工程项目(以下统称建设项目)的安全设施,必须与主体工程同时设计、同时施工、同时投入生产和使用。安全设施投资应当纳入建设项目概算。

第二十五条 矿山建设项目和用于生产、储存危险物品的建设项目,应当分别按照国家有关规定进行安全条件论证和安全评价。

第二十六条 建设项目安全设施的设计人、设计单位应当对安全设施设计负责。

矿山建设项目和用于生产、储存危险物品的建设项目的安全设施设计应当按照国家有关规定报经有关部门审查,审查部门及其负责审查的人员对审查结果负责。

第二十七条 矿山建设项目和用于生产、储存危险物品的建设项目的施工单位必须按照批准的安全设施设计施工,并对安全设施的工程质量负责。

矿山建设项目和用于生产、储存危险物品的建设项目竣工投入生产或者使用前,必须依照有关法律、行政法规的规定对安全设施进行验收;验收合格后,方可投入生产和使用。验收部门及其验收人员对验收结果负责。

第二十八条 生产经营单位应当在有较大危险因素的生产经营场所和有关设施、设备上,设置明显的安全警示标志。

第二十九条 安全设备的设计、制造、安装、使用、检测、维修、改造和报废,应当符合国家标准或者行业标准。

生产经营单位必须对安全设备进行经常性维护、保养,并定期检测,保证正常运转。维护、保养、检测应当做好记录,并由有关人员签字。

第三十条 生产经营单位使用的涉及生命安全、危险性较大的特种设备,以及危险物品的容器、运输工具,必须按照国家有关规定,由专业生产单位生产,并经取得专业资质的检测、检验机构检测、检验合格,取得安全使用证或者安全标志,方可投入使用。检测、检验机构对检测、检验结果负责。

涉及生命安全、危险性较大的特种设备的目录由国务院负责特种设备安全监督管理的部门制定,报国务院批准后执行。

第三十一条 国家对严重危及生产安全的工艺、设备实行淘汰制度。

生产经营单位不得使用国家明令淘汰、禁止使用的危及生产安全的工艺、设备。

第三十二条 生产、经营、运输、储存、使用危险物品或者处置废弃危险物品的,由有关主管部门依照有关法律、法规的规定和国家标准或者行业标准审批并实施监督管理。

生产经营单位生产、经营、运输、储存、使用危险物品或者处置废弃危险物品,必须执行有关法律、法规和国家标准或者行业标准,建立专门的安全管理制度,采取可靠的安全措施,接受有关主管部门依法实施的监督管理。

第三十三条 生产经营单位对重大危险源应当登记建档,进行定期检测、评估、监控,并制定应急预案,告知从业人员和相关人员在紧急情况下应当采取的应急措施。

生产经营单位应当按照国家有关规定将本单位重大危险源及有关安全措施、应急措施报有关地方人民政府负责安全生产监督管理的部门和有关部门备案。

第三十四条　生产、经营、储存、使用危险物品的车间、商店、仓库不得与员工宿舍在同一座建筑物内，并应当与员工宿舍保持安全距离。

生产经营场所和员工宿舍应当设有符合紧急疏散要求、标志明显、保持畅通的出口。禁止封闭、堵塞生产经营场所或者员工宿舍的出口。

第三十五条　生产经营单位进行爆破、吊装等危险作业，应当安排专门人员进行现场安全管理，确保操作规程的遵守和安全措施的落实。

第三十六条　生产经营单位应当教育和督促从业人员严格执行本单位的安全生产规章制度和安全操作规程；并向从业人员如实告知作业场所和工作岗位存在的危险因素、防范措施以及事故应急措施。

第三十七条　生产经营单位必须为从业人员提供符合国家标准或者行业标准的劳动防护用品，并监督、教育从业人员按照使用规则佩戴、使用。

第三十八条　生产经营单位的安全生产管理人员应当根据本单位的生产经营特点，对安全生产状况进行经常性检查；对检查中发现的安全问题，应当立即处理；不能处理的，应当及时报告本单位有关负责人。检查及处理情况应当记录在案。

第三十九条　生产经营单位应当安排用于配备劳动防护用品、进行安全生产培训的经费。

第四十条　两个以上生产经营单位在同一作业区域内进行生产经营活动，可能危及对方生产安全的，应当签订安全生产管理协议，明确各自的安全生产管理职责和应当采取的安全措施，并指定专职安全生产管理人员进行安全检查与协调。

第四十一条　生产经营单位不得将生产经营项目、场所、设备发包或者出租给不具备安全生产条件或者相应资质的单位或者个人。

生产经营项目、场所有多个承包单位、承租单位的，生产经营单位应当与承包单位、承租单位签订专门的安全生产管理协议，或者在承包合同、租赁合同中约定各自的安全生产管理职责；生产经营单位对承包单位、承租单位的安全生产工作统一协调、管理。

第四十二条　生产经营单位发生重大生产安全事故时，单位的主要负责人应当立即组织抢救，并不得在事故调查处理期间擅离职守。

第四十三条　生产经营单位必须依法参加工伤社会保险，为从业人员缴纳保险费。

第三章　从业人员的权利和义务

第四十四条　生产经营单位与从业人员订立的劳动合同，应当载明有关保障从业人员劳动安全、防止职业危害的事项，以及依法为从业人员办理工伤社会保险的事项。

生产经营单位不得以任何形式与从业人员订立协议，免除或者减轻其对从业人员因生产安全事故伤亡依法应承担的责任。

第四十五条　生产经营单位的从业人员有权了解其作业场所和工作岗位存在的危险因素、防范措施及事故应急措施，有权对本单位的安全生产工作提出建议。

第四十六条　从业人员有权对本单位安全生产工作中存在的问题提出批评、检举、控告；有权拒绝违章指挥和强令冒险作业。

生产经营单位不得因从业人员对本单位安全生产工作提出批评、检举、控告或者拒绝违章指挥、强令冒险作业而降低其工资、福利等待遇或者解除与其订立的劳动合同。

第四十七条　从业人员发现直接危及人身安全的紧急情况时,有权停止作业或者在采取可能的应急措施后撤离作业场所。

生产经营单位不得因从业人员在前款紧急情况下停止作业或者采取紧急撤离措施而降低其工资、福利等待遇或者解除与其订立的劳动合同。

第四十八条　因生产安全事故受到损害的从业人员,除依法享有工伤社会保险外,依照有关民事法律尚有获得赔偿的权利的,有权向本单位提出赔偿要求。

第四十九条　从业人员在作业过程中,应当严格遵守本单位的安全生产规章制度和操作规程,服从管理,正确佩戴和使用劳动防护用品。

第五十条　从业人员应当接受安全生产教育和培训,掌握本职工作所需的安全生产知识,提高安全生产技能,增强事故预防和应急处理能力。

第五十一条　从业人员发现事故隐患或者其他不安全因素,应当立即向现场安全生产管理人员或者本单位负责人报告;接到报告的人员应当及时予以处理。

第五十二条　工会有权对建设项目的安全设施与主体工程同时设计、同时施工、同时投入生产和使用进行监督,提出意见。

工会对生产经营单位违反安全生产法律、法规,侵犯从业人员合法权益的行为,有权要求纠正;发现生产经营单位违章指挥、强令冒险作业或者发现事故隐患时,有权提出解决的建议,生产经营单位应当及时研究答复;发现危及从业人员生命安全的情况时,有权向生产经营单位建议组织从业人员撤离危险场所,生产经营单位必须立即作出处理。

工会有权依法参加事故调查,向有关部门提出处理意见,并要求追究有关人员的责任。

第四章　安全生产的监督管理

第五十三条　县级以上地方各级人民政府应当根据本行政区域内的安全生产状况,组织有关部门按照职责分工,对本行政区域内容易发生重大生产安全事故的生产经营单位进行严格检查;发现事故隐患,应当及时处理。

第五十四条　依照本法第九条规定,对安全生产负有监督管理职责的部门(以下统称负有安全生产监督管理职责的部门)依照有关法律、法规的规定,对涉及安全生产的事项需要审查批准(包括批准、核准、许可、注册、认证、颁发证照等,下同)或者验收的,必须严格依照有关法律、法规和国家标准或者行业标准规定的安全生产条件和程序进行审查;不符合有关法律、法规和国家标准或者行业标准规定的安全生产条件的,不得批准或者验收通过。对未依法取得批准或者验收合格的单位擅自从事有关活动的,负责行政审批的部门发现或者接到举报后应当立即予以取缔,并依法予以处理。对已经依法取得批准的单位,负责行政审批的部门发现其不再具备安全生产条件的,应当撤销原批准。

第五十五条　负有安全生产监督管理职责的部门对涉及安全生产的事项进行审查、验收,不得收取费用;不得要求接受审查、验收的单位购买其指定品牌或者指定生产、销售单位的安全设备、器材或者其他产品。

第五十六条　负有安全生产监督管理职责的部门依法对生产经营单位执行有关安全生产的法律、法规和国家标准或者行业标准的情况进行监督检查,行使以下职权:

(一)进入生产经营单位进行检查,调阅有关资料,向有关单位和人员了解情况。

(二)对检查中发现的安全生产违法行为,当场予以纠正或者要求限期改正;对依法应当给予行政处罚的行为,依照本法和其他有关法律、行政法规的规定作出行政处罚决定。

(三)对检查中发现的事故隐患,应当责令立即排除;重大事故隐患排除前或者排除过程中无法保证安全的,应当责令从危险区域内撤出作业人员,责令暂时停产停业或者停止使用;重大事故隐患排除后,经审查同意,方可恢复生产经营和使用。

(四)对有根据认为不符合保障安全生产的国家标准或者行业标准的设施、设备、器材予以查封或者扣押,并应当在 15 日内依法作出处理决定。

监督检查不得影响被检查单位的正常生产经营活动。

第五十七条 生产经营单位对负有安全生产监督管理职责的部门的监督检查人员(以下统称安全生产监督检查人员)依法履行监督检查职责,应当予以配合,不得拒绝、阻挠。

第五十八条 安全生产监督检查人员应当忠于职守,坚持原则,秉公执法。

安全生产监督检查人员执行监督检查任务时,必须出示有效的监督执法证件;对涉及被检查单位的技术秘密和业务秘密,应当为其保密。

第五十九条 安全生产监督检查人员应当将检查的时间、地点、内容、发现的问题及其处理情况,作出书面记录,并由检查人员和被检查单位的负责人签字;被检查单位的负责人拒绝签字的,检查人员应当将情况记录在案,并向负有安全生产监督管理职责的部门报告。

第六十条 负有安全生产监督管理职责的部门在监督检查中,应当互相配合,实行联合检查;确需分别进行检查的,应当互通情况,发现存在的安全问题应当由其他有关部门进行处理的,应当及时移送其他有关部门并形成记录备查,接受移送的部门应当及时进行处理。

第六十一条 监察机关依照行政监察法的规定,对负有安全生产监督管理职责的部门及其工作人员履行安全生产监督管理职责实施监察。

第六十二条 ·承担安全评价、认证、检测、检验的机构应当具备国家规定的资质条件,并对其作出的安全评价、认证、检测、检验的结果负责。

第六十三条 负有安全生产监督管理职责的部门应当建立举报制度,公开举报电话、信箱或者电子邮件地址,受理有关安全生产的举报;受理的举报事项经调查核实后,应当形成书面材料;需要落实整改措施的,报经有关负责人签字并督促落实。

第六十四条 任何单位或者个人对事故隐患或者安全生产违法行为,均有权向负有安全生产监督管理职责的部门报告或者举报。

第六十五条 居民委员会、村民委员会发现其所在区域内的生产经营单位存在事故隐患或者安全生产违法行为时,应当向当地人民政府或者有关部门报告。

第六十六条 县级以上各级人民政府及其有关部门对报告重大事故隐患或者举报安全生产违法行为的有功人员,给予奖励。具体奖励办法由国务院负责安全生产监督管理的部门会同国务院财政部门制定。

第六十七条 新闻、出版、广播、电影、电视等单位有进行安全生产宣传教育的义务,有对违反安全生产法律、法规的行为进行舆论监督的权利。

第五章　生产安全事故的应急救援与调查处理

第六十八条　县级以上地方各级人民政府应当组织有关部门制定本行政区域内特大生产安全事故应急救援预案,建立应急救援体系。

第六十九条　危险物品的生产、经营、储存单位以及矿山、建筑施工单位应当建立应急救援组织;生产经营规模较小,可以不建立应急救援组织的,应当指定兼职的应急救援人员。

危险物品的生产、经营、储存单位以及矿山、建筑施工单位应当配备必要的应急救援器材、设备,并进行经常性维护、保养,保证正常运转。

第七十条　生产经营单位发生生产安全事故后,事故现场有关人员应当立即报告本单位负责人。

单位负责人接到事故报告后,应当迅速采取有效措施,组织抢救,防止事故扩大,减少人员伤亡和财产损失,并按照国家有关规定立即如实报告当地负有安全生产监督管理职责的部门,不得隐瞒不报、谎报或者拖延不报,不得故意破坏事故现场、毁灭有关证据。

第七十一条　负有安全生产监督管理职责的部门接到事故报告后,应当立即按照国家有关规定上报事故情况。负有安全生产监督管理职责的部门和有关地方人民政府对事故情况不得隐瞒不报、谎报或者拖延不报。

第七十二条　有关地方人民政府和负有安全生产监督管理职责的部门的负责人接到重大生产安全事故报告后,应当立即赶到事故现场,组织事故抢救。

任何单位和个人都应当支持、配合事故抢救,并提供一切便利条件。

第七十三条　事故调查处理应当按照实事求是、尊重科学的原则,及时、准确地查清事故原因,查明事故性质和责任,总结事故教训,提出整改措施,并对事故责任者提出处理意见。事故调查和处理的具体办法由国务院制定。

第七十四条　生产经营单位发生生产安全事故,经调查确定为责任事故的,除了应当查明事故单位的责任并依法予以追究外,还应当查明对安全生产的有关事项负有审查批准和监督职责的行政部门的责任,对有失职、渎职行为的,依照本法第七十七条的规定追究法律责任。

第七十五条　任何单位和个人不得阻挠和干涉对事故的依法调查处理。

第七十六条　县级以上地方各级人民政府负责安全生产监督管理的部门应当定期统计分析本行政区域内发生生产安全事故的情况,并定期向社会公布。

第六章　法律责任

第七十七条　负有安全生产监督管理职责的部门的工作人员,有下列行为之一的,给予降级或者撤职的行政处分;构成犯罪的,依照刑法有关规定追究刑事责任:

(一)对不符合法定安全生产条件的涉及安全生产的事项予以批准或者验收通过的;

(二)发现未依法取得批准、验收的单位擅自从事有关活动或者接到举报后不予取缔或者不依法予以处理的;

(三)对已经依法取得批准的单位不履行监督管理职责,发现其不再具备安全生产条件而不撤销原批准或者发现安全生产违法行为不予查处的。

第七十八条　负有安全生产监督管理职责的部门,要求被审查、验收的单位购买其指定的安全设备、器材或者其他产品的,在对安全生产事项的审查、验收中收取费用的,由其上级机关或者监察机关责令改正,责令退还收取的费用;情节严重的,对直接负责的主管人员和其他直接责任人员依法给予行政处分。

第七十九条　承担安全评价、认证、检测、检验工作的机构,出具虚假证明,构成犯罪的,依照刑法有关规定追究刑事责任;尚不够刑事处罚的,没收违法所得,违法所得在五千元以上的,并处违法所得二倍以上五倍以下的罚款,没有违法所得或者违法所得不足五千元的,单处或者并处五千元以上二万元以下的罚款,对其直接负责的主管人员和其他直接责任人员处五千元以上五万元以下的罚款;给他人造成损害的,与生产经营单位承担连带赔偿责任。

对有前款违法行为的机构,撤销其相应资格。

第八十条　生产经营单位的决策机构、主要负责人、个人经营的投资人不依照本法规定保证安全生产所必需的资金投入,致使生产经营单位不具备安全生产条件的,责令限期改正,提供必需的资金;逾期未改正的,责令生产经营单位停产停业整顿。

有前款违法行为,导致发生生产安全事故,构成犯罪的,依照刑法有关规定追究刑事责任;尚不够刑事处罚的,对生产经营单位的主要负责人给予撤职处分,对个人经营的投资人处二万元以上二十万元以下的罚款。

第八十一条　生产经营单位的主要负责人未履行本法规定的安全生产管理职责的,责令限期改正;逾期未改正的,责令生产经营单位停产停业整顿。

生产经营单位的主要负责人有前款违法行为,导致发生生产安全事故,构成犯罪的,依照刑法有关规定追究刑事责任;尚不够刑事处罚的,给予撤职处分或者处二万元以上二十万元以下的罚款。

生产经营单位的主要负责人依照前款规定受刑事处罚或者撤职处分的,自刑罚执行完毕或者受处分之日起,五年内不得担任任何生产经营单位的主要负责人。

第八十二条　生产经营单位有下列行为之一的,责令限期改正;逾期未改正的,责令停产停业整顿,可以并处二万元以下的罚款:

(一)未按照规定设立安全生产管理机构或者配备安全生产管理人员的;

(二)危险物品的生产、经营、储存单位以及矿山、建筑施工单位的主要负责人和安全生产管理人员未按照规定经考核合格的;

(三)未按照本法第二十一条、第二十二条的规定对从业人员进行安全生产教育和培训,或者未按照本法第三十六条的规定如实告知从业人员有关的安全生产事项的;

(四)特种作业人员未按照规定经专门的安全作业培训并取得特种作业操作资格证书,上岗作业的。

第八十三条　生产经营单位有下列行为之一的,责令限期改正;逾期未改正的,责令停止建设或者停产停业整顿,可以并处五万元以下的罚款;造成严重后果,构成犯罪的,依照刑法有关规定追究刑事责任:

(一)矿山建设项目或者用于生产、储存危险物品的建设项目没有安全设施设计或者安全设施设计未按照规定报经有关部门审查同意的；

（二）矿山建设项目或者用于生产、储存危险物品的建设项目的施工单位未按照批准的安全设施设计施工的；

（三）矿山建设项目或者用于生产、储存危险物品的建设项目竣工投入生产或者使用前，安全设施未经验收合格的；

（四）未在有较大危险因素的生产经营场所和有关设施、设备上设置明显的安全警示标志的；

（五）安全设备的安装、使用、检测、改造和报废不符合国家标准或者行业标准的；

（六）未对安全设备进行经常性维护、保养和定期检测的；

（七）未为从业人员提供符合国家标准或者行业标准的劳动防护用品的；

（八）特种设备以及危险物品的容器、运输工具未经取得专业资质的机构检测、检验合格，取得安全使用证或者安全标志，投入使用的；

（九）使用国家明令淘汰、禁止使用的危及生产安全的工艺、设备的。

第八十四条　未经依法批准，擅自生产、经营、储存危险物品的，责令停止违法行为或者予以关闭，没收违法所得，违法所得十万元以上的，并处违法所得一倍以上五倍以下的罚款，没有违法所得或者违法所得不足十万元的，单处或者并处二万元以上十万元以下的罚款；造成严重后果，构成犯罪的，依照刑法有关规定追究刑事责任。

第八十五条　生产经营单位有下列行为之一的，责令限期改正；逾期未改正的，责令停产停业整顿，可以并处二万元以上十万元以下的罚款；造成严重后果，构成犯罪的，依照刑法有关规定追究刑事责任：

（一）生产、经营、储存、使用危险物品，未建立专门安全管理制度、未采取可靠的安全措施或者不接受有关主管部门依法实施的监督管理的；

（二）对重大危险源未登记建档，或者未进行评估、监控，或者未制定应急预案的；

（三）进行爆破、吊装等危险作业，未安排专门管理人员进行现场安全管理的。

第八十六条　生产经营单位将生产经营项目、场所、设备发包或者出租给不具备安全生产条件或者相应资质的单位或者个人的，责令限期改正，没收违法所得；违法所得五万元以上的，并处违法所得一倍以上五倍以下的罚款；没有违法所得或者违法所得不足五万元的，单处或者并处一万元以上五万元以下的罚款；导致发生生产安全事故给他人造成损害的，与承包方、承租方承担连带赔偿责任。

生产经营单位未与承包单位、承租单位签订专门的安全生产管理协议或者未在承包合同、租赁合同中明确各自的安全生产管理职责，或者未对承包单位、承租单位的安全生产统一协调、管理的，责令限期改正；逾期未改正的，责令停产停业整顿。

第八十七条　两个以上生产经营单位在同一作业区域内进行可能危及对方安全生产的生产经营活动，未签订安全生产管理协议或者未指定专职安全生产管理人员进行安全检查与协调的，责令限期改正；逾期未改正的，责令停产停业。

第八十八条　生产经营单位有下列行为之一的，责令限期改正；逾期未改正的，责令停产停业整顿；造成严重后果，构成犯罪的，依照刑法有关规定追究刑事责任：

（一）生产、经营、储存、使用危险物品的车间、商店、仓库与员工宿舍在同一座建筑内，

或者与员工宿舍的距离不符合安全要求的;

(二)生产经营场所和员工宿舍未设有符合紧急疏散需要、标志明显、保持畅通的出口,或者封闭、堵塞生产经营场所或者员工宿舍出口的。

第八十九条　生产经营单位与从业人员订立协议,免除或者减轻其对从业人员因生产安全事故伤亡依法应承担的责任的,该协议无效;对生产经营单位的主要负责人、个人经营的投资人处二万元以上十万元以下的罚款。

第九十条　生产经营单位的从业人员不服从管理,违反安全生产规章制度或者操作规程的,由生产经营单位给予批评教育,依照有关规章制度给予处分;造成重大事故,构成犯罪的,依照刑法有关规定追究刑事责任。

第九十一条　生产经营单位主要负责人在本单位发生重大生产安全事故时,不立即组织抢救或者在事故调查处理期间擅离职守或者逃匿的,给予降职、撤职的处分,对逃匿的处十五日以下拘留;构成犯罪的,依照刑法有关规定追究刑事责任。

生产经营单位主要负责人对生产安全事故隐瞒不报、谎报或者拖延不报的,依照前款规定处罚。

第九十二条　有关地方人民政府、负有安全生产监督管理职责的部门,对生产安全事故隐瞒不报、谎报或者拖延不报的,对直接负责的主管人员和其他直接责任人员依法给予行政处分;构成犯罪的,依照刑法有关规定追究刑事责任。

第九十三条　生产经营单位不具备本法和其他有关法律、行政法规和国家标准或者行业标准规定的安全生产条件,经停产停业整顿仍不具备安全生产条件的,予以关闭;有关部门应当依法吊销其有关证照。

第九十四条　本法规定的行政处罚,由负责安全生产监督管理的部门决定;予以关闭的行政处罚由负责安全生产监督管理的部门报请县级以上人民政府按照国务院规定的权限决定;给予拘留的行政处罚由公安机关依照《治安管理处罚条例》的规定决定。有关法律、行政法规对行政处罚的决定机关另有规定的,依照其规定。

第九十五条　生产经营单位发生生产安全事故造成人员伤亡、他人财产损失的,应当依法承担赔偿责任;拒不承担或者其负责人逃匿的,由人民法院依法强制执行。

生产安全事故的责任人未依法承担赔偿责任,经人民法院依法采取执行措施后,仍不能对受害人给予足额赔偿的,应当继续履行赔偿义务;受害人发现责任人有其他财产的,可以随时请求人民法院执行。

第七章　附　则

第九十六条　本法下列用语的含义:

危险物品,是指易燃易爆物品、危险化学品、放射性物品等能够危及人身安全和财产安全的物品。

重大危险源,是指长期地或者临时地生产、搬运、使用或者储存危险物品,且危险物品的数量等于或者超过临界量的单元(包括场所和设施)。

第九十七条　本法自 2002 年 11 月 1 日起施行。

附录2 压力容器安全技术监察规程

（质技监局锅发[1999]154号　2000年1月1日起执行）

第一章　总　则

第1条　为了保证压力容器的安全运行,保护人民生命和财产的安全,促进国民经济的发展,根据《锅炉压力容器安全监察暂行条例》的有关规定,制定本规程。

第2条　本规程适用范围如下:

1.本规程适用于同时具备下列条件的压力容器:

(1)最高工作压力(P_w)(注1)大于等于0.1 MPa(不含液体静压力,下同);

(2)内直径(非圆形截面指其最大尺寸)大于等于0.15 m,且容积(V)(注2)大于等于0.025 m³;

(3)盛装介质为气体、液化气体或最高工作温度高于等于标准沸点液体。(注3)

2.本规程第三章、第四章和第五章适用于下列压力容器:

(1)与移动压缩机一体的非独立的容积小于等于0.15 m³的储罐、锅炉房内的分气缸;

(2)容积小于0.025 m³的高压容器;

(3)深冷装置中非独立的压力容器、直燃型吸收式制冷装置中的压力容器、空分设备中的冷箱;

(4)螺旋板换热器;

(5)水力自动补气气压给水(无塔上水)装置中的气压罐,消防装置中的气体或气压给水(泡沫)压力罐;

(6)水处理设备中的离子交换或过滤用压力容器、热水锅炉用膨胀水箱;

(7)电力行业专用的全封闭式组合电器(电容压力容器);

(8)橡胶行业使用的轮胎硫化机及承压的橡胶模具。

3.本规程适用于上述压力容器所用的安全阀、爆破片装置、紧急切断装置、安全连锁装置、压力表、液面计、测温仪表等安全附件。

4.本规程适用的压力容器除本体外还应包括:

(1)压力容器与外部管道或装置焊接连接的第一道环向焊缝的焊接坡口、螺纹连接的第一个螺纹接头、法兰连接的第一个法兰密封面、专用连接件或管件连接的第一个密封面;

(2)压力容器开孔部分的承压盖及其紧固件;

(3)非受压元件与压力容器本体连接的焊接接头。

第3条　本规程不适用于下列压力容器:

1.超高压容器。

2.各类气瓶。

3.非金属材料制造的压力容器。

4.核压力容器、船舶和铁路机车上的附属压力容器、国防或军事装备用的压力容器、真空下工作的压力容器(不含夹套压力容器)、各项锅炉安全技术监察规程适用范围内的直接受火焰加热的设备(如烟道式余热锅炉等)。

5.正常运行最高工作压力小于0.1 MPa的压力容器(包括在进料或出料过程中需要瞬时承受压力大于等于0.1 MPa的压力容器,不包括消毒、冷却等工艺过程中需要短时承受压力大于等于0.1 MPa的压力容器)。

6.机器上非独立的承压部件(包括压缩机、发电机、泵、柴油机的气缸或承压壳体等,不包括造纸、纺织机械的烘缸、压缩机的辅助压力容器)。

7.无壳体的套管换热器、波纹板换热器、空冷式换热器、冷却排管。

第4条 压力容器的设计、制造(组焊)、安装、使用、检验、修理和改造,均应严格执行本规程的规定。

各级锅炉压力容器安全监察机构(以下简称安全监察机构)负责压力容器安全监察工作,监督本规程的执行。

第5条 本规程是压力容器质量监督和安全监察的基本要求,有关压力容器的技术标准、部门规章、企事业单位规定等,如果与本规程的规定相抵触时,应以本规程为准。

第6条 本规程第2条适用范围内的压力容器划分为三类(压力容器的压力等级、品种、介质毒性程度和易燃介质的划分见附件一):

1.下列情况之一的,为第三类压力容器:

(1)高压容器;

(2)中压容器(仅限毒性程度为极度和高度危害介质);

(3)中压储存容器(仅限易燃或毒性程度为中度危害介质,且 PV 乘积大于 10 MPa·m³);(注2)

(4)中压反应容器(仅限易燃或毒性程度为中度危害介质,且 PV 乘积大于等于 0.5 MPa·m³);

(5)低压容器(仅限毒性程度为极度和高度危害介质,且 PV 乘积大于等于 0.2 MPa·m³);

(6)高压、中压管壳式余热锅炉;(注4)

(7)中压搪玻璃压力容器;

(8)使用强度级别较高(指相应标准中抗拉强度规定值下限大于等于 540 MPa)的材料制造的压力容器;

(9)移动式压力容器,包括铁路罐车(介质为液化气体、低温液体)、罐式汽车[液化气体运输(半挂)车、低温液体运输(半挂)车、永久气体运输(半挂)车]和罐式集装箱(介质为液化气体、低温液体)等;

(10)球形储罐(容积大于等于 50 m³);

(11)低温液体储存容积(容积大于 5 m³)。

2.下列情况之一的,为第二类压力容器(本条第1款规定的除外):

(1)中压容器;

(2)低压容器(仅限毒性程度为极度和高度危害介质);

(3)低压反应容器和低压储存容器(仅限易燃介质或毒性程度为中度危害介质);

(4)低压管壳式余热锅炉;

(5)低压搪玻璃压力容器。

3.低压容器为第一类压力容器(本条第1款、第2款规定的除外)。

第7条 设计、制造压力容器,其技术要求和使用条件不符合本规程规定时,应在学习借鉴和试验研究的基础上,将所做试验的依据、条件、数据、结果和第三方的检测报告及其他有关的技术资料报省级安全监察机构审核、国家安全监察机构批准,方可进行试制、试用。通过一定周期的试用验证,进行型式试验或技术鉴定后,报国家安全监察机构备案。

第8条 压力容器产品设计、制造(含组焊,下同)应符合相应国家标准、行业标准或企业标准的要求。直接采用国际标准或国外先进标准应先将其转化为企业标准,并应符合本规程第7条的规定。无相应标准的,不得进行压力容器产品的设计和制造。

第9条 进口压力容器的国外制造企业必须取得国家质量技术监督局颁发的安全质量许可证书。进口压力容器应按《进出口锅炉压力容器安全性能监督管理办法》进行安全性能的监督检验,并按照本规程要求进行使用登记和定期检验。进口压力容器或国内生产企业(含外商投资企业)引进国外技术、标准制造,在国内使用的压力容器,其技术要求和使用条件不符合本规程规定时,参照本规程第7条办理。

注1:

① 承受内压的压力容器,其最高工作压力是指在正常使用过程中,顶部可能出现的最高压力;

② 承受外压的压力容器,其最高工作压力是指压力容器在正常使用过程中,可能出现的最高压力差值;对夹套容器指夹套顶部可能出现的最高压力差值。

注2:P 代表设计压力,P_w 代表最高工作压力,V 代表容积。容积是指压力容器的几何容积,即由设计图样标注的尺寸计算(不考虑制造公差)并圆整,且不扣除内件体积的容积。多腔压力容器(如换热器的管程和壳程、余热锅炉的汽包和换热室、夹套容器等)按照类别高的压力腔作为该容器的类别并按该类别进行使用管理。但应按照每个压力腔各自的类别分别提出设计、制造技术要求。对各压力腔进行类别划定时,设计压力取本压力腔的设计压力,容积取本压力腔的几何容积。

注3:容器内主要介质为最高工作温度低于标准沸点的液体时,如气相空间(非瞬时)大于等于 $0.025 \, m^3$,且最高工作压力大于等于 $0.1 \, MPa$ 时,也属于本规程的适用范围。

注4:包括用途属于压力容器并主要按压力容器标准、规范进行设计和制造的直接受火焰加热的压力容器。

第二章 材 料

第10条 压力容器用材料的质量及规格,应符合相应的国家标准、行业标准的规定。压力容器材料的生产应经国家安全监察机构认可批准。材料生产单位应按相应标准的规定向用户提供质量证明书(原件),并在材料上的明显部位作出清晰、牢固的钢印标志或其他标志,至少包括材料制造标准代号、材料牌号及规格、炉(批)号、国家安全监察机构认可标志、材料生产单位名称及检验印鉴标志。材料质量证明书的内容必须齐全、清晰,并加盖材料生产单位质量检验章。

压力容器制造单位从非材料生产单位获得压力容器用材料时,应同时取得材料质量证明书原件或加盖供材单位检验公章和经办人章的有效复印件。压力容器制造单位应对所获得的压力容器用材料及材料质量证明书的真实性与一致性负责。

第 11 条 压力容器选材除应考虑力学性能和弯曲性能外,还应考虑与介质的相容性。压力容器专用钢材的磷含量(熔炼分析,下同)不应大于 0.030%,硫含量不应大于 0.020%。如选用碳素钢沸腾钢板和碳素钢镇静钢板制造压力容器(搪玻璃压力容器除外),应符合 GB150《钢制压力容器》的规定。碳素钢沸腾钢板和 Q235A 钢板不得用于制造直接受火焰加热的压力容量。

第 12 条 用于焊接结构压力容器主要受压元件的碳素钢和低合金钢,其含碳量不应大于 0.25%。在特殊条件下,如选用含碳量超过 0.25% 的钢材,应限定碳当量不大于 0.45%,由制造单位征得用户同意,并经制造单位压力容器技术总负责人批准,提供材料抗裂性试验报告和焊接工艺评定报告,按照本规程第 7 条规定办理批准手续。

第 13 条 钢制压力容器用材料(钢板、锻件、钢管、螺柱等)的力学性能、弯曲性能和冲击试验要求,应符合 GB150 的有关规定。

第 14 条 用于制造压力容器壳体的碳素钢和低合金钢钢板,凡符合下列条件之一的,应逐张进行超声检测:

1. 盛装介质毒性程度为极度、高度危害的压力容器。

2. 盛装介质为液化石油气且硫化氢含量大于 100 mg/L 的压力容器。

3. 最高工作压力大于等于 10 MPa 的压力容器。

4. GB150 第 2 章和附录 C、GB151《管壳式换热器》、GB12337《钢制球形储罐》及其他国家标准和行业标准中规定应逐张进行超声检测的钢板。

5. 移动式压力容器。

钢板的超声检测应按 JB4730《压力容器无损检测》的规定进行。用于本条第 1、第 2、第 5 款所述容器的钢板的合格等级应不低于 II 级;用于本条第 3 款所述容器的钢板的合格等级应不低于 III 级,用于本条第 4 款所述容器的钢板,合格等级应符合 GB150、GB151 或 GB12337 的规定。

移动式压力容器罐体应每批抽 2 张钢板进行夏比(V 形缺口)低温冲击试验,试验温度为 -20 ℃ 或按图样规定,试件取样方向为横向。低温冲击功指标应符合 GB150 附录 C 的规定。

第 15 条 压力容器用铸铁的要求如下:

1. 必须在相应的国家标准范围内选用,并应在产品质量证明书中注明铸造选用的材料牌号。

2. 设计压力和设计温度应符合下列规定:

(1)灰铸铁制压力容器的设计压力不得大于 0.8 MPa,设计温度为 0~250 ℃;

(2)可锻铸铁和球墨铸铁制压力容器的设计压力不得大于 1.6 MPa,设计温度为 -10~350 ℃

3. 不得用于盛装毒性程度为极度、高度或中度危害介质,以及设计压力大于等于 0.5 MPa 的易燃介质压力容器的受压元件,也不得用于管壳式余热锅炉的受压元件和移动式压力容器的受压元件。

第 16 条 压力容器受压元件用铸钢材料应在相应的国家标准或行业标准中选用,并应在产品质量证明书中注明铸造选用的材料牌号。压力容器筒体、封头不宜选用铸钢材料(压力容器制造单位已有使用经验并经省级或国家安全监察机构批准的除外)。

第 17 条 对压力容器用有色金属(指铝、钛、铜、镍及其合金)的要求如下:

1. 用于制造压力容器的有色金属,应在相应的国家标准或行业标准范围内选用,对有色金属有特殊要求时,应在设计图样或相应的技术条件上注明。

2. 制造单位必须建立严格的保管制度,并设专门场所存放。

3. 有色金属制压力容器用材料的冲击试验要求,应符合相应标准的规定。

4. 有色金属制压力容器焊接接头的坡口应采用机械方法加工,其表面不得有裂纹、分层和夹渣等缺陷。

第 18 条 铝和铝合金用于压力容器受压元件应符合下列要求:

1. 设计压力不应大于 8 MPa,设计温度范围为 -269~200 ℃

2. 设计温度大于 65 ℃时,一般不选用含镁量大于等于 3%的铝合金。

第 19 条 钢及铜合金用于压力容器受压元件时,一般应为退火状态。

第 20 条 钛材(指工业纯钛、钛合金及其复合材料,下同)制造压力容器受压元件,应符合下列要求:

1. 设计温度:工业纯钛不应高于 230 ℃,钛合金不应高于 300 ℃,钛复合板不应高于 350 ℃。

2. 用于制造压力容器壳体的钛材应在退火状态下使用。

3. 钛材压力容器封头成形应采用热成形或冷成形后热校形。对成形的钛钢复合板封头,应做超声检测。

4. 钛材压力容器一般不要求进行热处理,对在应力腐蚀环境中使用的钛容器或使用中厚板制造的钛容器,焊后或热加工后应进行消除应力退火。钛钢复合板爆炸复合后,应做消除应力退火处理。

5. 钛材压力容器的下列焊缝应进行渗透检测:

(1)接管、法兰、补强圈与壳体或封头连接的角焊缝;

(2)换热器管板与管子连接的焊缝;

(3)钛钢复合板的复层焊缝及镶条盖板与复合板复层的搭接焊缝。

第 21 条 镍材(指镍和镍基合金及其复合材料,下同)制造压力容器受压元件,应符合下列要求:

1. 设计温度:退火状态的纯镍材料不应高于 650 ℃,镍-铜合金不应高于 480 ℃,镍-铬-铁合金不应高于 650 ℃,镍-铁-铬合金不应高于 900 ℃。

2. 用于制造压力容器主要受压元件的镍材应在退火状态下使用,换热器用纯镍管应在消除应力退火状态下使用。

3. 镍材压力容器封头采用热成形时应严格控制加热温度。对成形的镍钢复合板封头,应做超声检测。

4. 镍材热成形的加热温度及加热炉气氛应严格控制,防止硫脆污染。推荐的热加工温度范围是：

(1)工业纯镍(N6－2.5－1.5)为280~350 ℃；

(2)蒙乃尔(NCU28－2.5－1.5)为350~500 ℃；

(3)Inconel(NS312)为470~550 ℃；

(4)Hastelloy(NS334)为930~1 200 ℃。

5.镍材压力容器一般不要求进行焊后热处理,如有特殊要求,应在图样上规定进行焊后热处理。镍钢复合板爆炸复合后,应做消除应力退火处理。

6.镍材压力容器的下列焊缝应进行磁粉或渗透检测：

(1)接管、法兰、补强圈与壳体或封头连接的角焊缝；

(2)换热器管板与管子连接的焊缝；

(3)镍钢复合板的复层焊接接头。

第22条 压力容器受压元件采用国外材料应符合下列要求：

1.应选用国外压力容器规范允许使用且国外已有使用实例的材料,其使用范围应符合材料生产国相应规范和标准的规定,并有该材料的质量证明书。

2.制造单位首次使用前,应进行焊接工艺评定和焊工考试,并对化学成分、力学性能进行复验,满足使用要求后,才能投料制造。

3.技术要求一般不得低于国内相应材料的技术指标。

4.国内首次使用且标准中抗拉强度规定值下限大于等于540 MPa的材料,应按本规程第7条规定办理批准手续。

国内材料生产单位生产国外牌号的材料时,应完全按照该牌号的国外标准规定的冶炼方法进行生产,力学性能和弯曲性能试验的试样型式、尺寸、加工要求、试验方法等验收要求出应执行国外标准,批量生产前应通过产品鉴定并经国家安全监察机构批准,可按本条规定的国外钢材对待。

第23条 压力容器主要受压元件采用新研制的材料(包括国内外没有应用实例的进口材料)或未列入GB150等标准的材料试制压力容器,材料的研制生产单位应将试验验证资料和第三方的检测报告提交全国压力容器标准化技术委员会进行技术评审并获得该委员会出具的准许试用的证明文件(应注明使用条件),并按本规程第7条规定办理批准手续。

第24条 压力容器制造单位应通过对材料进行复验或对材料供货单位进行考察、评审、追踪等方法,确保所用的压力容器材料符合相应标准,在投用前应检查有效的材料质量证明文件,并核对本规程第10条规定的材料上的有效标志。材料标志与质量证明书应完全一致,否则不得使用。

用于制造受压元件的材料在切割(或加工)前应进行标记移植。

第25条 压力容器的筒体、封头(端盖)、人孔盖、人孔法兰、人孔接管、膨胀节、开孔补强圈、设备法兰;球罐的球壳板;换热器的管板和换热管;M36以上的设备主螺栓及公称直径大于等于250 mm的接管和管法兰均作为主要受压元件,对其用材的复验要求如下：

1.用于制造第三类压力容器的钢板必须复验。复验内容至少包括:逐张检查钢板表面质量和材料标志;按炉复验钢板的化学成分;按批复验钢板的力学性能、冷弯性能;当钢厂未提供钢板超声检测保证书时,应按本规程第14条的要求进行超声检测复验。

2.用于制造第一、第二类压力容器的钢板,有下列情况之一的应复验:

(1)设计图样要求复验的;

(2)用户要求复验的;

(3)制造单位不能确定材料真实性或对材料的性能和化学成分有怀疑的;

(4)钢材质量证明书注明复印件无效或不等效的。

3.用于制造第三类压力容器的锻件复验要求如下:

(1)应按压力容器锻件国家标准或行业标准规定的项目进行复验;

(2)对制造单位经常使用且已有信誉保证的外协锻件,如质量证明书(原件)项目齐全,可只进行硬度和化学成分复验,复验结果出现异常时,则应进行力学性能复验;

(3)压力容器制造单位锻制且供本单位使用的锻件,可免做复验。

4.取得国家安全监察机构产品安全质量认证并有免除复验标志的材料,可免做复验。

第26条 用于制造压力容器受压元件的焊接材料,应按相应标准制造、检验和选用。焊接材料必须有质量证明书和清晰、牢固的标志。

压力容器制造单位应建立并严格执行焊接材料验收、复验、保管、烘干、发放和回收制度。

第27条 压力容器制造或现场组焊单位对主要受压元件的材料代用,原则上应事先取得原设计单位出具的设计更改批准文件,对改动部位应在竣工图上做详细记载。对制造单位有使用经验且代用材料性能优于被代用材料时(仅限 16MnR、20R、Q235 系列钢板,16Mn、10 号、20 号锻件或钢管的相互代用),如制造单位有相应的设计资格,可由制造单位设计部门批准代用并承担相应责任,同时须向原设计单位备案。原设计单位有异议时,应及时向制造单位反馈意见。

第三章　设　计

第28条 压力容器的设计单位资格、设计类别和品种范围的划分应符合《压力容器设计单位资格管理与监督规则》的规定。设计单位应对设计质量负责。压力容器设计单位不准在外单位设计的图样上加盖压力容器设计资格印章(经压力容器设计单位批准机构指定的图样除外)。

第29条 压力容器的设计总图(蓝图)上,必须加盖压力容器设计资格印章(复印章无效)。设计资格印章失效的图样和已加盖竣工图章的图样不得用于制造压力容器。

设计总图上应有设计、校核、审核(定)人员的签字。对于第三类中压反应容器和储存容器、高压容器和移动式压力容器,应有压力容器设计技术负责人的批准签字。

第30条 压力容器的设计总图上,至少应注明下列内容:

1.压力容器名称、类别。

2.设计条件[包括温度、压力、介质(组分)、腐蚀裕量、焊缝系数、自然基础条件等],对储存液化石油气的储罐应增加装量系数;对有应力腐蚀倾向的材料应注明腐蚀介质的限定含量;对有时效性的材料应考虑工作介质的相容性,还应注明压力容器使用年限。

3.主要受压元件材料牌号及材料要求。

4.主要特性参数(如压力容器容积、换热器换热面积与程数等)。

5.制造要求。

6. 热处理要求。

7. 防腐蚀处理要求。

8. 无损检测要求。

9. 耐压试验和气密性试验要求。

10. 安全附件的规格和订购特殊要求。

11. 压力容器铭牌的位置。

12. 包装、运输、现场组焊和安装要求。

13. 下列情况下的特殊要求：

(1)夹套压力容器应分别注明壳体和夹套的试验压力、允许的内外差值,以及试验步骤和试验的要求;

(2)装有触媒的反应容器和装有充填物的大型压力容器,应注明使用过程中定期检验的技术要求;

(3)由于结构原因不能进行内部检验的,应注明计算厚度、使用中定期检验和耐压试验的要求;

(4)对不能进行耐压试验和气密性试验的,应注明计算厚度和制造及使用的特殊要求,并应与使用单位协商提出推荐的使用年限和保证安全的措施;

(5)对有耐热衬里的反应容器,应注明防止受压元件超温的技术措施;

(6)为防止介质造成的腐蚀(应力腐蚀),应注明对介质纯净度的要求;

(7)亚铵法造纸蒸球应注明防腐技术要求;

(8)有色金属制压力容器制造、检验的特殊要求。

第31条 压力容器的设计压力不得低于最高工作压力,装有安全泄放装置的压力容器,其设计压力不得低于安全阀的开启压力或爆破片的爆破压力。

第32条 设计压力容器时,应有足够的腐蚀裕量。腐蚀裕量应根据预期的压力容器使用寿命和介质对材料的腐蚀速率确定,还应考虑介质流动时对压力容器或受压元件的冲蚀量和磨损量。在进行结构设计时,还应考虑局部腐蚀的影响,以满足压力容器安全运行要求。

为防止压力容器超寿命运行引发安全问题,设计单位一般应在设计图样上注明压力容器设计使用寿命。

第33条 压力容器的设计文件,包括设计图样、技术条件、强度计算书,必要时还应包括设计或安装、使用说明书。

1. 压力容器的设计单位,应向压力容器的使用单位或压力容器制造单位提供设计说明书、设计图样和技术条件。

2. 用户需要时,压力容器设计或制造单位还应向压力容器的使用单位提供安装、使用说明书 。

3. 对移动式压力容器、高压容器、第三类中压反应容器和储存容器,设计单位应向使用单位提供强度计算书。

4. 按 JB4732 设计时,设计单位应向使用单位提供应力分析报告。

强度计算书的内容,至少应包括设计条件、所有规范和标准、材料、腐蚀裕量、计算厚度、名义厚度、计算应力等。

装设安全阀、爆破片装置的压力容器,设计单位应向使用单位提供压力容器安全泄放量、安全阀排量和爆破片泄放面积的计算书。无法计算时,应征求使用单位意见,协商选用安全泄放装置。

在工艺参数、所用材料、制造技术、热处理、检验等方面有特殊要求的,应在合同中注明。

第34条 盛装液化气体的固定式压力容器的设计压力规定如下:

1.固定式液化气体压力容器设计压力应不低于表 3-1 的规定。

表 3-1 液化气体压力容器的设计压力

液化气体临界温度	设计压力(MPa)		
	无保冷设计	有可靠保冷设施	
		无试验实测温度	有试验实测最高工作温度且能保证低于临界温度
≥50 ℃	50 ℃ 饱和蒸气压力	可能达到的最高工作温度下的饱和蒸气压力	
<50 ℃	设计所规定的最大充装量时,温度为 50 ℃ 的气体压力	试验实测最高工作温度下的饱和蒸气压力	

2.固定式液化石油气储罐的设计压力应按不低于 50 ℃ 时混合液化石油气组分的实际饱和蒸气压来确定,设计单位应在图样上注明限定的组分和对应的压力。若无实际组分数据或不做组分分析,其设计压力则应不低于表 3-2 规定的压力。

表 3-2 混合液化石油气压力容器的设计压力

混合液化石油气 50 ℃ 饱和蒸气压力(MPa)	设计压力(MPa)	
	无保冷设施	有可靠保冷设施
≤异丁烷 50 ℃ 饱和蒸气压力	等于 50 ℃ 异丁烷的饱和蒸气压力	可能达到的最高工作温度下异丁烷的饱和蒸气压力
>异丁烷 50 ℃ 饱和蒸气压力≤丙烷 50 ℃ 饱和蒸气压力	等于 50 ℃ 丙烷的饱和蒸气压力	可能达到的最高工作温度下丙烷的饱和蒸气压力
≤丙烯 50 ℃ 饱和蒸气压力	等于 50 ℃ 丙烯的饱和蒸气压力	可能达到的最高工作温度下丙烯的饱和蒸气压力

注:液化石油气指国家标准 GB11174 规定的混合液化石油气;异丁烷、丙烷、丙烯 50 ℃ 的饱和蒸气压力应按相应的国家标准和行业标准的规定确定。

第35条 设计储存容器,当壳体的金属温度受大气环境气温条件所影响时,其最低设计温度可按该地区气象资料,取历年来月平均最低气温的最低值。月平均最低气温是指当月各天的最低气温值相加后除以当月的天数。

月平均最低气温的最低值,是气象局实测的 10 年逐月平均最低气温资料中的最小值。

全国月平均最低气温低于等于 - 20 ℃ 和 - 10 ℃ 的地区见附件二。

第36条 盛装液化气体的压力容器设计储存量,应符合下列规定:

1.介质为液化气体(含液化石油气)的固定式压力容器设计储存量,应按照下式计算:

$$W = \phi V \rho_t$$

式中　W——储存量,t;

ϕ——装量系数,一般取 0.9,对容器容积经实际测定者,可取大于 0.9,但不得大于 0.95;

V——压力容器的容积,m^3;

ρ_t——设计温度下的饱和液体密度,t/m^3。

2.介质为液化气体的移动式压力容器罐体允许最大充装量应按照下式计算:

$$W = \phi_V V$$

式中　W——罐体允许最大充装量,t;

ϕ_V——单位容积充装量,按介质在 50 ℃时罐体内留有 8% 气相空间及该温度下的介质密度确定,t/m^3;

V——罐体实际容积,m^3。

移动式压力容器罐体常见介质的设计压力、腐蚀裕量、单位容积充装量按表3-3选取。

表3-3　常见介质的设计压力、腐蚀裕量、单位容积充装量

介　　质		设计压力 (MPa)	罐体腐蚀裕量 ≥(mm)	单位容积充装量 (t/m³)
液氨		2.16	2	0.52
液氯		1.62	4	1.20
液态二氧化硫		0.98	4	1.20
丙烯		2.16	1	0.43
丙烷		1.77	1	0.42
液化 石油气	50 ℃饱和蒸气压大于 1.62 MPa	2.16	1	0.42
	其余情况	1.77	1	0.42
正丁烷		0.79	1	0.51
异丁烷		0.79	1	0.49
丁烯、异丁烯		0.79	1	0.50
丁二烯		0.79	1	0.55

第37条　设计盛装液化石油气的储存容器,应参照行业标准 HG20592～20635 的规定,选取压力等级高于设计压力的管法兰、垫片和紧固件。使用法兰连接的第一个法兰密封面,应采用高颈对焊法兰、金属缠绕垫片(带外环)和高强度螺栓组合。

第38条　移动式压力容器上一般不得安装用于充装的设施,液化气体罐车上严禁装设充装泵。

移动式压力容器的安全附件包括安全泄放装置(内置全启式安全阀、爆破片装置、易熔塞、带易熔塞的爆破片装置等)、紧急切断装置、液面指示装置、导静电装置、温度计和压力表等。

盛装介质为液化气体或低温液体的移动式压力容器应设置防波板,罐体每个防波段的容积一般不得大于 3 m^3。

第39条 移动式压力容器按设计温度划分为三种:

1.常温型:罐体为裸式,设计温度为−20~50 ℃。

2.低温型:罐体采用堆积绝热式,设计温度为−70~−20 ℃。

3.深冷型:罐体采用真空粉末绝热式或真空多层绝热式,设计温度低于−150 ℃。

移动式压力容器(常温型)装运表3-3以外的介质时,其设计压力、腐蚀裕量和单位容积充装量的确定,由设计单位提出介质的主要物理、化学性质数据和设计说明及依据,报国家安全监察机构批准。

第40条 钢制压力容器受压元件的强度计算,以及许用应力的选取,应按照GB150、GB151、GB12337和JB4732等标准的有关规定执行。对某些结构特殊的受压元件按常规标准无法解决强度计算时,局部可以参照JB4732规定的方法进行分析计算,并应经压力容器设计技术负责人的批准。局部参照JB4732标准进行压力容器受压元件分析计算的单位,可不取应力分析设计项目资格。

有色金属制压力容器受压元件的强度计算(注)可参照GB150或有关标准规定进行。许用应力可按照相应国家标准和行业标准的规定,也可按照相应的国家标准和行业标准提供的力学性能和表3-4规定的安全系数计算。

表3-4 铝、铜、钛、镍及其合金的安全系数

材料		设计温度下的抗拉强度 σ_b^t	设计温度下的屈服限[1] $\sigma_{0.2}^t$	设计温度下的持久强度(平均值)σ_d^t(10^5小时后发生破坏)	设计温度下的蠕变极限平均值(每1 000小时里面变率为0.01%的)σ_n^t
铝铜钛镍及其合金	板锻件管棒 钛	$n_b \geqslant 3.0$	$n_s \geqslant 1.5$	$n_d \geqslant 1.5$	$n_n \geqslant 1.0$
	镍	$n_b \geqslant 3.0$	$n_s \geqslant 1.5$	$n_d \geqslant 1.5$	$n_n \geqslant 1.0$
	铝	$n_b \geqslant 4.0$	$n_s \geqslant 1.5$		
	铜	$n_b \geqslant 4.0$	$n_s \geqslant 1.5$		
	铸件[2]				
	螺栓	$n_b \geqslant 5.0$	$n_s \geqslant 4.0$		

注:①当无法确定设计温度下屈服强度(条件屈服限),而以抗拉强度为依据确定许用应力时,n_b应适当提高。

②铸件的系数应在板、锻件、管、棒的基础上除以0.8。

第41条 铸铁压力容器受压元件的强度设计,许用应力的选取如下:

灰铸铁为设计温度下抗拉强度除以安全系数10.0;可锻铸铁、球墨铸铁为设计温度下抗拉强度除以安全系数8.0。

第42条 铸钢压力容器受压元件的强度设计,许用应力的选取如下:

使用温度小于等于300 ℃时,以材料抗拉强度除以安全系数4.0,并乘以铸造系数,该系数值不应超过0.9;使用温度大于300 ℃时,以使用温度下的材料屈服点除以安全系数1.5,并乘以铸造系数,该系数值不应超过0.9。

第43条 用焊接方法制造的压力容器,其焊接接头系数应按表3-5选取。按JB4732标准设计时,焊接接头系数取1.0。

表 3-5　压力容器的焊接接头系数

接头形式	全部无损检测①					局部无损检测①					无法无损检测				
	钢	有色金属				钢	有色金属				钢	有色金属			
		铝②	铜②	镍②	钛		铝②	铜②	镍②	钛		铝	铜	镍	钛
双面焊或相当于双面焊全熔透的对接焊缝③	1.0	0.85 0.90	0.85 0.95	0.85 0.95	0.90	0.85	0.80 0.85	0.80 0.85	0.80 0.85	0.85	/	/	/	/	/
有金属垫板的单面焊对接焊缝	0.90	0.80 0.85	0.80 0.85	0.80 0.85	0.85	0.80	0.70 0.80	0.70 0.80	0.70 0.85	0.80	/	/	/	/	0.65
无垫板的单面焊环向对接焊缝	/	/	/	/	/	/	0.65 0.70	0.65 0.70	/	/	/	/	/	/	0.60

注:①此表所指无损检测,对钢制压力容器以射线和超声波检测为准,对有色金属压力容器原则上以射线检测为准。

②表中所列有色金属制压力容器焊接接头系数上限值指采用熔化极惰性气体保护焊;下限值指采用非熔化极惰性气体保护焊。

③相当于双面焊全熔透的对接焊缝指单面焊双面成型的焊缝,按双面焊评定(含焊接试板的评定),如氩弧焊打底的焊缝或带陶瓷、铜衬垫的焊缝等。

第44条　压力容器限定的最小壁厚(不包括腐蚀裕量)应符合相应设计规范和标准的规定。

第45条　对压力容器检查孔的要求如下:

1.为检查压力容器在使用过程中是否产生裂纹、变形、腐蚀等缺陷,压力容器应开设检查孔(第46条规定的除外)。检查孔包括人孔、手孔。

2.检查孔的最少数量与最小尺寸应符合表3-6的要求。

表 3-6　检查孔的最少数量与最小尺寸

内径 D_i(mm)	检查孔最少数量	检查孔最小尺寸(mm)		备注
		人孔	手孔	
300<D_i≤500	手孔 2 个		Φ75 或长圆孔 75×75	
500<D_i≤1 000	人孔 1 个,或手孔 2 个(当容器无法开人孔时)	Φ400 或长圆孔 400×250 380×280	Φ100 或长圆孔 100×80	
D_i>1 000	人孔 1 个或手孔 2 个(当容器无法开人孔时)	Φ400 或长圆孔 400×250 380×280	Φ150 或长圆孔 150×100	球罐人孔最小 500 mm

3.检查孔的开设位置要求如下：

(1) 检查孔的开设应合理、恰当,便于观察或清理内部;

(2) 手孔应开设在封头上或封头附近的筒体上。

4.球形储罐应在上、下极板上各开设一个人孔(或制造工艺孔)。

第46条 符合下列条件之一的压力容器可不开设检查孔:

1.筒体内径小于等于300 mm 的压力容器。

2.压力容器上设有可以拆卸的封头、盖板等或其他能够开关的盖子,其封头、盖板或盖子的尺寸不小于所规定检查孔的尺寸。

3.无腐蚀或轻微腐蚀,无需做内部检查和清理的压力容器。

4.制冷装置用压力容器。

5.换热器。

第47条 不属于第46条所规定条件的压力容器,因特殊情况不能开设检查孔时,则应同时满足以下要求:

1.对每条纵、环焊缝做100%无损检测(射线或超声)。

2.应在设计图样上注明计算厚度,且在压力容器在用期间或检验时重点进行测厚检查。

3.相应缩短检验周期。

第48条 钢制压力容器封头的形式和技术要求、外压圆筒加强设计以及与壳体间的连接、壳体开孔的尺寸和补强要求应按 GB150 或 JB4732 的有关规定执行。

有色金属制压力容器,应符合相应标准要求。

第49条 快开门式压力容器的快开门(盖)应设计安全连锁装置并应具有以下功能:

1.当快开门达到预定关闭部位方能升压运行的连锁控制功能。

2.当压力容器的内部压力完全释放,安全连锁装置脱开后,方能打开快开门的连锁联动功能。

3.具有与上述动作同步的报警功能。

第50条 对有保温层的压力容器,如设计的保温层采用不可拆结构时,应在图样上提出对容器保温层进行全面定期宏观检查的要求。必要时,图样上应提出对全部焊接接头进行无损检测等特殊要求。

第51条 焊制压力容器的筒体纵向接头、筒节与筒节(封头)连接的环向接头,以及封头的拼接接头,必须采用全截面焊透的对接接头形式。球形储罐球壳板不得拼接。

对接接头的设计可参照 GB150 附录 J 或 JB4732 附录 H 进行。

第52条 设计者在对角焊缝的强度进行验算后,应将角焊缝的强度验算结果列入设计技术文件中。

第53条 用焊接方法装设在压力容器上的补强圈以及周边连续焊的起加强作用的垫板应至少设置一个不小于 M6 的泄漏信号指示螺纹孔。

第54条 钢制压力容器管法兰、热片、紧固件的设计应参照行业标准 HG20592～20635 的规定。钢制压力容器的接管(凸缘)与壳体之间的接头设计以及夹套压力容器的接头设计,可参照 GB150 附录 J 或 JB4732 附录 H 进行。有下列情况之一的,应采用全焊透形式:

1.介质为易燃或毒性为极度危害和高度危害的压力容器。

2.做气压试验的压力容器。

3.第三类压力容器。

4.低温压力容器。

5.按疲劳准则设计的压力容器。

6.直接受火焰加热的压力容器。

7.移动式压力容器。

第55条 深冷型移动式压力容器的内罐与外壳体间的支撑应牢固可靠,移动式压力容器罐体布局应合理,罐体与底盘的连接结构和固定装置应能承受运输中的振动、冲击,并具有足够的承受惯性力的刚度与强度。

第56条 钢制压力容器或受压元件的焊后热处理要求,除满足本规程外,还应符合GB150或JB4732等标准的有关规定。对材料有特殊热处理要求的,应在设计图样上注明。

第57条 奥氏体不锈钢压力容器或受压元件用于有晶间腐蚀介质场合时,必须在图样上提出抗晶间腐蚀检验或热处理的要求。奥氏体不锈钢压力容器的热处理一般指1 100 ℃的固熔化处理或875 ℃的稳定化处理。

第58条 当压力容器盛装的介质其毒性为极度危害和高度危害或不允许有微量泄漏时,设计时应提出压力容器气密性试验的要求。气态介质的铸造压力容器,也应在设计图样上提出气密性试验的要求。

第59条 设计压力小于等于2.5 MPa、以水为介质的直接受火焰加热连续操作的压力容器和管壳式余热锅炉用水的水质,应符合GB1576《低压锅炉水质》的规定。设计压力大于2.5 MPa的上述设备的水质要求,由设计单位在设计图样上规定。

注:1.对受外压的圆筒形和球形壳体壁厚,可根据所选用的有色金属材料牌号,参照国外相近或类同的材料计算图表进行计算。

2.因冷、热加工或热处理而提高抗拉强度的材料,用于制造焊接压力容器时,其焊接接头的许用应力,应采用材料在退火状态下的许用应力保证值。

3.空气分离设备的设计温度低于20 ℃时,按照20 ℃的性能计算。

第四章　制　造

一、一般要求

第60条 压力容器制造(含现场组焊,下同)单位应建立压力容器质量保证体系,编制压力容器质量保证手册,制定企业标准(包括管理制度、程序文件、作业指导书、通用工艺及特殊方法标准等),保证压力容器产品安全质量。企业法定代表人,必须对压力容器制造质量负责。压力容器总质量师(质量保证工程师)应由企业管理者代表或压力容器技术负责人担任,并应经培训考核后持证上岗。

第61条 固定式压力容器制造单位,应取得AR级或BR级的压力容器制造许可证;移动式压力容器制造单位,应取得CR级的压力容器制造许可证,并按批准的范围制造。固定式压力容器批量生产前,应进行型式试验;移动式压力容器批量生产前,应进行型式试验或技术鉴定,报国家安全监察机构备案后,方可投入正式生产。

制造单位应严格执行国家法律、法规、行政规章和规范、标准,严格按照设计文件制造和组焊压力容器。

第62条 制造单位必须在压力容器明显的部位装设产品铭牌和注册铭牌(见附件六)。

第63条 压力容器出厂时,制造单位应向用户至少提供以下技术文件和资料:

1.竣工图样。竣工图样上应有设计单位资格印章(复印章无效)。若制造中发生了材料代用、无损检测方法改变、加工尺寸变更等,制造单位应按照设计修改通知单的要求在竣工图样上直接标注。标注处应有修改人和审核人的签字及修改日期。竣工图样上应加盖竣工图章,竣工图章上应有制造单位名称、制造许可证编号和"竣工图"字样。

2.产品质量证明书(内容见附件三)及产品铭牌的拓印件。

3.压力容器产品安全质量监督检验证书(未实施监检的产品除外)。

4.移动式压力容器还应提供产品使用说明书(含安全附件使用说明书)、随车工具及安全附件清单、底盘使用说明书等。

5.本规程第33条要求提供的强度计算书。

压力容器受压元件(封头、锻件等)的制造单位,应按照受压元件产品质量证明书(内容见附件七)的有关内容,分别向压力容器制造单位和压力容器用户提供受压元件的质量证明书。

第64条 现场组焊的压力容器竣工并经验收后,施工单位除按规定提供上述技术文件和资料外,还应将组焊和质量检验的技术资料提供给用户。现场组焊压力容器的质量验收,应有当地安全监察机构的代表参加。

第65条 移动式压力容器必须在制造单位完成罐体、安全附件及底盘的总装(落成),并经压力试验和气密性试验及其他检验合格后方可出厂。

第66条 制造单位对原设计的修改,应取得原设计单位同意修改的书面证明文件,并对改动部位作详细记载(符合本规程第27条材料代用要求的除外)。

二、焊接工艺和焊工

第67条 压力容器焊接工艺评定的要求如下:

1.压力容器产品施焊前,对受压元件之间的对接焊接接头和要求全焊透的T形焊接接头,受压元件与承载的非受压元件之间全焊透的T形或角接焊接接头,以及受压元件的耐腐蚀堆焊层都应进行焊接工艺评定。

2.钢制压力容器的焊接工艺评定应符合JB4708《钢制压力容器焊接工艺评定》标准的有关规定。有色金属制压力容器的焊接工艺评定应符合有关标准的要求。

3.焊接工艺评定所用焊接设备、仪表、仪器以及参数调节装置,应定期检定和校验。评定试件应由压力容器制造单位技术熟练的焊接人员(不允许聘用外单位焊工)焊接。

4.焊接工艺评定完成后,焊接工艺评定报告和焊接工艺指导书应经制造(组焊)单位焊接责任工程师审核,总工程师批准,并存入技术档案。焊接工艺指导书或焊接工艺卡应发给有关的部门和焊工,焊接工艺评定技术档案及焊接工艺评定试样应保存至该工艺评定失效为止。

第68条　焊接压力容器的焊工,必须按照《锅炉压力容器焊工考试规则》进行考试,取得焊工合格证后,才能在有效期间内担任合格项目范围内的焊接工作。焊工应按焊接工艺指导书或焊接工艺卡施焊。制造单位应建立焊工技术档案。

制造单位检查员应对实际的焊接工艺参数进行检查,并做好记录。

第69条　压力容器的组焊要求如下:

1.不宜采用十字焊缝。相邻的两筒节间的纵缝和封头拼接焊缝与相邻筒节的纵缝应错开,其焊缝中心线之间的外圆弧长一般应大于筒体厚度的3倍,且不小于100 mm。

2.在压力容器上焊接的临时吊耳和拉盘的垫板等,应采用与压力容器壳体相同或在力学性能和焊接性能方面相似的材料,并用相适应的焊材及焊接工艺进行焊接。临时吊耳和拉盘的垫板割除后留下的焊疤必须打磨平滑,并应按图样规定进行渗透检测或磁粉检测,确保表面无裂纹等缺陷。打磨后的厚度不应小于该部位的设计厚度。

3.不允许强力组装。

4.受压元件之间或受压元件与非受压元件组装时的定位焊,若保留成为焊缝金属的一部分,则应按受压元件的焊缝要求施焊。

第70条　压力容器主要受压元件焊缝附近50 mm处的指定部位,应打上焊工代号钢印。对无法打钢印的,应用简图记录焊工代号,并将简图列入产品质量证明书中提供给用户。

第71条　焊接接头返修的要求如下:

1.应分析缺陷产生的原因,提出相应的返修方案。

2.返修应编制详细的返修工艺,经焊接责任工程师批准后才能实施。返修工艺至少应包括缺陷产生的原因;避免再次产生缺陷的技术措施;焊接工艺参数的确定;返修焊工的指定;焊材的牌号及规格;返修工艺编制人、批准人的签字。

3.同一部位(指焊补的填充金属重叠的部位)的返修次数不宜超过2次。超过2次以上的返修,应经制造单位技术总负责人批准,并应将返修的次数、部位、返修后的无损检测结果和技术总负责人批准字样记入压力容器质量证明书的产品制造变更报告中。

4.返修的现场记录应详尽,其内容至少包括坡口形式、尺寸、返修长度、焊接工艺参数(焊接电流、电弧电压、焊接速度、预热温度、层间温度、后热温度和保温时间、焊材牌号及规格、焊接位置等)和施焊者及其钢印等。

5.要求焊后热处理的压力容器,应在热处理前焊接返修;如在热处理后进行焊接返修,返修后应再做热处理。

6.有抗晶间腐蚀要求的奥氏体不锈钢制压力容器,返修部位仍需保证原有的抗晶间腐蚀性能。

7.压力试验后需返修的,返修部位必须按原要求经无损检测合格。由于焊接接头或接管泄漏而进行返修的,或返修深度大于1/2壁厚的压力容器,还应重新进行压力试验。

三、热处理

第72条　钢制压力容器及其受压元件应按GB150的有关规定进行焊后热处理。采用其他消除应力的方法取代焊后热处理,应按本规程第7条规定办理批准手续。采用电渣焊接的铁素体类材料或焊接线能量较大的立焊焊接的压力容器受压元件,应在焊后进行细化晶粒的正火处理。常温下盛装混合液化石油气的压力容器(储存容器或移动式压力容器罐体)应进行焊后热处理。旋压封头应在旋压后进行消除应力处理(采用奥氏体不锈钢材料的旋压封头除外)。

第73条 钢制压力容器的焊后热处理应符合下列要求:

1.高压容器、中压反应容器和储存容器、盛装混合液化石油气的卧式储罐、移动式压力容器应采用炉内整体热处理。其他压力容器应采用整体热处理。大型压力容器,可采用分段处理,其重叠热处理部分的长度应不小于 1 500 mm,炉外部分应采取保温措施。

2.修补后的环向焊接接头、接管与筒体或封头连接的焊接接头,可采用局部热处理。局部热处理的焊缝,要包括整条焊缝。焊缝每侧加热宽度不小于母材厚度的 2 倍,接管与壳体相焊时加热宽度不小于两者厚度(取较大值)的 6 倍。靠近加热部位的壳体应采取保温措施,避免产生较大的温度梯度。

3.焊后热处理应在焊接工作全部结束并检测合格后,于耐压试验前进行。

4.热处理装置(炉)应配有自动记录曲线的测温仪表,并保证加热区内最高与最低温度之差不大于 65 ℃(球形储罐除外)。

第74条 奥氏体不锈钢或有色金属制压力容器焊接后一般不要求做热处理,如有特殊要求需进行热处理时,应在图样上注明。

四、外部检查

第75条 筒体(含球壳、多层压力容器内筒)和封头制造的主要控制项目如下:

1.坡口几何形状和表面质量。

2.筒体的直线度、棱角度,纵、环焊缝对口错边量,同一断面的最大最小直径差。

3.多层包扎压力容器的松动面积和套合压力容器套合面的间隙。

4.封头的拼接成形和主要尺寸偏差。

5.球壳的尺寸偏差和表面质量。

6.不等厚的筒体与封头的对接连接要求。

第76条 压力容器焊接接头的表面质量要求如下:

1.形状、尺寸以及外观应符合技术标准和设计图样的规定。

2.不得有表面裂纹、未焊透、未熔合、表面气孔、弧坑、未填满和肉眼可见的夹渣等缺陷,焊缝上的熔渣和两侧的飞溅物必须清除。

3.焊缝与母材应圆滑过渡。

4.焊缝的咬边要求如下:

(1)使用抗拉强度规定值下限大于等于 540 MPa 的钢材及铬－钼低合金钢材制造的压力容器,奥氏体不锈钢、钛材和镍材制造的压力容器,低温压力容器,球形压力容器以及焊缝系数取 1.0 的压力容器,其焊缝表面不得有咬边;

(2)上述(1)款以外的压力容器的焊缝表面的咬边深度不得大于 0.5 mm,咬边的连续长度不得大于 100 mm,焊缝两侧咬边的总长不得超过该焊缝长度的 10%。

5.角焊缝的焊脚高度,应符合技术标准和设计图样要求,外形应平缓过渡。

五、产品试板与试样要求

第77条 压力容器产品焊接试板与试样的要求如下:

1. 为检验产品焊接接头与其他受压元件的力学性能和弯曲性能,应制作纵焊缝产品焊接试板,制取试样,进行拉力、冷弯和必要的冲击试验。采用新材料、新焊接工艺制造锻焊压力容器产品时,应制作模拟环焊缝的焊接试板。

2. 属于下列情况之一的,每台压力容器应制作产品焊接试板:

(1)移动式压力容器(批量生产的除外);

(2)设计压力大于等于 10 MPa 的压力容器;

(3)现场组焊的球形储罐;

(4)使用有色金属制造的中、高压容器或使用 σ_b 大于等于 540 MPa 的高强钢制造的压力容器;

(5)异种钢(不同组别)焊接的压力容器;

(6)设计图样上或用户要求按台制作产品焊接试板的压力容器;

(7)GB150 中规定应每台制作产品焊接试板的压力容器。

3. 除本条第 2 款之外的压力容器,若制造单位能提供连续 30 台(同一台产品使用不同牌号材料的,或使用不同焊接工艺评定的,或使用不同的热处理规范的,可按两台产品对待)同牌号材料、同焊接工艺(焊接重要因素和补加重要因素不超过评定合格范围,下同)、同热处理规范的产品焊接试板测试数据(焊接试板试件和检验报告应存档备查),证明焊接质量稳定,由制造单位技术负责人批准,可以批代台制作产品焊接试板,具体规定如下:

(1)以同钢号、同焊接工艺、同热处理规范的产品组批,连续生产(生产间断不超过半年)每批不超过 10 台,由制造单位从中抽一台产品制作产品焊接试板;

(2)对设计压力不大于 1.6 MPa,材料为 Q235 系列、20R、16MnR 的压力容器,以同钢号的产品组批,连续生产每半年应抽一台产品制作产品焊接试板;

(3)搪玻璃设备可免做低碳钢的产品焊接试板(用户有特殊要求时除外)。若中断生产超过半年时,应抽一台产品制作产品焊接试板;

(4)按同一设计图样批量生产的移动式压力容器,连续生产(生产间断不超过半年)每批不超过 10 台,由制造单位从中抽一台产品制作产品焊接试板。

采用以批代台制作产品焊接试板,如有一块试板不合格,应加倍制作试板,进行复验并做金相检验,如仍不合格,此钢号应恢复逐台制作产品焊接试板,直至连续制造 30 台同钢号、同焊接工艺、同热处理规范的产品焊接试板测试数据合格为止。

4. 产品焊接试板的制作除符合本条第 2 款规定外,还应符合下列原则:

(1)产品焊接试板的材料、焊接和热处理工艺,应在其所代表的受压元件焊接接头的焊接工艺评定合格范围内;

(2)当一台压力容器上不同的壳体纵向焊接接头(含封头、管箱、筒体上焊接接头)的焊接工艺评定覆盖范围不同时,应对应不同的纵向焊接接头,按相应的焊接工艺分别焊制试板;

（3）有不同焊后热处理要求的压力容器,应分别制作产品焊接试板;

（4）热套压力容器的内筒、外筒材料不同时,应各制作一块产品焊接试板,若材料相同又属同一厚度范围,只需制作一块;

（5）现场组焊球形储罐应制作立、横、平加仰三块产品焊接试板,且应在现场焊接产品的同时,由施焊该球形储罐的焊工采用相同的条件和焊接工艺进行焊接;

（6）圆筒形压力容器的纵向焊接接头的产品焊接试板,应作为筒节纵向焊接接头的延长部分(电渣焊除外),采用与施焊压力容器相同的条件和焊接工艺连续焊接;

（7）钢制多层包扎压力容器、热套压力容器的产品焊接试板,按 GB150 的规定焊制;

（8）产品焊接试板应由焊接产品的焊工焊接,并于焊接后打上焊工和检验员代号钢印;

（9）产品焊接试板经外观检查和射线(或超声)检测,如不合格允许返修。返修时,应符合第 70 条焊接接头返修的要求。如不返修,可避开缺陷部位截取试样。

5.铸(锻)造受压元件、管件、螺柱(栓)的产品试样要求,应在设计图样上予以规定。

6.凡需经热处理以达到或恢复材料力学性能和弯曲性能或耐腐蚀性能要求的压力容器,每台均应做母材热处理试板,并符合 GB150 规定。

第 78 条　钢制压力容器产品焊接试板尺寸、试样截取和数量、试验项目、合格标准和复验要求,按 GB150 附录 E《产品焊接试板焊接接头的力学性能检验》的规定执行。对接焊接的管子接头试样截取、试验项目和合格标准,按《蒸汽锅炉安全技术监察规程》的有关规定执行。

下列压力容器,应按 GB150 的要求进行夏比(V 形缺口)低温冲击试验:

1.当设计温度低于 0 ℃时,采用厚度大于 25 mm 的 20R 钢板、厚度大于 38 mm 的 16MnR 、15MnVR、15MnVNR 钢板和任意厚度 18MnMoNbR、13MnNiMoNbR 钢板制造的压力容器。

2.当设计温度低于 - 10 ℃时,采用厚度大于 12 mm 的 20R 钢板、厚度大于 20 mm 的 16MnR、15MnVR、15MnVNR 钢板制造的压力容器。

3.采用任意厚度的低合金钢板制造的移动式压力容器。

第 79 条　有色金属制压力容器的产品焊接试板的试样尺寸、试样截取和数量,可参照钢制压力容器的要求或按图样规定执行,试验项目、合格标准要求如下:

1.拉伸试验

拉伸试样的抗拉强度应符合下列规定之一:

（1）不低于母材材料标准规定值下限;

（2）对于不同强度等级母材组成的焊接接头,不低于两个抗拉强度中较低的规定值下限。

2.弯曲试验

弯曲试验的弯轴直径、支座间距离、弯曲角度应符合表 4-1 的规定。

3.冲击试验

当设计图样有要求或材料标准规定要用冲击试验时,其合格标准应符合相应标准规定,且三个试样的平均值不低于母材规定值的下限。

第 80 条　要求做晶间腐蚀倾向试验的奥氏体不锈钢压力容器,可从产品焊接试板上切取检查试样,试样数量应不少于两个。试样的型式、尺寸、加工和试验方法,应按GB4334《不锈耐酸钢晶间腐蚀倾向试验方法》进行。试验结果评定,按产品技术条件或设计图样的要求。

表 4-1　有色金属及合金的焊接接头弯曲试验

母　材	试样厚度 t(mm)	弯轴直径 D(mm)	支座间距离 (mm)	弯曲角度
纯铝、铝锰合金及含镁量小于等于 4%的铝镁合金	≤10	4t	6.2t	180°
含镁量大于 4%的铝镁合金		6t	8.2t	
铝镁硅合金		16t	18.2t	
纯铜、黄铜、白铜、铜硅合金		4t	6.2t	
铝青铜		16t	18.2t	
钛 TA0、TA1、TA9		8t	10.2t	
钛 TA2、TA3、TA10		10t	12.2t	
镍及镍合金		4t	6.2t	

注:1.当弯轴直径大于 10t 时,可使试样厚度薄一些,但最薄为 3.2 mm;
　　2.试样冷弯至 180°后,其拉伸面出现任何一条长度大于 3 mm 的裂纹或缺陷即为不合格,试样弯曲时四棱先期开裂可不计,但因焊接缺陷引起的应计人。

六、无损检测

第 81 条　无损检测人员按照《锅炉压力容器无损检测人员资格考核规则》进行考核,取得资格证书,方能承担与资格证书的种类和技术等级相应的无损检测工作。

第 82 条　压力容器的焊接接头,应先进行形状尺寸和外观质量的检查,合格后,才能进行无损检测。有延迟裂纹倾向的材料应在焊接完成 24 小时后进行无损检测;有再热裂纹倾向的材料应在热处理后再增加一次无损检测。

第 83 条　压力容器的无损检测方法包括射线、超声、磁粉、渗透和涡流检测等。压力容器制造单位应根据设计图样和有关标准的规定选择检测方法和检测长度。

第 84 条　压力容器的对接焊接接头的无损检测比例,一般分为全部(100%)和局部(大于等于 20%)两种。对铁素体钢制低温容器,局部无损检测的比例应大于等于 50%。

第 85 条　符合下列情况之一时,压力容器的对接接头,必须进行全部射线或超声检测:

1.GB150 及 GB151 等标准中规定进行全部射线或超声检测的压力容器。

2.第三类压力容器。

3.第二类压力容器中易燃介质的反应压力容器和储存压力容器。

4.设计压力大于 5.0 MPa 的压力容器。

5.设计压力大于等于 0.6 MPa 的管壳式余热锅炉。

6.设计选用焊缝系数为 1.0 的压力容器(无缝管制筒体除外)。

7. 疲劳分析设计的压力容器。

8. 采用电渣焊的压力容器。

9. 使用后无法进行内外部检验或耐压试验的压力容器。

10. 符合下列之一的铝、铜、镍、钛及其合金制压力容器：

(1)介质为易燃或毒性程度为极度、高度、中度危害的；

(2)采用气压试验的；

(3)设计压力大于等于 1.6 MPa 的。

第 86 条　压力容器焊接接头检测方法的选择要求如下：

1. 压力容器壁厚小于等于 38 mm 时，其对接接头应采用射线检测；由于结构等原因，不能采用射线检测时，允许采用可记录的超声检测。

2. 压力容器壁厚大于 38 mm（或小于等于 38 mm，但大于 20 mm 且使用材料抗拉强度规定值下限大于等于 540 MPa）时，其对接接头如采用射线检测，则每条焊缝还应附加局部超声检测；如采用超声检测，则每条焊缝还应附加局部射线检测。无法进行射线检测或超声检测时，应采用其他检测方法进行附加局部无损检测。附加局部检测应包括所有的焊缝交叉部位，附加局部检测的比例为本规程第 84 条规定的原无损检测比例的 20%。

3. 对有无损检测要求的角接接头、T 形接头，不能进行射线或超声检测时，应做 100% 表面检测。

4. 铁磁性材料容器的表面检测应优先选用磁粉检测。

5. 有色金属制压力容器对接接头应尽量采用射线检测。

第 87 条　除本规程第 85 条规定之外的其他压力容器，其对接接头应做局部无损检测，并应满足第 84 条、第 86 条的规定。局部无损检测的部位由制造单位检验部门根据实际情况指定。但对所有的焊缝交叉部位以及开孔区将被其他元件覆盖的焊缝部分必须进行射线检测，拼接封头（不含先成形后组焊的拼接封头）、拼接管板的对接接头必须进行 100% 无损检测（检测方法的选择按第 86 条规定），拼接补强圈的对接接头必须进行 100% 超声或射线检测，其合格级别与压力容器壳体相应的对接接头一致。

拼接封头应在成形后进行无损检测，若成形前进行无损检测，则成形后应在圆弧过渡区再做无损检测。

搪玻璃设备上、下接环与夹套组装焊接接头，公称直径小于 250 mm 的搪玻璃设备接管焊接接头可免做无损检测，但应按 JB4708 做焊接工艺评定，编制切实可行的焊接工艺规程，经制造单位技术负责人或总工程师批准后严格执行。上、下接环与筒体连接的焊接接头，应做渗漏试验。

经过局部射线检测或超声检测的焊接接头，若在检测部位发现超标缺陷时，则应进行不少于该条焊接接头长度 10% 的补充局部检测；如仍不合格，则应对该条焊接接头全部检测。

第 88 条　压力容器的无损检测按 JB4730《压力容器无损检测》执行。

对压力容器对接接头进行全部（100%）或局部（20%）无损检测：当采用射线检测时，其透照质量不应低于 AB 级，其合格级别为 Ⅲ 级，且不允许有未焊透；当采超声检测时，其合格级别为 Ⅱ 级。

对 GB150、GB151 等标准中规定进行全部(100%)无损检测的压力容器、第三类压力容器、焊缝系数取 1.0 的压力容器以及无法进行内外部检验或耐压试验的压力容器,其对接接头进行全部(100%)无损检测:当采用射线检测时,其透照质量不应低于 AB 级,其合格级别为Ⅱ级;当采用超声检测时,其合格级别为Ⅰ级。

公称直径大于等于 250 mm(或公称直径小于 250 mm,其壁厚大于 28 mm)的压力容器接管对接接头的无损检测比例及合格级别应与压力容器壳体主体焊缝要求相同;公称直径小于 250 mm,其壁厚小于等于 28 mm 时仅做表面无损检测,其合格级别为 JB4730 规定的Ⅰ级。

有色金属制压力容器焊接接头的无损检测合格级别、射线透照质量按相应标准或由设计图样规定。

第 89 条 压力容器的对接接头进行全部或局部无损检测,采用射线或超声两种方法进行时,均应合格。其质量要求和合格级别,应按各自合格标准确定。

第 90 条 进行局部无损检测的压力容器,制造单位也应对未检测部分的质量负责。

第 91 条 压力容器表面无损检测要求如下:

1. 钢制压力容器的坡口表面、对接、角接和 T 形接头,符合本规程第 69 条第 2 款条件且使用材料抗拉强度规定值下限大于等于 540 MPa 时,应按 GB150、GB151、GB12337 等标准的有关规定进行磁粉或渗透检测。检查结果不得有任何裂纹、成排气孔、分层,并应符合 JB4730 标准中磁粉或渗透检测的缺陷显示痕迹等级评定的Ⅰ级要求。

2. 有色金属制压力容器应按相应的标准或设计图样规定进行。

第 92 条 现场组装焊接的压力容器,在耐压试验前,应按标准规定对现场焊接的焊接接头进行表面无损检测;在耐压试验后,应按有关标准规定进行局部表面无损检测,若发现裂纹等超标缺陷,则应按标准规定进行补充检测,若仍不合格,则应对该焊接接头做全部表面无损检测。

第 93 条 制造单位必须认真做好无损检测的原始记录,检测部位图应清晰、准确地反映实际检测的方位(如:射线照相位置、编号、方向等),正确填发报告,妥善保管好无损检测档案和底片(包括原缺陷的底片)或超声自动记录资料,保存期限不应少于七年。七年后若用户需要可转交用户保管。

七、耐压试验和气密性试验

第 94 条 压力容器的耐压试验分为液压试验和气压试验两种。压力容器各元件(圆筒、封头、接管、法兰及紧固件等)所用材料不同时,计算耐压试验应取各元件材料$[\sigma]/[\sigma]_t$比值中最小者。

对夹套压力容器的耐压试验要求如下:

1. 内筒设计压力小于夹套设计压力的夹套压力容器;容积小于等于 1 000 L 的夹套搪玻璃设备,经制造单位技术负责人批准并征得用户同意,可免做内筒液压试验,但不能免做夹套液压试验。

2. 容积大于 1 000 L 但小于等于 5 000 L 的夹套搪玻璃设备,连续 30 台同规格设备液压试验合格后,经制造单位技术负责人批准,可以每 15 台为一批,每批抽 1 台做液压试验(用户特殊要求除外),如不合格,必须恢复逐台进行液压试验。

3.容积大于 5 000 L 的夹套搪玻璃设备应每台做液压试验。

耐压试验的压力应符合设计图样要求,且不小于下式计算值:

$$P_\mathrm{T} = \eta P \frac{[\sigma]}{[\sigma]_\mathrm{t}}$$

式中　P——压力容器的设计压力(对在用压力容器一般为最高工作压力,或压力容器铭牌上规定的最大允许工作压力,MPa;

　　　P_T——耐压试验压力,MPa;

　　　η——耐压试验压力系数,按表 4-2 选用;

　　　$[\sigma]$——试验温度下材料的许用应力,MPa;

　　　$[\sigma]_\mathrm{t}$——设计温度下材料的许用应力,MPa。

表 4-2　耐压试验的压力系数 η

压力容器型式	压力容器的材料	压力等级	耐压试验压力系数	
			液(水)压	气　压
固定式	钢和有色金属	低　压	1.25	1.15
		中　压	1.25	1.15
		高　压	1.25	
	铸　铁		2.00	
	搪玻璃		1.25	1.15
移动式		中、低压	1.50	1.15

第 95 条　耐压试验时,压力容器壳体的环向薄膜应力值应符合下列要求:

1.液压试验时,不得超过试验温度下材料屈服点的 90% 与圆筒的焊接接头系数的乘积。

2.气压试验时,不得超过试验温度下材料屈服点的 80% 与圆筒的焊接接头系数的乘积。

校核耐压试验压力时,所取的壁厚应扣除壁厚附加量,对液压试验所取的压力还应计入液柱静压力。对壳程压力低于管程压力的列管式热交换器,可不扣除腐蚀裕量。

第 96 条　耐压试验前,压力容器各连接部位的紧固螺栓,必须装配齐全,紧固妥当。试验用压力表应符合第七章的有关规定,至少采用两个量程相同且经校验的压力表,并应安装在被试验容器顶部便于观察的位置。

第 97 条　耐压试验场地应有可靠的安全防护设施,并应经单位技术负责人和安全部门检查认可。耐压试验过程中,不得进行与试验无关的工作,无关人员不得在试验现场停留。

第 98 条　压力容器液压试验的要求如下:

1.凡在试验时,不会导致发生危险的液体,在低于其沸点的温度下,都可用做液压试验介质。一般应采用水。当采用可燃性液体进行液压试验时,试验温度必须低于可燃性液体的闪点,试验场地附近不得有火源,且应配备适用的消防器材。

2.以水为介质进行液压试验,其所用的水必须是洁净的。奥氏体不锈钢压力容器用水进行液压试验时,应严格控制水中的氯离子含量不超过 25 mg/L。试验合格后,应立即将水渍去除干净。

3.压力容器中应充满液体,滞留在压力容器内的气体必须排净。压力容器外表面应保持干燥,当压力容器壁温与液体温度接近时,才能缓慢升压至设计压力;确认无泄漏后继续升压到规定的试验压力,保压 30 分钟,然后,降至规定试验压力的 80%,保压足够时间进行检查。检查期间压力应保持不变,不得采用连续加压来维持试验压力不变。压力容器液压试验过程中不得带压紧固螺栓或向受压元件施加外力。

4.碳素钢、16MnR 和正火 15MnVR 制压力容器在液压试验时,液体温度不得低于 5 ℃;其他低合金钢制压力容器,液体温度不得低于 15 ℃。如果由于板厚等因素造成材料无延性转变温度升高,则需相应提高液体温度。其他材料制压力容器液压试验温度按设计图样规定。铁素体钢制低温压力容器在液压试验时,液体温度应高于壳体材料和焊接接头两者夏比冲击试验的规定温度的高值再加 20 ℃。

5.换热压力容器液压试验程序按 GB151 规定执行。

6.新制造的压力容器液压试验完毕后,应用压缩空气将其内部吹干。

第 99 条　液压试验后的压力容器,符合下列条件为合格:

1.无渗漏。

2.无可见的变形。

3.试验过程中无异常的响声。

4.对抗拉强度规定值下限大于等于 540 MPa 的材料,表面经无损检测抽查未发现裂纹。

第 100 条　压力容器气压试验的要求如下:

1.由于结构或支承原因,不能向压力容器内充灌液体,以及运行条件不允许残留试验液体的压力容器,可按设计图样规定采用气压试验。

2.试验所用气体应为干燥洁净的空气、氮气或其他惰性气体。

3.碳素钢和低合金钢制压力容器的试验用气体温度不得低于 15 ℃。其他材料制压力容器,其试验用气体温度应符合设计图样规定。

4.气压试验时,试验单位的安全部门应进行现场监督。

5.应先缓慢升压至规定试验压力的 10%,保压 5～10 分钟,并对所有焊缝和连接部位进行初次检查。如无泄漏可继续升压到规定试验压力的 50%。如无异常现象,其后按规定试验压力的 10% 逐级升压,直到试验压力,保压 30 分钟。然后降到规定试验压力的 87%,保压足够时间进行检查,检查期间压力应保持不变。不得采用连续加压来维持试验压力不变。气压试验过程中严禁带压紧固螺栓。

6.气压试验过程中,压力容器无异常响声,经肥皂液或其他检漏液检查无漏气,无可见的变形即为合格。

第 101 条　压力容器气密性试验压力为压力容器的设计压力。

第 102 条　压力容器气密性试验的要求如下:

1.介质毒性程度为极度、高度危害或设计上不允许有微量泄漏的压力容器,必须进行气密性试验。

2.气密性试验应在液压试验合格后进行。对设计图样要求做气压试验的压力容器,是否需再做气密性试验,应在设计图样上规定。

3.碳素钢和低合金钢制压力容器,其试验用气体的温度应不低于 5 ℃,其他材料制压力容器按设计图样规定。

4.气密性试验所用气体,应符合本规程第 100 条第 2 款的规定。

5.压力容器进行气密性试验时,一般应将安全附件装配齐全。如需投用前在现场装配安全附件,应在压力容器质量证明书的气密性试验报告中注明装配安全附件后需再次进行现场气密性试验。

6.经检查无泄漏,保压不少于 30 分钟即为合格。

第 103 条 有色金属制压力容器的耐压试验和气密性试验,应符合相应标准规定或设计图样的要求。

八、胀 接

第 104 条 制造单位应根据图样技术要求和试胀结果,制定胀接工艺规程。胀接操作人员应严格按照胀接工艺规程进行胀接操作。

换热器的换热管与管板的胀接可选用柔性胀接方法,如液压胀、橡胶胀、液袋式液胀。有使用经验时也可选用机械胀接方法,选用机械胀接应控制胀管率以保证胀紧度。胀接管端不应有起皮、皱纹、裂纹、切口和偏斜等缺陷。在胀接过程中,应随时检查胀口的胀接质量,及时发现和消除缺陷。

胀接全部完毕后,必须进行耐压试验,检查胀口的严密性。

第 105 条 胀接的基本要求:

1.柔性胀接的要求:

柔性胀接分为贴胀和强度胀接。

贴胀时管板孔内表面可不开槽。

强度胀接管板孔内应开矩形槽,开槽宽度为$(1.1 \sim 1.3)\sqrt{dt}$(d 为换热管平均直径,t 为换热管壁厚),开槽深度为 0.5 mm。强度胀接应达到全厚度胀接,管板壳程侧允许不胀的最大深度为 5 mm。胀接前,应通过计算胀接压力进行试胀,试胀的试样不少于 5 个,测试胀接接头的拉脱力 q,贴胀应达到 1 MPa,强度胀接应达到 4 MPa。胀接时可通过适当增加胀接压力使其达到规定的拉脱强度。

2.机械胀接的要求:

在进行正式胀接前,应进行试胀。试胀时,应对试样进行比较性检查,检查胀口部分是否有裂纹,胀接过渡部分是否有突变,喇叭口根部与管壁的结合状态是否良好等,然后检查管板孔与管子外壁的接触表面的印痕和啮合状况。根据试胀结果,实际确定合理的胀管率。

九、锻钢、铸铁、不锈钢以及有色金属制压力容器的要求

第 106 条 无纵向焊缝锻钢制压力容器的要求如下:

1.设计单位应制定专门技术条件,明确对选材、设计、制造(机加工、焊接、热处理等)、检验、返修等的具体规定。

2.锻件用材料的伸长率 δ_5 不得小于 12%，且不低于锻件材料标准规定值。

3.筒体内表面必须进行精细加工。同一横截面上的最大和最小内直径差，不得超过该截面平均内直径的 1.0%。内表面粗糙度不应低于 12.5 μm。

4.质量检验的要求，应参照 JB4726～4728《压力容器用钢锻件》执行。

5.锻件焊接前，应评价可焊性。

第107条 铸铁制压力容器的要求如下：

1.制造铸铁压力容器的单位，应按本规程第 7 条规定的程序，事先获得国家安全检查机构的批准。并应具有相应的生产水平和生产经验，其装备条件应能满足铸铁压力容器的加工要求。

2.铸铁受压元件加工后的表面不得有裂纹；如有缩孔、砂眼、气孔、缩松等铸造缺陷，不应超过有关标准或技术条件的规定。在突出的边缘和凹角部位，应具有足够的圆角半径，避免表面形状和交接处壁厚的突变。

3.铸铁压力容器的抗拉强度和硬度要求，必须满足设计图样的规定。

4.表面缺陷可以用加装螺塞的方法进行修补，但塞头深度不得大于截面厚度的40%，塞头直径(螺纹外径)不得大于塞头深度，且不大于 8 mm。

5.首次试制的产品，应进行液压破坏试验，以验证设计的合理性，若试验不合格，则不得转入批量生产。试验应有完整的方案和可靠的安全措施，试验结果应报省级安全监察机构备案。

第108条 不锈钢和有色金属制压力容器及其受压元件的制造，必须有专用的制造车间或专用的工装和场地，不得与黑色金属制品或其他产品混杂生产。工作场所要保持清洁、干燥，严格控制灰尘。加工成形设备和焊接设备，应能满足不锈钢、有色金属的需要。必须严格控制表面机械损伤和飞溅物。

有抗腐蚀要求的奥氏体不锈钢及其复合钢板制造的压力容器表面应进行表面酸洗、钝化处理。有防腐要求的奥氏体不锈钢零部件按图样要求进行热处理后，做酸洗、钝化处理。

第109条 铝及铝合金制压力容器的其他要求如下：

1.母材和焊接接头的腐蚀试验，应符合专门的技术条件和设计要求。

2.接触腐蚀介质的表面，不应有机构损伤和飞溅物。

3.卧式压力容器的各支座与压力容器应保持充分接触。

4.焊接接头的坡口面应采用机械方法加工，表面应光洁平整，在焊接前应做专门清洗。

第110条 钛及钛合金制压力容器的其他要求如下：

1.焊接接头的坡口面必须采用机械方法加工。

2.焊接材料必须进行除氢和严格的清洁处理。

3.承担焊接接头组对的操作人员，必须戴洁净的手套，不得触摸坡口及其两侧附近区域。严禁用铁器敲打钛板表面及坡口。

4.焊件组对清洗完成后，应立即进行焊接。

5.焊接用氩气和氦气的纯度不应低于 99.99%，露点不应高于 − 50 ℃。

6.钛材焊接前，应对坡口及两侧 25 mm 范围区域内进行严格的机械清理和脱脂处理。在焊接过程中应采取措施防止坡口污染。

7. 应采取有效措施避免在焊接时造成钢与钛互熔。当图样有要求时,应做铁污染试验。

8. 在焊接过程中,每焊完一道,都必须进行焊层表面颜色检查,焊缝及热影响区的表面颜色应呈银白色或金黄色。对表面颜色不合格的,应全部除去,然后重焊。表面颜色检查应参照有关标准的规定。

9. 必须采用惰性气体双面保护电弧焊接或等离子焊接。钛材管子与管板的连接宜采用强度焊或胀后焊接。

10. 焊后的焊缝表面不准有咬边、气孔、弧坑和裂纹等缺陷。

第 111 条 铜及铜合金制压力容器的其他要求如下:

1. 焊接接头的坡口面及其两侧附近区域,应进行认真清理,露出金属光泽,并应及时施焊。

2. 若采用氢—氧焰或氧—乙炔焰焊接,应满足以下要求:

(1)采用退火状态铜材;

(2)采用瓶装乙炔气,并应控制乙炔气的纯度;

(3)根据材料和焊接工艺,焊前应预热到规定的温度范围;

(4)多层焊接时,在焊接过程中,应连续完成,不宜中断;

(5)在焊条或被焊接头上,应涂有适当的焊剂;

(6)铜基材料应采用中性到微氧化性火焰,铜镍合金应采用中性到微还原性火焰;

(7)焊接环境温度一般不应低于 0 ℃,否则应进行预热;

(8)纯铜不应采用氢—氧焰焊接,可采用气体保护焊或等离子焊接。

第 112 条 镍及镍合金制压力容器的要求如下:

1. 材料的切割应采用剪切、机械加工或合适的热切割方法(如等离子切割)。热切割之后,在使用或焊接前应用打磨、切削或其他机械方法将切割边缘的污染区去除。

2. 镍材焊接时,应对坡口及两侧 25 mm 范围内区域进行严格的机械清理,彻底清除油污和一切含硫杂质,用清洗剂进行清洗后及时施焊。中间焊道表面的氧化物应用砂轮打磨清除,直至露出金属光泽。

3. 焊接过程中,应严格控制焊接线能量和层间温度。层间温度一般不应高于 150 ℃。

4. 焊后的焊缝表面不准有咬边、气孔、弧坑和裂纹等缺陷。焊缝及热影响区的表面颜色应呈银白色或浅黄色。

5. 热成形或热处理前,应彻底清除工件上的油污、油漆及润滑剂等一切含硫或含铅的污染物。加热炉的气氛中应严格控制含硫量。加热用煤气或天然气的含硫量应小于 0.57 g/m³,燃料油的含硫量应小于 0.5%,不得用焦炭或煤加热。

第五章 安装、使用管理与修理改造

第 113 条 从事压力容器安装的单位必须是已取得相应的制造资格的单位或者是经安装单位所在地的省级安全监察机构批准的安装单位。从事压力容器安装监理的监理工程师应具备压力容器专业知识,并通过国家安全监察机构认可的培训和考核,持证上岗。

第 114 条 下列压力容器在安装前,安装单位或使用单位应向压力容器使用登记所在地的安全监察机构申报压力容器名称、数量、制造单位、使用单位、安装单位及安装地

点,办理报装手续:

1.第三类压力容器。

2.容积大于等于 10 m³ 的压力容器。

3.蒸球。

4.成套生产装置中同时安装的各类压力容器。

5.液化石油气储存容器。

6.医用氧舱。

第115条　压力容器使用单位购买压力容器或进行压力容器工程招标时,应选择具有相应制造资格的压力容器设计、制造(或组焊)单位。使用单位技术负责人(主管厂长、经理或总工程师),应对压力容器的安全管理负责,并指定具有压力容器专业知识,熟悉国家相关法规标准的工程技术人员负责压力容器的安全管理工作。

第116条　使用压力容器单位的安全管理工作主要包括:

1.贯彻执行本规程和有关的压力容器安全技术规范、规章。

2.制定压力容器的安全管理规章制度。

3.参加压力容器订购、设备进厂、安装验收及试车。

4.检查压力容器的运行、维修和安全附件校验情况。

5.压力容器的检验、修理、改造和报废等技术审查。

6.编制压力容器的年度定期检验计划,并负责组织实施。

7.向主管部门和当地安全监察机构报送当年压力容器数量和变动情况的统计报表,压力容器定期检验计划的实施情况,存在的主要问题及处理情况等。

8.压力容器事故的抢救、报告、协助调查和善后处理。

9.检验、焊接和操作人员的安全技术培训管理。

10.压力容器使用登记及技术资料的管理。

第117条　压力容器的使用单位,必须建立压力容器技术档案并由管理部门统一保管。技术档案的内容应包括:

1.压力容器档案卡(见附件四)。

2.第33条规定的压力容器设计文件。

3.第63条规定的压力容器制造、安装技术文件和资料。

4.检验、检测记录,以及有关检验的技术文件和资料。

5.修理方案,实际修理情况记录,以及有关技术文件和资料。

6.压力容器技术改造的方案、图样、材料质量证明书、施工质量检验技术文件和资料。

7.安全附件校验、修理和更换记录。

8.有关事故的记录资料和处理报告。

第118条　压力容器的使用单位,在压力容器投入使用前,应按《压力容器使用登记管理规则》的要求,到安全监察机构或授权的部门逐台办理使用登记手续。

第119条　压力容器的使用单位,应在工艺操作规程和岗位操作规程中,明确提出压力容器安全操作要求,其内容至少应包括:

1.压力容器的操作工艺指标(含最高工作压力、最高或最低工作温度)。

2.压力容器的岗位操作法(含开、停车的操作程序和注意事项)。

3.压力容器运行中应重点检查的项目和部位,运行中可能出现的异常现象和防止措施,以及紧急情况的处置和报告程序。

第120条 压力容器操作人员应持证上岗。压力容器使用单位应对压力容器操作人员定期进行专业培训与安全教育,培训考核工作由地、市级安全监察机构或授权的使用单位负责。

第121条 压力容器发生下列异常现象之一时,操作人员应立即采取紧急措施,并按规定的报告程序,及时向有关部门报告。

1.压力容器工作压力、介质温度或壁温超过规定值,采取措施工仍不能得到有效控制。

2.压力容器的主要受压元件发生裂缝、鼓包、变形、泄漏等危及安全的现象。

3.安全附件失效。

4.接管、紧固件损坏,难以保证安全运行。

5.发生火灾等直接威胁到压力容器安全运行。

6.过量充装。

7.压力容器液位超过规定,采取措施仍不能得到有效控制。

8.压力容器与管道发生严重振动,危及安全运行。

9.其他异常情况。

第122条 压力容器内部有压力时,不得进行任何修理。对于特殊的生产工艺过程,需要带温带压紧固螺栓时;或出现紧急泄漏需进行带压堵漏时,使用单位必须按设计规定制定有效的操作要求和防护措施,作业人员应经专业培训并持证操作,并经使用单位技术负责人批准。在实际操作时,使用单位安全部门应派人进行现场监督。

第123条 以水为介质产生蒸汽的压力容器,必须做好水质管理和监测,没有可靠的水处理措施,不应投入运行。

第124条 从事压力容器修理和技术改造的单位必须是已取得相应的制造资格的单位或者是经省级安全监察机构审查批准的单位。压力容器的重大的修理或改造方案应经原设计单位或具备相应资格的设计单位同意并报施工所在地的地、市级安全监察机构审查备案。修理或改造单位应向使用单位提供修理或改造后的图样、施工质量证明文件等技术资料。

压力容器的重大修理是指主要受压元件的更换、矫形、挖补,和符合本规程第51条规定的对接接头焊缝的焊补。压力容器的重大改造是指改变主要受压元件的结构或改变压力容器运行参数、盛装介质或用途等。

压力容器经修理或改造后,必须保证其结构和强度满足安全使用要求。

第125条 压力容器检验、修理人员在进入压力容器内部进行工作前,使用单位必须按《在用压力容器检验规程》的要求,做好准备和清理工作。达不到要求时,严禁人员进入。

第126条 采用焊接方法对压力容器进行修理或改造时,一般应采用挖补或更换,不应采用贴补或补焊方法,且应符合以下要求:

1.压力容器的挖补、更换筒节及焊后热处理等技术要求,应参照相应制造技术规范,制订施工方案及适合于使用的技术要求。焊接工艺应经焊接技术负责人批准。

2.缺陷清除后,一般均应进行表面无损检测,确认缺陷已完全消除。完成焊接工作后,应再做无损检测,确认修补部位符合质量要求。

3.母材焊补的修补部位,必须磨平。焊接缺陷清除后的修补长度应满足要求。

4.有热处理要求的,应在焊补后重新进行热处理。

5.主要受压元件焊补深度大于1/2壁厚的压力容器,还应进行耐压试验。

第127条 改变移动式压力容器的使用条件(介质、温度、压力、用途等)时,由使用单位提出申请,经省级或国家安全监察机构同意后,由具有资格的制造单位更换安全附件,重新涂漆和标志;经具有资格的检验单位进行内、外部检验并出具检验报告后,由使用单位重新办理使用证。

第128条 移动式压力容器的装卸单位应向省级安全监察机构办理充装安全注册,经批准后,方可从事充装作业。

第六章　定期检验

第129条 压力容器定期检验单位及检验人员应取得省级或国家监察机构的资格认可和经资格鉴定考核合格并接受当地安全监察机构监督,严格按照批准与授权的检验范围从事检验工作。检验单位及检验人员应对压力容器定期检验的结果负责。

第130条 压力容器的使用单位及其主管部门,必须及时安排压力容器的定期检验工作,并将压力容器年度检验计划报当地安全监察机构及检验单位。安全监察机构负责监督检查,检验单位应负责完成检验任务。

第131条 在用压力容器,按照《在用压力容器检验规程》、《压力容器使用登记管理规则》的规定,进行定期检验、评定安全状况和办理注册登记。

第132条 压力容器的定期检验分为:

1.外部检查:是指在用压力容器运行中的定期在线检查,每年至少一次。外部检查可由检验单位有资格的压力容器检验员进行,也可由经安全监察机构认可的使用单位压力容器专业人员进行。

2.内外部检验:是指在用压力容器停机时的检验。内外部检验应由检验单位有资格的压力容器检验员进行。其检验周期分为:

(1) 安全状况等级为1、2级的,每6年至少一次;

(2) 安全状况等级为3级的,每3年至少一次。

3.耐压试验:是指压力容器停机检验时,所进行的超过最高工作压力的液压试验或气压试验。以固定式压力容器,每两次内外部检验期间内,至少进行一次耐压试验,对移动式压力容器,每6年至少进行一次耐压试验。

外部检查和内外部检验内容及安全状况等级的规定,按《在用压力容器检验规程》执行。

第133条 投用后首次内外部检验周期一般为3年。以后的内外部检验周期,由检验单位根据前次内外部检验情况与使用单位协商确定后报当地安全监察机构备案。有下列情况之一的压力容器,内外部检验周期应适当缩短:

1.介质对压力容器材料的腐蚀情况不明或介质对材料的腐蚀速率大于 0.25 mm/a,

以及设计者所确定的腐蚀数据与实际不符的。

2. 材料表面质量差或内部有缺陷、材料焊接性能不好、制造时曾多次返修的。

3. 使用条件恶劣或介质中硫化氢及硫元素含量较高的(一般指大于 100 mg／L 时)。

4. 使用已超过 20 年,经技术鉴定后或由检验员确认按正常检验周期不能保证安全使用的。

5. 停止使用时间超过两年的。

6. 经缺陷安全评定合格后继续使用的。

7. 经常改变使用介质的(如印染机)。

8. 搪玻璃设备。

9. 球形储罐(使用 $\sigma_b \geqslant 540$ MPa 材料制造的,投用一年后应开罐检验)。

10. 介质为液化石油气且有氢鼓包等应力腐蚀倾向的,每年或根据需要进行内外部检验。

11. 采用"亚铵法"造纸工艺,且无防腐措施的蒸球每年至少一次或根据实际情况需要缩短内外部检验周期。

第 134 条　安全状况等级为 1、2 级的压力容器有下列情况之一时,内外部检验周期可以适当延长:

1. 非金属衬里层完好的,其检验周期可延长,但不超过 9 年。

2. 介质对材料腐蚀速率低于 0.1 mm/a(实测数据)、有可靠的耐腐蚀金属衬里(复合钢板)或热喷涂金属(铝粉或不锈钢粉)涂层的压力容器,通过一至二次内外部检验确认腐蚀轻微或衬里完好的,检验周期可延长,但不超过 12 年。

3. 装有触媒的反应容器以及装有充填物的大型压力容器,其检验周期根据设计图样和实际使用情况由使用单位、设计单位和检验单位协商确定,报当地安全监察机构备案。

第 135 条　有下列情况之一的压力容器,内外部检验合格后应进行耐压试验:

1. 用焊接方法修理改造,更换主要受压元件的。

2. 改变使用条件,且超过原设计参数并经强度校核合格的。

3. 需要更换衬里的(重新更换衬里前)。

4. 停止使用两年后重新复用的。

5. 使用单位从外单位拆来新安装的或本单位内部移装的。

6. 使用单位对压力容器的安全性能有怀疑的。

第 136 条　在用压力容器的耐压(气密性)试验除应符合本规程第四章中耐压试验的有关规定外,还应满足下列要求:

1. 在液压试验完毕后,其试验用液体的处置,以及对内表面的专门技术处理,应在使用单位的管理制度中予以规定。

2. 盛装易燃介质的在用压力容器,在气压或气密性试验前,必须进行彻底的蒸汽清洗和置换并取样分析合格,否则严禁用空气作为试验介质。

第 137 条　低温液体(绝热)压力容器定期检验项目至少应包括:

1. 用户使用情况调查:

(1)运行记录(包括使用频率和工况、有无异常情况发生等);

(2)日蒸发率变化情况,外壳体有无结霜、冒汗等情况发生。

2.外部检验及外壳体结构检查和腐蚀情况检验。

3.压力表、安全阀、液面计、内胆爆破片装置的检验与校验。

4.管路系统和阀门的检验。

5.必要时,利用合适的介质进行内胆气压试验。

第138条 设计图样注明无法进行内外部检验或耐压试验的压力容器,由使用单位提出申请,地、市级安全监察机构审查同意后报省级安全监察机构备案。因情况特殊不能按期进行内外部检验或耐压试验的压力容器,由使用单位提出申请并经使用单位技术负责人批准,征得原设计单位和检验单位同意,报使用单位上级主管部门审批,向发放《压力容器使用证》的安全监察机构备案后,方可推迟或免除。对无法进行内外部检验和耐压试验或不能按期进行内外部检验和耐压试验的压力容器,均应制定可靠的监护和抢险措施,如因监护措施不落实出现问题,应由使用单位负责。

第139条 大型关键性在用压力容器,经定期检验,发现大量难以修复的超标缺陷。使用单位因生产急需,确需通过缺陷安全评定来判定能否监控使用到下一检验周期或设备更新时,应按如下程序和要求办理:

1.压力容器使用单位向国家安全监察机构提出书面申请,事先应经使用单位主管部门和所在地的省级安全监察机构同意。申请时应说明原因,同时应递交该设备的检验报告。

2.在用压力容器缺陷安全评定采用国家安全监察机构逐项批准的方式。压力容器使用单位应与经国家安全监察机构批准的具有相应检验资格的评定单位签订在用压力容器缺陷安全评定合同。

3.承担在用压力容器缺陷安全评定的单位,必须根据缺陷的性质、缺陷产生的原因,以及缺陷的发展预测给出明确的评定结论,说明对安全使用的影响。包括:使用条件、监控使用措施和使用期限,使用期限不应超过一个检验周期。

4.承担在用压力容器缺陷安全评定的单位必须对缺陷的检验结果、缺陷评定结论和压力容器继续使用的安全性能负责并承担相应的责任。评定的报告和结论,须经评定单位技术负责人审查和法人代表批准,主送在用压力容器的使用单位,同时报送使用单位的主管部门和国家及省、市安全监察机构。

5.使用单位持评定报告和结论,提出监控使用措施和限定使用条件,按规定到所在地安全监察机构办理监控使用手续。

第七章 安全附件

第140条 压力容器用的安全阀、爆破片装置、紧急切断装置、压力表、液面计、测温仪表、快开门式压力容器的安全连锁装置应符合本规程的规定。制造爆破片装置的单位必须持有国家质量技术监督局颁发的制造许可证。制造安全阀、紧急切断装置、液面计、快开门式压力容器的安全连锁装置的单位应经省级以上(含省级)安全监察机构批准。

第141条 本规程适用范围内的在用压力容器,应根据设计要求装设安全泄放装置(安全阀或爆破片装置)。压力源来自压力容器外部,且得到可靠控制时,安全泄放装置可以不直接安装在压力容器上。

第142条 安全阀不能可靠工作时,应装设爆破片装置,或采用爆破片装置与安全阀装置组合的结构。采用组合结构时,应符合 GB150 附录 B 的有关规定。凡串联在组合结构中的爆破片在动作时不允许产生碎片。

第 143 条 安全附件的设计、制造,应符合相应国家标准、行业标准的规定。

第 144 条 对易燃介质或毒性程度为极度、高度或中度危害介质的压力容器,应在安全阀或爆破片的排出口装设导管,将排放介质引至安全地点,并进行妥善处理,不得直接排入大气。

第 145 条 安全阀、爆破片的排放能力,必须大于或等于压力容器的安全泄放量。排放能力和安全泄放量的计算,见附件五。对于充装处于饱和状态或过热状态的气液混合介质的压力容器,设计爆破片装置应计算泄放口径,确保不产生空间爆炸。

第 146 条 固定式压力容器上只安装一个安全阀时,安全阀的开启压力 P_z 不应大于压力容器的设计压力 P,且安全阀的密封试验压力 P_t 应大于压力容器的最高工作压力 P_w,即:

$$P_z \leqslant P \qquad P_t > P_w$$

固定式压力容器上安装多个安全阀时,其中一个安全阀的开启压力不应大于压力容器的设计压力,其余安全阀的开启压力可适当提高,但不得超过设计压力的 1.05 倍。

第 147 条 移动式压力容器安全阀的开启压力应为罐体设计压力的 1.05~1.10 倍,安全阀的额定排放压力不得高于罐体设计压力的 1.2 倍,回座压力不应低于开启压力的 0.8 倍。

第 148 条 固定式压力容器上装有爆破片装置时,爆破片的设计爆破压力 P_B 不得大于压力容器的设计压力,且爆破片的最小设计爆破压力不应小于压力容器最高工作压力 P_w 的 1.05 倍,即:

$$P_B \leqslant P$$
$$P_{Bmin} \geqslant 1.05 P_w$$

第 149 条 设计压力容器时,如采用最大允许工作压力作为选用安全阀、爆破片的依据,应在设计图样上和压力容器铭牌上注明。

第 150 条 安全阀出厂必须随带产品质量证明书,并在产品上装设牢固的金属铭牌。

1. 安全阀的质量证明书应包括下列内容:

(1)铭牌上的内容;

(2)制造依据的标准;

(3)检验报告;

(4)其他的特殊要求。

2. 安全阀的金属铭牌上应标明下列内容:

(1)制造单位名称、制造批准书编号;

(2)型号、型式、规格;

(3)产品编号;

(4)公称压力,MPa;

(5)阀门流道直径(阀座喉径),mm;

(6)排量系数;

(7)适用介质、温度;

(8)检验合格标志、监检标志;

(9)出厂年月。

第151条 杠杆式安全阀应有防止重锤自由移动的装置和限制杠杆越出的导架;弹簧式安全阀应有防止随便拧动调整螺钉的铅封装置;静重式安全阀应有防止重片飞脱的装置。

第152条 安全阀安装的要求如下:

1.安全阀应垂直安装,并应装设在压力容器液面以上气相空间部分,或装设在与压力容器气相空间相连的管道上。

2.压力容器与安全阀之间的连接管和管件的通孔,其截面面积不得小于安全阀的进口截面面积,其接管应尽量短而直。

3.压力容器一个连接口上装设两个或两个以上的安全阀时,则该连接口入口的截面面积,应至少等于这些安全阀的进口截面面积总和。

4.安全阀与压力容器之间一般不宜装设截止阀门。为实现安全阀的在线校验,可在安全阀与压力容器之间装设爆破片装置。对于盛装毒性程度为极度、高度、中度危害介质,易燃介质,腐蚀、黏性介质或贵重介质的压力容器,为便于安全阀的清洗与更换,经合用单位主管压力容器安全的技术负责人批准,并制定可靠的防范措施,方可在安全阀(爆破片装置)与压力容器之间装设截止阀门。压力容器正常运行期间截止阀必须保证全开(加铅封或锁定),截止阀的结构和通径应不妨碍安全阀的安全泄放。

5.安全阀装设位置,应便于检查和维修。

第153条 新安全阀在安装之前,应根据使用情况进行调试后,才准安装使用。

第154条 安全附件应实行定期检验制度。安全附件的定期检验按照《在用压力容器检验规程》的规定进行。《在用压力容器检验规程》未作规定的,由检验单位提出检验方案,报省级安全监察机构批准。

安全阀一般每年至少应校验一次,拆卸进行校验有困难时应采用现场校验(在线校验)。

爆破片装置应进行定期更换,对超过最大设计爆破压力而未爆破的爆破片应立即更换;在苛刻条件下使用的爆破片装置应每年更换;一般爆破片装置应在2~3年内更换(制造单位明确可延长使用寿命的除外)。

压力表和测温仪表应按使用单位规定的期限进行校验。

第155条 安全阀的校验单位应具有与校验工作相适应的校验技术人员、校验装置、仪器和场地,并建立必要的规章制度。校验人员应具有安全阀的基本知识,熟悉并能执行安全阀校验方面的有关规程、标准并持证上岗,校验工作应有详细记录。校验合格后,校验单位应出具校验报告书并对校验合格的安全阀加装铅封。

第156条 在用压力容器安全阀现场校验(在线校验)和压力调整时,使用单位主管压力容器安全的技术人员和具有相应资格的检验人员应到场确认。调校合格的安全阀应加铅封。调整及校验装置用压力表的精度应不低于1级。在校验和调整时,应有可靠的安全防护措施。

第157条 安全阀有下列情况之一时,应停止使用并更换:

1.安全阀的阀芯和阀座密封不严且无法修复。

2.安全阀的阀芯与阀座粘死或弹簧严重腐蚀、生锈。

3.安全阀选型错误。

第158条 压力容器最高工作压力低于压力源压力时,在通向压力容器进口的管道上必须装设减压阀。如因介质条件减压阀无法保证可靠工作时,可用调节阀代替减压阀。在减压阀或调节阀的低压侧,必须装设安全阀和压力表。

第159条 爆破片装置应符合 GB567《爆破片与爆破片装置》的要求。

第160条 压力表选用的要求如下:

1.选用的压力表,必须与压力容器内的介质相适应。

2.低压容器使用的压力表精度不应低于 2.5 级;中压及高压容器使用的压力表精度不应低于 1.5 级。

3.压力表盘刻度极限值应为最高工作压力的 1.5~3.0 倍,表盘直径不应小于 100 mm。

第161条 压力表的校验和维护应符合国家计量部门的有关规定。压力表安装前应进行校验,在刻度盘上应划出指示最高工作压力的红线,注明下次校验日期。压力表校验后应加铅封。

第162条 压力表的安装要求如下:

1.装设位置应便于操作人员观察和清洗,且应避免受到辐射热、冻结或震动的不利影响。

2.压力表与压力容器之间,应装设三通旋塞或针形阀;三通旋塞或针形阀上应有开启标记和锁紧装置;压力表与压力容器之间,不得连接其他用途的任何配件或接管。

3.用于水蒸气介质的压力表,在压力表与压力容器之间应装有存水弯管。

4.用于具有腐蚀性或高黏度介质的压力表,在压力表与压力容器之间应装设能隔离介质的缓冲装置。

第163条 压力表有下列情况之一时,应停止使用并更换:

1.有限止钉的压力表,在无压力时,指针不能回到限止钉处;无限止钉的压力表,在无压力时,指针距零位的数值超过压力表的允许误差。

2.表盘封面玻璃破裂或表盘刻度模糊不清。

3.封印损坏或超过校验有效期限。

4.表内弹簧管泄漏或压力表指针松动。

5.指针断裂或外壳腐蚀严重。

6.其他影响压力表准确指示的缺陷。

第164条 压力容器用液面计应符合有关标准的规定,并应符合下列要求:

1.应根据压力容器的介质、最高工作压力和温度正确选用。

2.在安装使用前,低、中压容器用液面计,应进行 1.5 倍液面计公称压力的液压试验;高压容器的液面计,应进行 1.25 倍液面计公称压力的液压试验。

3.盛装 0 ℃ 以下介质的压力容器,应选用防霜液面计。

4.寒冷地区室外使用的液面计,应选用夹套型或保温型结构的液面计。

5.用于易燃、毒性程度为极度、高度危害介质的液化气体压力容器上,应有防止泄漏的保护装置。

6.要求液面指示平稳的,不应采用浮子(标)式液面计。

7.移动式压力容器不得使用玻璃板式液面计。

第165条 液面计应安装在便于观察的位置,如液面计的安装位置不便于观察,则应增加其他辅助设施。大型压力容器还应有集中控制的设施和警报装置。液面计上最高和最低安全液位,应作出明显的标志。

第166条 压力容器运行操作人员,应加强对液面计的维护管理,保持完好和清晰。使用单位应对液面计实行定期检修制度,可根据运行实际情况,规定检修周期,但不应超过压力容器内外部检验周期。

第167条 液面计有下列情况之一的,应停止使用并更换:

1.超过检修周期。

2.玻璃板(管)有裂纹、破碎。

3.阀件固死。

4.出现假液位。

5.液面计指示模糊不清。

第168条 需要控制壁温的压力容器上,必须装设测试壁温的测温仪表(或温度计),严防超温。测温仪表应定期校验。

第169条 快开门式压力容器安全连锁装置,必须满足第49条的功能要求,应经试用和技术鉴定,方可推广使用。

第八章 附 则

第170条 压力容器发生事故时,发生事故的单位必须按《锅炉压力容器压力管道事故处理规定》报告和处理。

第171条 本规程由国家质量技术监督局锅炉压力容器安全监察局负责解释。

第172条 本规程自2000年1月1日起执行。

附件一

压力容器的压力等级、品种、介质毒性程度和易燃介质的划分

一、按压力容器的设计压力(P)分为低压、中压、高压、超高压四个压力等级,具体划分如下:

(一)低压(代号 L)0.1 MPa≤P<1.6 MPa;

(二)中压(代号 M)1.6 MPa≤P<10 MPa;

(三)高压(代号 H)10 MPa≤P<100 MPa;

(四)超高压(代号 U)P≥100 MPa。

二、按压力容器在生产工艺过程中的作用原理,分为反应压力容器、换热压力容器、分

离压力容器、储存压力容器。具体划分如下：

（一）反应压力容器(代号 R)：主要是用于完成介质的物理、化学反应的压力容器，如反应器、反应釜、分解锅、硫化罐、分解塔、聚合釜、高压釜、超高压釜、合成塔、变换炉、蒸煮锅、蒸球、蒸压釜、煤气发生炉等；

（二）换热压力容器(代号 E)：主要是用于完成介质的热量交换的压力容器，如管壳式余热锅炉、热交换器、冷却器、冷凝器、蒸发器、加热器、消毒锅、染色器、烘缸、蒸炒锅、预热锅、溶剂预热器、蒸锅、蒸脱机、电热蒸汽发生器、煤气发生炉水夹套等；

（三）分离压力容器(代号 S)：主要是用于完成介质的流体压力平衡缓冲和气体净化分离的压力容器，如分离器、过滤器、集油器、缓冲器、洗涤器、吸收塔、铜洗塔、干燥塔、汽提塔、分汽缸、除氧器等；

（四）储存压力容器(代号 C,其中球罐代号 B)：主要是用于储存、盛装气体、液体、液化气体等介质的压力容器,如各种型式的储罐。

在一种压力容器中，如同时具备两个以上的工艺作用原理时，应按工艺过程中的主要作用来划分品种。

三、介质毒性程度的分级和易燃介质的划分如下：

（一）压力容器中化学介质毒性程度和易燃介质的划分参照 HG 20660《压力容器中化学介质毒性危害和爆炸危险程度分类》的规定。无规定时,按下述原则确定毒性程度：

1.极度危害（Ⅰ级）最高容许浓度＜0.1 mg/m^3；

2.高度危害（Ⅱ级）最高容许浓度 0.1～1.0 mg/m^3；

3.中度危害（Ⅲ级）最高容许浓度 1.0～10 mg/m^3；

4.轻度危害（Ⅳ级）最高容许浓度≥10 mg/m^3。

（二）压力容器中的介质为混合物质时，应以介质的组分并按上述毒性程度或易燃介质的划分原则，由设计单位的工艺设计或使用单位的生产技术部门提供介质毒性程度或是否属于易燃介质的依据，无法提供依据时，按毒性危害程度或爆炸危险程度最高的介质确定。

附件二至附件七略。

附录3 压力容器定期检验规则

(TSG R7001—2004 2004年9月23日起实施)

第一章 总 则

第一条 为了保证在用压力容器定期检验工作的质量,确保压力容器安全运行,防止事故发生,根据《特种设备安全监察条例》、《压力容器安全技术监察规程》(以下简称《容规》)的有关规定,制定本规则。

第二条 本规则适用于属于《容规》适用范围的压力容器的年度检查和定期检验。其中,在用罐车(以下简称罐车)、在用罐式集装箱(以下简称罐式集装箱)的年度检查和定期检验,除符合本规则正文的有关要求外,还应当遵照本规则附件一《移动式压力容器定期检验附加要求》的规定。

在用医用氧舱(以下简称医用氧舱)的年度检查和定期检验应当按本规则附件二《医用氧舱定期检验要求》进行。

第三条 年度检查,是指为了确保压力容器在检验周期内的安全而实施的运行过程中的在线检查,每年至少一次。固定式压力容器的年度检查可以由使用单位的压力容器专业人员进行,也可以由国家质量监督检验检疫总局(以下简称国家质检总局)核准的检验检测机构(以下简称检验机构)持证的压力容器检验人员进行。

第四条 压力容器定期检验工作包括全面检验和耐压试验。

(一)全面检验是指压力容器停机时的检验。全面检验应当由检验机构进行。其检验周期为:

1.安全状况等级为1、2级的,一般每6年一次;

2.安全状况等级为3级的,一般3~6年一次;

3.安全状况等级为4级的,其检验周期由检验机构确定。

压力容器安全状况等级的评定按本规则第五章进行。

(二)耐压试验是指压力容器全面检验合格后,所进行的超过最高工作压力的液压试验或者气压试验。每两次全面检验期间内,原则上应当进行一次耐压试验。

当全面检验、耐压试验和年度检查在同一年度进行时,应当依次进行全面检验、耐压试验和年度检查,其中全面检验已经进行的项目,年度检查时不再重复进行。

对无法进行或者无法按期进行全面检验、耐压试验的压力容器,按照《容规》第138条规定执行。

第五条 压力容器一般应当于投用满3年时进行首次全面检验。下次的全面检验周期,由检验机构根据本次全面检验结果按照本规则第四条的有关规定确定。

(一)有以下情况之一的压力容器,全面检验周期应当适当缩短:

1.介质对压力容器材料的腐蚀情况不明或者介质对材料的腐蚀速率每年大于0.25 mm,以及设计者所确定的腐蚀数据与实际不符的;

2.材料表面质量差或者内部有缺陷的;

3.使用条件恶劣或者使用中发现应力腐蚀现象的;

4.使用超过20年,经过技术鉴定或者由检验人员确认按正常检验周期不能保证安全使用的;

5.停止使用时间超过2年的;

6.改变使用介质并且可能造成腐蚀现象恶化的;

7.设计图样注明无法进行耐压试验的;

8.检验中对其他影响安全的因素有怀疑的;

9.介质为液化石油气且有应力腐蚀现象的,每年应根据需要进行全面检验;

10.采用"亚铵法"造纸工艺,且无防腐措施的蒸球根据需要每年至少进行一次全面检验;

11.球形储罐(使用标准抗拉强度下限 $\sigma_b \geqslant 540$ MPa 材料制造的,投用一年后应当开罐检验);

12.搪玻璃设备。

(二)安全状况等级为1、2级的压力容器符合以下条件之一时,全面检验周期可以适当延长:

1.非金属衬里层完好,其检验周期最长可以延长至9年;

2.介质对材料腐蚀速率每年低于 0.1 mm(实测数据)、有可靠的耐腐蚀金属衬里(复合钢板)或者热喷涂金属(铝粉或者不锈钢粉)涂层,通过 1~2 次全面检验确认腐蚀轻微或者衬里完好的,其检验周期最长可以延长至12年;

3.装有触媒的反应容器以及装有充填物的大型压力容器,其检验周期根据设计图样和实际使用情况由使用单位、设计单位和检验机构协商确定,报办理《使用登记证》的质量技术监督部门(以下简称发证机构)备案。

第六条 安全状况等级为4级的压力容器,其累积监控使用的时间不得超过3年。在监控使用期间,应当对缺陷进行处理提高其安全状况等级,否则不得继续使用。

第七条 有以下情况之一的压力容器,全面检验合格后必须进行耐压试验:

(一)用焊接方法更换受压元件的;

(二)受压元件焊补深度大于 1/2 壁厚的;

(三)改变使用条件,超过原设计参数并且经过强度校核合格的;

(四)需要更换衬里的(耐压试验应当于更换衬里前进行);

(五)停止使用2年后重新复用的;

(六)从外单位移装或者本单位移装的;

(七)使用单位或者检验机构对压力容器的安全状况有怀疑的。

第八条 从事压力容器定期检验工作的检验机构和检验人员,必须严格按照核准的检验范围从事检验工作。检验机构和检验人员必须接受当地质量技术监督部门的监督,并且对压力容器定期检验结论的正确性负责。

检验前,检验机构应当制定检验方案,检验方案由检验机构授权的技术负责人审查批准。对于有特殊要求的压力容器的检验方案,检验机构应当征求使用单位及原设计单位的意见,当意见不一致时,以检验机构的意见为准。检验人员应当严格按照批准后的检验方案进行检验工作。

第九条　使用单位必须于检验有效期满30日前申报压力容器的定期检验,同时将压力容器检验申报表报检验机构和发证机构。检验机构应当按检验计划完成检验任务。

第十条　使用单位应当与检验机构密切配合,按本规则的要求,做好停机后的技术性处理和检验前的安全检查,确认符合检验工作要求后,方可进行检验,并在检验现场做好配合工作。

第二章　年度检查

第十一条　压力容器年度检查包括使用单位压力容器安全管理情况检查、压力容器本体及运行状况检查和压力容器安全附件检查等。

检查方法以宏观检查为主,必要时进行测厚、壁温检查和腐蚀介质含量测定、真空度测试等。

第十二条　年度检查前,使用单位应当做好以下各项准备工作:

(一)压力容器外表面和环境的清理;

(二)根据现场检查的需要,做好现场照明、登高防护、局部拆除保温层等配合工作,必要时配备合格的防噪声、防尘、防有毒有害气体等防护用品;

(三)准备好压力容器技术档案资料、运行记录、使用介质中有害杂质记录;

(四)准备好压力容器安全管理规章制度和安全操作规范,操作人员的资格证;

(五)检查时,使用单位压力容器管理人员和相关人员到场配合,协助检查工作,及时提供检查人员需要的其他资料。

第十三条　检查前检查人员应当首先全面了解被检压力容器的使用情况、管理情况,认真查阅压力容器技术档案资料和管理资料,做好有关记录。

压力容器安全管理情况检查的主要内容如下:

(一)压力容器的安全管理规章制度和安全操作规程,运行记录是否齐全、真实,查阅压力容器台账(或者账册)与实际是否相符;

(二)压力容器图样、使用登记证、产品质量证明书、使用说明书、监督检验证书、历年检验报告以及维修、改造资料等建档资料是否齐全并且符合要求;

(三)压力容器作业人员是否持证上岗;

(四)上次检验、检查报告中所提出的问题是否解决。

第十四条　进行压力容器本体及运行状况检查时,除非检查人员认为必要,一般可以不拆保温层。

第十五条　压力容器本体及运行状况的检查主要包括以下内容:

(一)压力容器的铭牌、漆色、标志及喷涂的使用证号码是否符合有关规定;

(二)压力容器的本体、接口(阀门、管路)部位、焊接接头等是否有裂纹、过热、变形、泄漏、损伤等;

(三)外表面有无腐蚀,有无异常结霜、结露等;

(四)保温层有无破损、脱落、潮湿、跑冷;

(五)检漏孔、信号孔有无漏液、漏气,检漏孔是否畅通;

(六)压力容器与相邻管道或者构件有无异常振动、响声或者相互摩擦;

(七)支撑或者支座有无损坏,基础有无下沉、倾斜、开裂,紧固螺栓是否齐全、完好;

(八)排放(疏水、排污)装置是否完好;

(九)运行期间是否有超压、超温、超量等现象;

(十)罐体有接地装置的,检查接地装置是否符合要求;

(十一)安全状况等级为4级的压力容器的监控措施执行情况和有无异常情况;

(十二)快开门式压力容器安全连锁装置是否符合要求。

第十六条 安全附件的检验包括对压力表、液位计、测温仪表、爆破片装置、安全阀的检查和校验(其中安全阀校验要求见附件三)。

(一)压力表

1.压力表的年度检查,至少包括以下内容:

(1)压力表的选型;

(2)压力表的定期检修维护制度,检定有效期及其封印;

(3)压力表外观、精度等级、量程、表盘直径;

(4)在压力表和压力容器之间装设三通旋塞或者针形阀的位置、开启标记及锁紧装置;

(5)同一系统上各压力表的读数是否一致。

2.年度检查时,凡发现以下情况之一的,要求使用单位限期改正并且采取有效措施确保改正期间的安全,如果逾期仍未改正的,应当暂停该压力容器使用:

(1)选型错误;

(2)表盘封面玻璃破裂或者表盘刻度模糊不清;

(3)封印损坏或者超过检定有效期限;

(4)表内弹簧管泄漏或者压力表指针松动;

(5)指针扭曲断裂或者外壳腐蚀严重;

(6)通旋塞或者针形阀开启标记不清或者锁紧装置损坏。

(二)液位计

1.液位计的年度检查,至少包括以下内容:

(1)液位计的定期检修维护制度;

(2)液位计外观及附件;

(3)寒冷地区室外使用或者盛装0℃以下介质的液位计选型;

(4)用于易燃及毒性程度为极度、高度危害介质的液化气体压力容器时,液位计的防止泄漏保护装置。

2.检查时,凡发现以下情况之一的,要求使用单位限期改正并且采取有效措施确保改正期间的安全,如果逾期仍未改正应当暂停该压力容器使用:

(1)超过规定的检定检修期限;

(2)玻璃板(管)有裂纹、破碎;

(3)阀件固死;

(4)出现假液位;

(5)液位计指示模糊不清;

(6)选型错误;

(7)防止泄漏的保护装置损坏。

(三)测温仪表

1.测温仪表的年度检查,至少包括以下内容:

(1)测温仪表的定期检定和检修制度;

(2)测温仪表的量程与其检测的温度范围的匹配情况;

(3)测温仪表及其二次仪表的外观。

2.年度检查时,凡发现以下情况之一的,要求使用单位限期改正并且采取有效措施确保改正期间的安全,如果逾期仍未改正则该压力容器暂停使用:

(1)超过规定的检定、检修期限;

(2)仪表及其防护装置破损;

(3)仪表量程选择错误。

(四)爆破片装置

1.爆破片装置的年度检查,至少包括以下内容:

(1)检查爆破片是否超过产品说明书规定的使用期限;

(2)检查爆破片的安装方向是否正确,核实铭牌上的爆破压力和温度是否符合运行要求;

(3)爆破片单独作泄压装置的(图1),检查爆破片和容器间的截止阀是否处于全开状态,铅封是否完好;

(4)爆破片和安全阀串联使用,如果爆破片装在安全阀的进口侧(图2),应当检查爆破片和安全阀之间装设的压力表有无压力显示,打开截止阀检查有无气体排出;

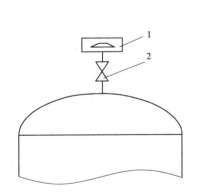

图1 爆破片单独使用

1—爆破片;2—截止阀

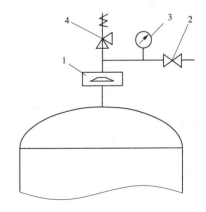

图2 安全阀与爆破片串联使用

(爆破片装在安全阀进口侧)

1—爆破片;2—截止阀;3—压力表;4—安全阀

(5)爆破片和安全阀串联使用,如果爆破片装在安全阀的出口侧(图3),应当检查爆破片和安全阀之间装设的压力表有无压力显示,如果有压力显示应当打开截止阀,检查能

否顺利疏水、排气;

(6)爆破片和安全阀并联使用(图4)时,检查爆破片与容器间装设的截止阀是否处于全开状态,铅封是否完好。

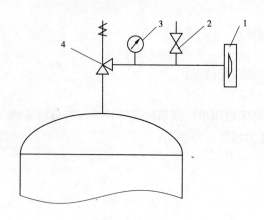

图3 安全阀与爆破片串联使用

(爆破片装在安全阀出口侧)

1—爆破片;2—截止阀;3—压力表;4—安全阀

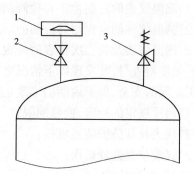

图4 安全阀、爆破片并联使用

1—爆破片;2—截止阀;3—安全阀

2.年度检查时,凡发现以下情况之一的,要求使用单位限期更换爆破片装置并且采取有效措施确保更换期的安全,如果逾期仍未更换则该压力容器暂停使用:

(1)爆破片超过规定使用期限的;

(2)爆破片安装方向错误的;

(3)爆破片装置标定的爆破压力、温度和运行要求不符的;

(4)使用中超过标定爆破压力而未爆破的;

(5)爆破片装在安全阀进口侧与安全阀串联使用时,爆破片和安全阀之间的压力表有压力显示或者截止阀打开后有气体漏出的;

(6)爆破片装置泄漏的。

3.爆破片单独作泄压装置或者爆破片与安全阀并联使用的压力容器进行年度检查时,如果发现爆破片和容器间的截止阀未处于全开状态或者铅封损坏时,要求使用单位限期改正并且采取有效措施确保改正期间的安全,如果逾期仍未改正则该压力容器暂停使用。

(五)安全阀

1.安全阀的年度检查,至少包括以下内容:

(1)安全阀的选型是否正确;

(2)校验有效期是否过期;

(3)对杠杆式安全阀,检查防止重锤自由移动和杠杆越出的装置是否完好,对弹簧式安全阀检查调整螺钉的铅封装置是否完好,对静重式安全阀检查防止重片飞脱的装置是否完好;

(4)如果安全阀和排放口之间装设了截止阀,检查截止阀是否处于全开位置及铅封是否完好;

186

(5)安全阀是否泄漏。

2.年度检查时,凡发现以下情况之一的,要求使用单位限期改正并且采取有效措施确保改正期间的安全,如果逾期仍未改正则该压力容器暂停使用:

(1)选型错误;

(2)超过校验有效期;

(3)铅封损坏;

(4)安全阀泄漏。

第十七条 安全阀一般每年至少校验一次。对于弹簧直接载荷式安全阀,当满足本条所规定的条件时,经过使用单位技术负责人批准可以适当延长校验周期。

(一)满足以下全部条件的弹簧直接载荷式安全阀,其校验周期最长可以延长至 3 年:

1.安全阀制造企业已取得国家质检部门颁发的制造许可证;

2.安全阀制造企业能提供证明,证明其所用弹簧按 GB/T 12243—1989《弹簧直接载荷式安全阀》标准进行了强压处理或者加温强压处理,并且同一热处理炉同规格的弹簧取 10%(但不得少于 2 个)测定规定负荷下的变形量或者刚度,其变形量或者刚度的偏差不大于 15%;

3.安全阀内件的材料耐介质腐蚀;

4.安全阀在使用过程中未发生过开启;

5.压力容器及安全阀阀体在使用时无明显锈蚀;

6.压力容器内盛装非黏性及毒性程度中度及中度以下的介质。

(二)使用单位建立、实施了健全的设备使用、管理与维修保养制度,并且能满足以下各项条件也可以延长 3 年:

(1)在连续 2 次的运行检查中,所用的安全阀未发现第十六条(五)2 中所列的任何问题;

(2)使用单位建立了符合附件三要求的安全阀校验站,自行进行安全阀校验;

(3)使用单位建有可靠的压力控制与调节装置或者超压报警装置。

(三)满足本条(一)款中 1、3、4、5 和(二)款要求的弹簧直接载荷式安全阀,如果同时满足以下各项条件,其校验周期最长可以延长至 5 年:

1.安全阀制造企业能提供证明,证明其所用弹簧按 GB/T 12243—1989《弹簧直接载荷式安全阀》标准进行了强压处理或者加温强压处理,并且同一热处理炉同规格的弹簧取 20%(但不得少于 4 个)测定规定负荷下的变形量和刚度,其变形量或者刚度的偏差不大于 10%;

2.压力容器内盛装毒性程度低度以及低度以下的气体介质,工作温度不大于 200 ℃。

(四)凡是校验周期延长的安全阀,使用单位应当将延期校验情况书面告知发证机构。

第十八条 安全阀需要进行现场校验(在线校验)和压力调整时,使用单位主管压力容器安全的技术人员和经过安全阀校验培训合格的人员应当到场确认。调校合格的安全阀应当加铅封。调整及校验装置用压力表的精度应当不低于 1 级。在校验和调整时,应当有可靠的安全防护措施。

第十九条 年度检查工作完成后,检查人员根据实际检查情况出具检查报告,做出下述结论：

（一）允许运行，系指未发现或者只有轻度不影响安全的缺陷；

（二）监督运行，系指发现一般缺陷，经过使用单位采取措施后能保证安全运行，结论中应当注明监督运行需解决的问题及完成期限；

（三）暂停运行，仅指安全附件的问题逾期仍未解决的情况。问题解决并且经过确认后，允许恢复运行；

（四）停止运行，系指发现严重缺陷，不能保证压力容器安全运行的情况，应当停止运行或者由检验机构持证的压力容器检验人员做进一步检验。

年度检查一般不对压力容器安全状况等级进行评定，但如果发现严重问题，应当由检验机构持证的压力容器检验人员按本规则第五章的规定进行评定，适当降低压力容器安全状况等级。

第三章　全面检验

第二十条　检验前应当审查以下资料：

（一）设计单位资格，设计、安装、使用说明书，设计图样，强度计算书等；

（二）制造单位资格，制造日期，产品合格证，质量证明书（对低温液体（绝热）压力容器，还包括封口真空度、真空夹层泄漏率检验结果、静态蒸发率指标等），竣工图等；

（三）大型压力容器现场组装单位资格，安装日期，竣工验收文件；

（四）制造、安装监督检验证书，进口压力容器安全性能监督检验报告；

（五）使用登记证；

（六）运行周期内的年度检查报告；

（七）历次全面检验报告；

（八）运行记录、开停车记录、操作条件变化情况以及运行中出现异常情况的记录等；

（九）有关维修或者改造的文件，重大改造维修方案，告知文件，竣工资料，改造、维修监督检验证书等。

本条（一）至（五）款的资料在压力容器投用后首次检验时必须审查，在以后的检验中可以视需要查阅。

第二十一条　全面检验前，使用单位做好有关的准备工作，检验前现场应当具备以下条件：

（一）影响全面检验的附属部件或者其他物件，应当按检验要求进行清理或者拆除。

（二）为检验而搭设的脚手架、轻便梯等设施必须安全牢固（对离地面3 m以上的脚手架设置安全护栏）。

（三）需要进行检验的表面，特别是腐蚀部位和可能产生裂纹性缺陷的部位，必须彻底清理干净，母材表面应当露出金属本体，进行磁粉、渗透检测的表面应当露出金属光泽。

（四）被检容器内部介质必须排放、清理干净，用盲板从被检容器的第一道法兰处隔断所有液体、气体或者蒸汽的来源，同时设置明显的隔离标志。禁止用关闭阀门代替盲板隔断。

（五）盛装易燃、助燃、毒性或者窒息性介质的，使用单位必须进行置换、中和、消毒、清洗,取样分析,分析结果必须达到有关规范、标准的规定。取样分析的间隔时间,应当在使用单位的有关制度中做出规定。盛装易燃介质的,严禁用空气置换。

(六)人孔和检查孔打开后,必须清除所有可能滞留的易燃、有毒、有害气体。压力容器内部空间的气体含氧量应当在 18%～23%(体积比)之间。必要时,还应当配备通风、安全救护等设施。

(七)高温或者低温条件下运行的压力容器,按照操作规程的要求缓慢地降温或者升温,使之达到可以进行检验工作的程度,防止造成伤害。

(八)能够转动的或者其中有可动部件的压力容器,应当锁住开关,固定牢靠。移动式压力容器检验时,应当采取措施防止移动。

(九)切断与压力容器有关的电源,设置明显的安全标志。检验照明用电不超过 24 V,引入容器内的电缆应当绝缘良好,接地可靠。

(十)如果需现场射线检测时,应当隔离出透照区,设置警示标志。

(十一)全面检验时,应当有专人监护,并且有可靠的联络措施。

(十二)检验时,使用单位压力容器管理人员和相关人员到场配合,协助检验工作,负责安全监护。

第二十二条　检验人员认真执行使用单位有关动火、用电、高空作业、罐内作业、安全防护、安全监护等规定,确保检验工作安全。

第二十三条　检验用的设备和器具应当在有效的检定或者校准期内。在易燃、易爆场所进行检验时,应当采用防爆、防火花型设备、器具。

第二十四条　检验的一般程序包括检验前准备、全面检验、缺陷及问题的处理、检验结果汇总、结论和出具检验报告等常规要求(见图5),检验人员可以根据实际情况,确定检验项目,进行检验工作。

第二十五条　检验的具体项目包括宏观(外观、结构以及几何尺寸)、保温层隔热层衬里、壁厚、表面缺陷、埋藏缺陷、材质、紧固件、强度、安全附件、气密性以及其他必要的项目。

(一)检验的方法以宏观检查、壁厚测定、表面无损检测为主,必要时可以采用以下检验检测方法:

1.超声检测;

2.射线检测;

3.硬度测定;

4.金相检验;

5.化学分析或者光谱分析;

6.涡流检测;

7.强度校核或者应力测定;

8.气密性试验;

9.声发射检测;

10.其他。

(二)宏观检查主要是检查外观、结构及几何尺寸等是否满足容器安全使用的要求,本规则第五章有规定的,应当按其规定评定安全状况等级。

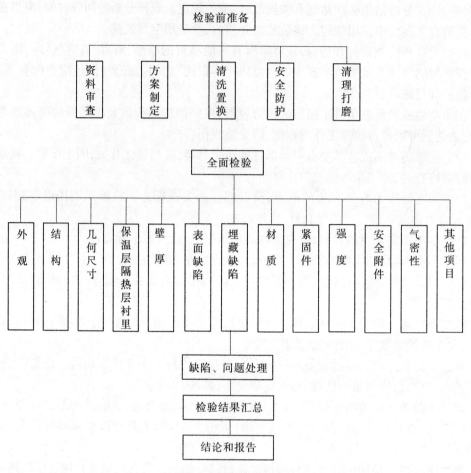

图 5　检验的一般程序

1.外观检查

(1)容器本体、对接焊缝、接管角焊缝等部位的裂纹、过热、变形、泄漏等,焊缝表面(包括近缝区),以肉眼或者5~10倍放大镜检查裂纹;

(2)内外表面的腐蚀和机械损伤;

(3)紧固螺栓;

(4)支撑或者支座,大型容器基础的下沉、倾斜、开裂;

(5)排放(疏水、排污)装置;

(6)快开门式压力容器的安全连锁装置;

(7)多层包扎、热套容器的泄放孔。

上述检查项目以发现容器在运行过程中产生的缺陷为重点,对于内部无法进入的容器应当采用内窥镜或者其他方法进行检查。

2.结构检查

(1)筒体与封头的连接;

(2)开孔及补强;

(3)角接;

(4)搭接;

(5)布置不合理的焊缝;

(6)封头(端盖);

(7)支座或者支撑;

(8)法兰;

(9)排污口。

上述检查项目仅在首次全面检验时进行,以后的检验仅对运行中可能发生变化的内容进行复查。

3.几何尺寸

(1)纵、环焊缝对口错边量、棱角度;

(2)焊缝余高、角焊缝的焊缝厚度和焊脚尺寸;

(3)同一断面最大直径与最小直径;

(4)封头表面凹凸量、直边高度和直边部位的纵向皱折;

(5)不等厚板(锻)件对接接头未进行削薄或者堆焊过渡的两侧厚度差;

(6)直立压力器和球形压力容器支柱的铅垂度。

上述检查项目仅在首次全面检验时进行,以后的检验只对运行中可能发生变化的内容进行复查。

4.保温层、隔热层、衬里

(1)保温层的破损、脱落、潮湿、跑冷;

(2)有金属衬里的压力容器,如果发现衬里有穿透性腐蚀、裂纹、凹陷、检查孔已流出介质,应当局部或者全部拆除衬里层,查明本体的腐蚀状况或者其他缺陷;

(3)带堆焊层的,堆焊层的龟裂、剥离和脱落等;

(4)对于非金属材料作衬里的,如果发现衬里破损、龟裂或者脱落,或者在运行中本体壁温出现异常,应当局部或者全部拆除衬里,查明本体的腐蚀状况或者其他缺陷。

外保温层一般应当拆除,拆除的部位、比例由检验人员确定。有以下情况之一者,可以不拆除保温层:

(1)外表面有可靠的防腐蚀措施;

(2)外部环境没有水浸入或者跑冷;

(3)对有代表性的部位进行抽查,未发现裂纹等缺陷;

(4)壁温在露点以上;

(5)有类似的成功使用经验。

(三)低温液体(绝热)压力容器补充检查

1.夹层上装有真空测试装置的低温液体(绝热)压力容器,测试夹层的真空度。其合格指标为:

(1)未装低温介质的情况下,真空粉末绝热夹层真空度应当低于65 Pa,多层绝热夹层真空度应当低于40 Pa。

(2)装有低温介质的情况下,真空粉末绝热夹层真空度应当低于10 Pa,多层绝热夹层真空度应当低于 0.2 Pa。

2.夹层上未装真空测试装置的低温液体(绝热)压力容器,检查容器日蒸发率的变化情况,进行容器日蒸发率测量。实测日蒸发率指标小于 2 倍额定日蒸发率指标为合格。

(四)壁厚测定

1.测定位置应当有代表性,有足够的测定点数。测定后标图记录,对异常测厚点做详细标记。

厚度测定点的位置,一般应当选择以下部位:

(1)液位经常波动的部位;

(2)易受腐蚀、冲蚀的部位;

(3)制造成型时壁厚减薄部位和使用中易产生变形及磨损的部位;

(4)表面缺陷检查时,发现的可疑部位;

(5)接管部位。

2.壁厚测定时,如果遇母材存在夹层缺陷,应当增加测定点或者用超声检测,查明夹层分布情况以及与母材表面的倾斜度,同时作图记录。

(五)表面无损检测

1.有以下情况之一的,对容器内表面对接焊缝进行磁粉或者渗透检测,检测长度不少于每条对接焊缝长度的 20%:

(1)首次进行全面检验的第三类压力容器;

(2)盛装介质有明显应力腐蚀倾向的压力容器;

(3)Cr－Mo 钢制压力容器;

(4)标准抗拉强度下限 $\sigma_b \geq 540$ MPa 钢制压力容器。

在检测中发现裂纹,检验人员应当根据可能存在的潜在缺陷,确定扩大表面无损检测的比例;如果扩检中仍发现裂纹,则应当进行全部焊接接头的表面无损检测。内表面的焊接接头已有裂纹的部位,对其相应外表面的焊接接头应当进行抽查。

如果内表面无法进行检测,可以在外表面采用其他方法进行检测。

2.对应力集中部位、变形部位,异种钢焊接部位、奥氏体不锈钢堆焊层、T 形焊接接头、其他有怀疑的焊接接头,补焊区,工卡具焊迹、电弧损伤处和易产生裂纹部位,应当重点检查。对焊接裂纹敏感的材料,注意检查可能发生的焊趾裂纹。

3.有晶间腐蚀倾向的,可以采用金相检验检查。

4.绕带式压力容器的钢带始、末端焊接接头,应当进行表面无损检测,不得有裂纹。

5.铁磁性材料的表面无损检测优先选用磁粉检测。

6.标准抗拉强度下限 $\sigma_b \geq 540$ MPa 的钢制压力容器,耐压试验后应当进行表面无损检测抽查。

(六)埋藏缺陷检测

1.有以下情况之一时,应当进行射线检测或者超声检测抽查,必要时相互复验:

(1)使用过程中补焊过的部位;

(2)检验时发现焊缝表面裂纹,认为需要进行焊缝埋藏缺陷检查的部位;

(3)错边量和棱角度超过制造标准要求的焊缝部位;

(4)使用中出现焊接接头泄漏的部位及其两端延长部位;

(5)承受交变载荷设备的焊接接头和其他应力集中部位;

(6)有衬里或者因结构原因不能进行内表面检查的外表面焊接接头;

(7)用户要求或者检验人员认为有必要的部位。

已进行过此项检查的,再次检验时,如果无异常情况,一般不再复查。

2.抽查比例或者是否采用其他检测方法复验,由检验人员根据具体情况确定。

3.必要时,可以用声发射判断缺陷的活动性。

(七)材质检查

1.主要受压元件材质的种类和牌号一般应当查明。材质不明者,对于无特殊要求的容器,按 Q235 钢进行强度校核。对于第三类压力容器、移动式压力容器以及有特殊要求的压力容器,必须查明材质。

对于已进行过此项检查,并且已作出明确处理的,不再重复检查。

2.检查主要受压元件材质是否劣化,可以根据具体情况,采用硬度测定、化学分析、金相检验或者光谱分析等,予以确定。

(八)对无法进行内部检查的压力容器,应当采用可靠检测技术(例如内窥镜、声发射、超声检测等)从外部检测内表面缺陷。

(九)紧固件检查

对主螺栓应当逐个清洗,检查其损伤和裂纹情况,必要时进行无损检测。重点检查螺纹及过渡部位有无环向裂纹。

(十)强度校核

1.有以下情况之一的,应当进行强度校核:

(1)腐蚀深度超过腐蚀裕量;

(2)设计参数与实际情况不符;

(3)名义厚度不明;

(4)结构不合理,并且已发现严重缺陷;

(5)检验人员对强度有怀疑。

2.强度校核的有关原则:

(1)原设计已明确所用强度设计标准的,可以按该标准进行强度校核。

(2)原设计没有注明所依据的强度设计标准或者无强度计算的,原则上可以根据用途(例如石油、化工、冶金、轻工、制冷等)或者结构形式(例如球罐、废热锅炉、搪玻璃设备、换热器、高压容器等),按当时的有关标准进行校核。

(3)国外进口的或者按国外规范设计的,原则上仍按原设计规范进行强度校核。如果设计规范不明,可以参照我国相应的规范。

(4)焊接接头系数根据焊接接头的实际结构形式和检验结果,参照原设计规定选取。

(5)剩余壁厚按实测最小值减去至下次检验期的腐蚀量,作为强度校核的壁厚。

(6)校核用压力,应当不小于压力容器实际最高工作压力,装有安全泄放装置的,校核用压力不得小于安全阀开启压力或者爆破片标定的爆破压力(低温真空绝热容器反之)。

(7)强度校核时的壁温,取实测最高壁温;低温压力容器,取常温。

(8)壳体直径按实测最大值选取。

(9)塔、大型球罐等设备进行强度校核时,还应当考虑风载荷、地震载荷等附加载荷。

(10)强度校核由检验机构或者有资格的压力容器设计单位进行。

3.对不能以常规方法进行强度校核的,可以采用有限元方法、应力分析设计或者试验应力分析等方法校核。

(十一)安全附件检查

1.压力表

(1)无压力时,压力表指针是否回到限止钉处或者是否回到零位数值。

(2)压力表的检定和维护必须符合国家计量部门的有关规定,压力表安装前应当进行检定,注明下次检定日期,压力表检定后应当加铅封。

2.安全阀

(1)安全阀应当从压力容器上拆下,按本规则附件三"安全阀校验要求"进行解体检查、维修与调校。安全阀校验合格后,打上铅封,出具校验报告后方准使用。

(2)新安全阀根据使用情况调试并且铅封后,才准安装使用。

3.爆破片

按有关规定,按期更换。

4.紧急切断装置

紧急切断装置应当从压力容器上拆下,进行解体、检验、维修和调整,做耐压、密封、紧急切断等性能试验。检验合格并且重新铅封方准使用。

(十二)气密性试验

1.介质毒性程度为极度、高度危害或者设计上不允许有微量泄漏的压力容器,必须进行气密性试验。

对设计图样要求做气压试验的压力容器,是否需再做气密性试验,按设计图样规定。

2.气密性试验的试验介质由设计图样规定。气密性试验的试验压力应当等于本次检验核定的最高工作压力,安全阀的开启压力不高于容器的设计压力。

气密性试验所用气体,应当符合本规则第三十五条(三)的规定。

碳素钢和低合金钢制压力容器,其试验用气体的温度不低于5 ℃,其他材料制压力容器按设计图样规定。

3.气密性试验的操作应当符合以下规定:

(1)压力容器进行气密性试验时,应当将安全附件装配齐全;

(2)压力缓慢上升,当达到试验压力的10%时暂停升压,对密封部位及焊缝等进行检查,如果无泄漏或者异常现象可以继续升压;

(3)升压应当分梯次逐渐提高,每级一般可以为试验压力的10%~20%,每级之间适当保压,以观察有无异常现象;

(4)达到试验压力后,经过检查无泄漏和异常现象,保压时间不少于3 min,压力不下降即为合格,保压时禁止采用连续加压以维持试验压力不变的做法;

(5)有压力时,不得紧固螺栓或者进行维修工作。

4.盛装易燃介质的压力容器,在气密性试验前,必须进行彻底的蒸汽清洗、置换,并且经过取样分析合格,否则严禁用空气作为试验介质。

对盛装易燃介质的压力容器,如果以氮气或者其他惰性气体进行气密性试验,试验后,应当保留 0.05～0.1 MPa 的余压,保持密封。

5.有色金属制压力容器的气密性试验,应当符合相应标准规定或者设计图样的要求。

6.对长管拖车中的无缝气瓶,试验时可以按相应的标准进行声发射检测。

第二十六条 全面检验工作完成后,检验人员根据实际检验情况,结合耐压试验结果,按本规则第五章的规定评定压力容器的安全状况等级,出具检验报告,给出允许运行的参数及下次全面检验的日期。

第四章 耐压试验

第二十七条 全面检验合格后方允许进行耐压试验。耐压试验前,压力容器各连接部位的紧固螺栓,必须装配齐全,紧固妥当。耐压试验场地应当有可靠的安全防护设施,并且经过使用单位技术负责人和安全部门检查认可。耐压试验过程中,检验人员与使用单位压力容器管理人员到试验现场进行检验。检验时不得进行与试验无关的工作,无关人员不得在试验现场停留。

第二十八条 耐压试验时至少采用两个量程相同的并且经过检定合格的压力表,压力表安装在容器顶部便于观察的部位。压力表的选用应当符合如下要求:

(一)低压容器使用的压力表精度不低于 2.5 级,中压及高压容器使用的压力表精度不低于 1.6 级;

(二)压力表的量程应当为试验压力的 1.5～3.0 倍,表盘直径不小于 100 mm。

第二十九条 耐压试验的压力应当符合设计图样要求,并且不小于下式计算值:

$$P_T = \eta P \frac{[\sigma]}{[\sigma]_t}$$

式中 P——本次检验时核定的最高工作压力,MPa;

P_T——耐压试验压力,MPa;

η——耐压试验的压力系数,按表1选用;

$[\sigma]$——试验温度下材料的许用应力,MPa;

$[\sigma]_t$——设计温度下材料的许用应力,MPa。

表1 耐压试验的压力系数 η

压力容器型式	压力容器的材料	压力等级	耐压试验压力系数	
			液(水)压	气压
固定式	钢和有色金属	低压	1.25	1.15
		中压	1.25	1.15
		高压	1.25	1.15
	铸铁		2.00	
	搪玻璃		1.25	
移动式		中、低压	1.50	

当压力容器各承压元件(圆筒、封头、接管、法兰及紧固件等)所用材料不同时,计算耐压试验压力取各元件材料$[\sigma]/[\sigma]_t$比值中最小值。

第三十条 耐压试验前,应当对压力容器进行应力校核,其环向薄膜应力值应当符合如下要求:

(一)液压试验时,不得超过试验温度下材料屈服点的90%与焊接接头系数的乘积;

(二)气压试验时,不得超过试验温度下材料屈服点的80%与焊接接头系数的乘积。

校核应力时,所取的壁厚为实测壁厚最小值扣除腐蚀量,对液压试验所取的压力还应当计入液柱静压力。对壳程压力低于管程压力的列管式热交换器,可以不扣除腐蚀量。

第三十一条 耐压试验优先选择液压试验,其试验介质应当符合如下要求:

(一)凡在试验时,不会导致发生危险的液体,在低于其沸点的温度下,都可以用做液压试验介质。一般采用水,当采用可燃性液体进行液压试验时,试验温度必须低于可燃性液体的闪点,试验场所附近不得有火源,并且配备适用的消防器材;

(二)以水为介质进行液压试验,所用的水必须是洁净的。奥氏体不锈钢制压力容器用水进行液压试验时,控制水的氯离子含量不超过25 mg/L。

第三十二条 液压试验时,试验介质的温度应当符合如下要求:

碳素钢、16MnR、15MnNbR和正火15MnVR钢制压力容器在液压试验时,液体温度不得低于5℃。其他低合金钢制压力容器,液体温度不得低于15℃。如果由于板厚等因素造成材料无延性转变温度升高,则需相应提高液体温度。其他材料压力容器液压试验温度按设计图样规定。铁素体钢制低温压力容器液压试验时,液体温度应当高于壳体材料和焊接接头夏比冲击试验规定温度中的高者与20℃之和。

第三十三条 液压试验的操作应当符合如下要求:

(一)压力容器中充满液体,滞留在压力容器中的气体必须排净,压力容器外表面应当保持干燥;

(二)当压力容器壁温与液体温度接近时才能缓慢升压至规定的试验压力,保压30 min,然后降至规定试验压力的80%(移动式压力容器降至规定试验压力的67%),保压足够时间进行检查;

(三)检查期间压力应当保持不变,不得采用连续加压来维持试验压力不变,液压试验过程中不得带压紧固螺栓或者向受压元件施加外力;

(四)液压试验完毕后,使用单位按其规定进行试验用液体的处置以及对内表面的专门技术处理。

换热压力容器液压试验程序参照GB 151—1999《管壳式换热器》的有关规定执行。

对内筒外表面仅部分被夹套覆盖的压力容器,分别进行内筒与夹套的液压试验;对内筒外表面大部分被夹套覆盖的压力容器,只进行夹套的液压试验。

第三十四条 压力容器液压试验后,符合以下条件为合格:

(一)无渗漏;

(二)无可见的变形;

(三)试验过程中无异常的响声;

(四)标准抗拉强度下限$\sigma_b \geqslant 540$ MPa钢制压力容器,试验后经过表面无损检测未发现裂纹。

第三十五条 压力容器气压试验应当符合本条的要求。

(一)基本要求如下：

1.由于结构或者支撑原因,压力容器内不能充灌液体,以及运行条件不允许残留试验液体的压力容器,可以按设计图样规定采用气压试验;

2.盛装易燃介质的压力容器,在气压试验前,必须采用蒸汽或者其他有效的手段进行彻底的清洗、置换并且取样分析合格,否则严禁用空气作为试验介质;

3.试验所用气体为干燥洁净的空气、氮气或者其他惰性气体;

4.碳素钢和低合金钢制压力容器的试验用气体温度不得低于15 ℃,其他材料制压力容器,其试验用气体温度应当符合设计图样规定;

5.气压试验时,试验单位的安全部门进行现场监督。

(二)气压试验的操作过程如下:

1.缓慢升压至规定试验压力的10%,保压5~10 min,对所有焊缝和连接部位进行初次检查。如果无泄漏可以继续升压到规定试验压力的50%;

2.如果无异常现象,其后按规定试验压力的10%逐级升压,直到试验压力,保压30 min。然后降到规定试验压力的87%,保压足够时间进行检查,检查期间压力应当保持不变,不得采用连续加压来维持试验压力不变。气压试验过程中严禁带压紧固螺栓或者向受压元件施加外力。

(三)气压试验过程中,符合以下条件为合格:

1.压力容器无异常响声;

2.经过肥皂液或者其他检漏液检查无漏气;

3.无可见的变形。

对盛装易燃介质的压力容器,如果以氮气或者其他惰性气体进行气压试验,试验后,应当保留0.05~0.1 MPa的余压,保持密封。

第三十六条 有色金属制压力容器的耐压试验,应当符合其标准规定或者设计图样的要求。

第五章　安全状况等级评定

第三十七条 安全状况等级根据压力容器的检验结果综合评定,以其中项目等级最低者,作为评定级别。

需要维修改造的压力容器,按维修改造后的复检结果进行安全状况等级评定。

经过检验,安全附件不合格的压力容器不允许投入使用。

第三十八条 主要受压元件材质,应当符合设计和使用要求,如果与原设计不符,材质不明或者材质劣化时,按照本条进行安全状况等级划分。

(一)用材与原设计不符

1.如果材质清楚,强度校核合格,经过检验未查出新生缺陷(不包括正常的均匀腐蚀),检验员认为可以安全使用的不影响定级;如果使用中产生缺陷,并且确认是用材不当所致,可以定为4级或者5级。

2.罐车和液化石油气储罐的主要受压元件材质为沸腾钢的,定为5级。

(二)材质不明

对于经过检验未查出新生缺陷(不包括正常的均匀腐蚀),并且按 Q235 强度校核合格的,在常温下工作的一般压力容器,可以定为3级或者4级;移动式压力容器和液化石油气储罐,定为5级。

(三)材质劣化

如果发现明显的应力腐蚀、晶间腐蚀、表面脱碳、渗碳、石墨化、蠕变、氢损伤等材质劣化倾向并且已产生不可修复的缺陷或者损伤时,根据材质劣化程度,定为4级或者5级,如果缺陷可以修复并且能够确保在规定的操作条件下和检验周期内安全使用的,可以定为3级。

第三十九条 有不合理结构的,按照本条划分其安全状况等级。

(一)封头主要参数不符合制造标准,但经过检验未查出新生缺陷(不包括正常的均匀腐蚀),可以定为2级或者3级;如果有缺陷,可以根据相应的条款进行安全状况等级评定。

(二)封头与筒体的连接,如果采用单面焊对接结构,而且存在未焊透时,罐车定为5级,其他压力容器,可以根据未焊透情况,按第四十五条的规定定级;如果采用搭接结构,可以定为4级或者5级。

不等厚度板(锻件)对接接头,未按规定进行削薄(或者堆焊)处理的,经过检验未查出新生缺陷(不包括正常的均匀腐蚀),可以定为3级,否则定为4级或者5级。

(三)焊缝布置不当(包括采用"十"字焊缝),或者焊缝间距小于规定值,经过检验未查出新生缺陷(不包括正常的均匀腐蚀),可以定为3级,如果查出新生缺陷,并且确认是由于焊缝布置不当引起的,则定为4级或者5级。

(四)按规定应当采用全焊透结构的角接焊缝或者接管角焊缝,而没有采用全焊透结构的主要受压元件,如果未查出新生缺陷(不包括正常的均匀腐蚀),可以定为3级,否则定为4级或者5级。

(五)如果开孔位置不当,经过检验未查出新生缺陷(不包括正常的均匀腐蚀),对于一般压力容器,可以定为2级或者3级;对于有特殊要求的压力容器,可以定为3级或者4级,如果孔径超过规定,其计算和补强结构经过特殊考虑的,不影响定级;未作特殊考虑的,可以定为4级或者5级。

第四十条 内、外表面不允许有裂纹。如果有裂纹,应当打磨消除,打磨后形成的凹坑在允许范围内不需补焊的,不影响定级;否则,可以补焊或者进行应力分析,经过补焊合格或者应力分析结果表明不影响安全使用的,可以定为2级或者3级。

裂纹打磨后形成凹坑的深度如果在壁厚余量范围内,则该凹坑允许存在。否则,将凹坑按其外接矩形规则化为长轴长度、短轴长度及深度分别为 $2A$(mm)、$2B$(mm)及 C(mm)的半椭球形凹坑,计算无量纲参数 G_0,如果 $G_0 < 0.10$,则该凹坑在允许范围内。

(一)进行无量纲参数计算的凹坑应当满足如下条件:

1.凹坑表面光滑、过渡平缓,并且其周围无其他表面缺陷或者埋藏缺陷;

2.凹坑不靠近几何不连续区域或者存在尖锐棱角的区域;

3.容器不承受外压或者疲劳载荷;

4.T/R 小于 0.18 的薄壁圆筒壳或者 T/R 小于 0.10 的薄壁球壳;

5.材料满足压力容器设计规定,未发现劣化;

6.凹坑深度 C 小于壁厚 T 的 1/3 并且小于 12 mm,坑底最小厚度($T-C$)不小于 3 mm;

7.凹坑半长 $A \leqslant 1.4\sqrt{RT}$;

8.凹坑半宽 B 不小于凹坑深度 C 的 3 倍。

(二)凹坑缺陷无量纲参数 G_0 的计算

$$G_0 = \frac{C}{T} \cdot \frac{A}{\sqrt{RT}}$$

式中　T——凹坑所在部位容器的壁厚(取实测壁厚减去至下次检验期的腐蚀量),mm;

　　　R——容器平均半径,mm。

第四十一条　机械损伤、工卡具焊迹、电弧灼伤,以及变形的安全状况等级划分如下:

(一)机械损伤、工卡具焊迹和电弧灼伤,打磨后按第四十条的规定评定级别;

(二)变形不处理不影响安全的,不影响定级;根据变形原因分析,不能满足强度和安全要求的,可以定为 4 级或者 5 级。

第四十二条　内表面焊缝咬边深度不超过 0.5 mm、咬边连续长度不超过 100 mm,并且焊缝两侧咬边总长度不超过该焊缝长度的 10% 时;外表面焊缝咬边深度不超过 1.0 mm、咬边连续长度不超过 100 mm,并且焊缝两侧咬边总长度不超过该焊缝长度的 15% 时,其评定如下:

(一)对一般压力容器不影响定级,超过时应当予以修复;

(二)对有特殊要求的压力容器或者罐车,检验时如果未查出新生缺陷(例如焊趾裂纹),可以定为 2 级或者 3 级,查出新生缺陷或者超过上述要求的,应当予以修复;

(三)低温压力容器不允许有焊缝咬边。

第四十三条　有腐蚀的压力容器,按照本条划分安全状况等级。

(一)分散的点腐蚀,如果同时符合以下条件,不影响定级:

1.腐蚀深度不超过壁厚(扣除腐蚀余量)的 1/3;

2.在任意 200 mm 直径的范围内,点腐蚀的面积之和不超过 4 500 mm^2,或者沿任一直径点腐蚀长度之和不超过 50 mm。

(二)均匀腐蚀,如果按剩余壁厚(实测壁厚最小值减去至下次检验期的腐蚀量)强度校核合格的,不影响定级;经过补焊合格的,可以定为 2 级或者 3 级。

(三)局部腐蚀,腐蚀深度超过壁厚余量的,应当确定腐蚀坑形状和尺寸,并且充分考虑检验周期内腐蚀坑尺寸的变化,可以按第四十条的规定评定级别。

第四十四条　错边量和棱角度超出相应的制造标准,根据以下具体情况进行综合评定:

(一)错边量和棱角度尺寸在表 2 范围内,容器不承受疲劳载荷并且该部位不存在裂纹、未熔合、未焊透等严重缺陷的,可以定为 3 级或者 4 级;

(二)错边量和棱角度在表 2 范围内,但该部位伴有未熔合、未焊透等严重缺陷时,应当通过应力分析,确定能否继续使用。在规定的操作条件下和检验周期内,能安全使用的定为 4 级。

表2　错边量和棱角度尺寸范围　　　　　　　　（单位:mm）

对口处钢材厚度 t	错边量	棱角度
≤20	≤1/3t,且≤5	≤(1/10t+3),且≤8
20~50	≤1/4t,且≤8	
>50	≤1/6t,且≤20	
对所有厚度锻焊容器		≤1/6t,且≤8

注:测量棱角度所用样板按相应制造标准的要求选取。

第四十五条　制造标准允许的焊缝埋藏缺陷,不影响定级;超出制造标准的,按以下要求划分安全状况等级:

(一)单个圆形缺陷的长径大于壁厚的1/2或者大于9 mm时,定为4级或者5级;圆形缺陷的长径小于壁厚的1/2并且小于9 mm的,其相应的安全状况等级见表3和表4。

表3　按规定只要求局部无损检测的压力容器(不包括低温压力容器)

评定区(mm)		10×10			10×20		10×30
实测厚度(mm)		t≤10	10<t≤15	15<t≤50	25<t≤50	50<t≤100	t>100
缺陷点数	安全状况等级为2或者3	6~15	12~21	18~27	24~33	30~39	36~45
	安全状况等级为4或者5	>15	>21	>27	>33	>39	>45

表4　按规定要求100%无损检测的压力容器(包括低温压力容器)

评定区(mm)		10×10			10×20		10×30
实测厚度(mm)		t≤10	10<t≤15	15<t≤50	25<t≤50	50<t≤100	t>100
缺陷点数	安全状况等级为2或者3	3~12	6~15	9~18	12~21	15~24	18~27
	安全状况等级为4或者5	>12	>15	>18	>21	>24	>27

注:圆形缺陷尺寸换算成缺陷点数,以及不计点数的缺陷尺寸要求,见 JB4730 的规定。

(二)非圆形缺陷与相应的安全状况等级,见表5和表6。

(三)如果能采用有效方式确认缺陷是非活动的,则表5、表6中的缺陷长度容限值可以增加50%。

第四十六条　有夹层的,其安全状况等级划分如下:

(一)与自由表面平行的夹层,不影响定级;

表 5　一般压力容器非圆形缺陷与相应的安全状况等级

缺陷位置	缺陷尺寸			安全状况等级
	未熔合	未焊透	条状夹渣	
球壳对接焊缝；圆筒体纵焊缝,以及与封头连接的环焊缝	$H \leqslant 0.1\,t$ 且 $H \leqslant 2$ mm $L \leqslant 2\,t$	$H \leqslant 0.5\,t$ 且 $H \leqslant 3$ mm $L \leqslant 3\,t$	$H \leqslant 0.2\,t$ 且 $H \leqslant 4$ mm $L \leqslant 6\,t$	3
圆筒体环焊缝	$H \leqslant 0.15\,t$ 且 $H \leqslant 3$ mm $L \leqslant 4\,t$	$H \leqslant 0.2\,t$ 且 $H \leqslant 4$ mm $L \leqslant 6\,t$	$H \leqslant 0.25\,t$ 且 $H \leqslant 5$ mm $L \leqslant 12\,t$	

表 6　有特殊要求的压力容器非圆形缺陷与相应的安全状况等级

缺陷位置	缺陷尺寸			安全状况等级
	未熔合	未焊透	条状夹渣	
球壳对接焊缝；圆筒体纵焊缝,以及与封头连接的环焊缝	$H \leqslant 0.1\,t$ 且 $H \leqslant 2$ mm $L \leqslant t$	$H \leqslant 0.5\,t$ 且 $H \leqslant 3$ mm $L \leqslant 2\,t$	$H \leqslant 0.2\,t$ 且 $H \leqslant 4$ mm $L \leqslant 3\,t$	3 或者 4
圆筒体环焊缝	$H \leqslant 0.15\,t$ 且 $H \leqslant 3$ mm $L \leqslant 2\,t$	$H \leqslant 0.2\,t$ 且 $H \leqslant 4$ mm $L \leqslant 4\,t$	$H \leqslant 0.25\,t$ 且 $H \leqslant 5$ mm $L \leqslant 6\,t$	

注:(1)表5、表6中 H 是指缺陷在板厚方向的尺寸,亦称缺陷高度;L 是指缺陷长度;单位为 mm。对所有超标非圆形缺陷均应当测定其长度和自身高度,并且在下次检验时对缺陷尺寸进行复验。

(2)表6所指有特殊要求的压力容器主要包括承受疲劳载荷的压力容器,采用应力分析设计的压力容器,盛装极度、高度危害介质的压力容器,盛装易燃易爆介质的大型压力容器,材料的标准抗拉强度下限 $\sigma_b \geqslant 540$ MPa 的钢制压力容器等。

(二)与自由表面夹角小于 10° 的夹层,可以定为 2 级或者 3 级;

(三)与自由表面夹角大于 10° 的夹层,检验人员可以采用其他检测或者分析方法综合判定,确认夹层不影响容器安全使用的,可以定为 3 级,否则定为 4 级或者 5 级。

第四十七条　使用过程中产生的鼓包,应当查明原因,判断其稳定状况,如果能查清鼓包的起因并且确定其不再扩展,而且不影响压力容器安全使用的,可以定为 3 级;无法查清起因时,或者虽查明原因但仍会继续扩展的,定为 4 级或者 5 级。

第四十八条　属于容器本身原因,导致耐压试验不合格的,可以定为 5 级。

第四十九条　需进行缺陷安全评定的大型关键性压力容器,不按本规则进行安全状况等级评定,应当根据安全评定的结果确定其安全状况等级。安全评定的程序按《容规》第 139 条的规定处理。

第六章　附　则

第五十条　检验机构应当保证检验(包括缺陷处理后的检验)质量,检验时必须有记录,检验后及时出具报告,报告的格式应当符合本规则附录1~3的要求。检验记录应当详尽、真实、准确,检验记录记载的信息量不得少于检验报告的信息量。年度检查的报告,可以由使用单位压力容器专业人员或者由检验机构持证的压力容器检验人员签字;全面检验中凡明确有检验人员签字的检验报告必须由检验机构持证的压力容器检验人员签字方为有效。检验报告应当及时送交压力容器使用单位存入压力容器技术档案。

现场检验工作结束后,一般设备应当在10个工作日内,大型设备可以在30个工作日内出具报告。

年度检查报告应当有检查、审批两级签字,审批人为使用单位压力容器技术负责人或者检验机构授权的技术负责人;全面检验报告应当有检验、审核、审批三级签字,审批人为检验机构授权的技术负责人。

压力容器经过定期检验或者年度检查合格后,检验机构或者使用单位应当将全面检验、年度检查或者耐压试验的合格标记和确定的下次检验(检查)日期标注在压力容器使用登记证上。

因设备使用需要,检验人员可以在报告出具前,先出具《特种设备检验意见书》(见附录4),将检验初步结论书面通知使用单位。

检验(检查)发现设备存在缺陷,需要使用单位进行整治,可以利用《特种设备检验意见书》将情况通知使用单位,整治合格后,再出具报告。检验(检查)不合格的设备,可以利用《特种设备检验意见书》将情况及时告知发证机构。

使用单位对检验结论有异议,可以向当地或者省级质量技术监督部门提请复议。

第五十一条　检验机构应当按要求将检验结果汇总上报发证机构。凡在定期检验过程中,发现设备存在缺陷或者损坏,需要进行重大维修、改造的,逐台填写并且上报检验案例。

第五十二条　压力容器的使用单位应当按国家规定向检验机构支付有关检验检测费用。

第五十三条　本规则由国家质检总局负责解释。

第五十四条　本规则自2004年9月23日起实施。1990年2月22日原劳动部颁发的《在用压力容器检验规程》[劳锅字(1990)3号]同时废止。

附件一

移动式压力容器定期检验附加要求

一、总则

(一)本附加要求是在《压力容器定期检验规则》基础上,对移动式压力容器,包括汽车罐车、铁路罐车和罐式集装箱等(以下简称罐车)定期检验提出的附加要求。

(二)本附加要求适用于运输最高工作压力大于等于0.1 MPa、设计温度不高于50 ℃的液化气体、低温液体的钢制罐体(罐体为裸式、保温层或绝热层形式)在用罐车的定期检验。

(三)在用罐车的定期检验分为年度检验、全面检验和耐压试验。

1.年度检验,每年至少一次。

2.全面检验,罐车的全面检验周期按表1-1规定。

表 1-1 罐车全面检验周期

安全状况等级	罐车名称		
	汽车罐车	铁路罐车	罐式集装箱
1~2级	5年	4年	5年
3级	3年	2年	2.5年

有以下情况之一的罐车,应该做全面检验:

(1)新罐车使用1年后的首次检验;

(2)罐体发生重大事故或停用1年后重新投用的;

(3)罐体经重大修理或改造的。

3.耐压试验,每6年至少进行一次。

4.本附加要求的各检验项目应当由具有相应检验资格的检验机构,并且由取得相应检验资格证书的压力容器检验人员进行。检验合格后,检验机构应该在使用登记证上标注检验合格标志,同时在 IC 卡中写入检验数据。

二、年度检验

(一)常温型(裸式)罐车罐体年度检验

1.罐车技术档案资料;

2.罐体表面漆色、铭牌和标志;

3.罐体表面、接口部位焊缝、裂纹、腐蚀、划痕、凹坑、泄漏、损伤等缺陷;

4.安全阀、爆破片装置、紧急切断装置、液面汁、压力表、温度计、导静电装置、装卸软管和其他附件;

5.罐体与底盘(车架或框架)、遮阳罩、操作台、连接紧固件、导静电装置等;

6.罐内防波板与罐体连接结构形式,以及防波板与罐体、气相管与罐体连接处的裂纹、脱落等;

7.排污疏水装置;

8.气密性试验。

(二)低温、深冷型罐车罐体年度检验

1.保温层式设有人孔的低温罐车:

(1)本附加要求二(一)所要求的罐车罐体年度检验的全部内容;

(2)保温层的损坏、松脱、潮湿、跑冷等。

2.绝热层式不设人孔的低温深冷型罐车:

(1)罐车技术档案资料;

(2)罐体表面漆色、铭牌和标志;

(3)用户使用情况:运行记录(装卸频率、异常情况),外壳的结霜、冒汗;

(4)真空度;

(5)安全阀、爆破片装置、压力表、液面计、温度计、导静电装置、装卸软管和其他附件;

(6)管路系统和阀门；

(7)气密性试验。

(三)罐车资料审查

1.罐车随车文件：

(1)罐车使用登记证；

(2)罐车准运证(必要时)；

(3)罐车运输许可证(必要时)；

(4)罐车驾驶资格证和押运员证(必要时)；

(5)罐车定期检验报告；

(6)液面计指示刻度与容积的对应关系表和在不同温度下介质密度、压力、体积对照表。

2.罐车技术文件及资料：

(1)产品合格证；

(2)产品质量证明书；

(3)罐车总图、罐体部件竣工图；

(4)制造监督检验证书或进口产品安全性能监督检验证书；

(5)罐体强度计算书；

(6)安全附件制造许可证,质量证明文件；

(7)罐车历次定期检验报告,重点查阅上次检验报告中提出的问题是否已解决或有无防范措施。

3.对于首次检验的,应该对资料全面审查；对于非首次检验的,重点审查新增和变更的部分。

(四)具有易燃、易爆、助燃、毒性或窒息性介质的罐车,应该进行残液处理、抽残、中和消毒、蒸汽吹扫、通风置换、清洗。检验前应该取样分析,要求罐内气体分析测试结果达到有关标准规定、残液排放指标达到有关环保标准。

(五)设有人孔的罐车必须开罐,进行以下表面检查：

1.罐体的变形、泄漏、机械损伤,罐体接口部位焊缝的裂纹等；

2.罐内防波板与罐体的连接情况,连接焊缝处的裂纹,连接固定螺栓的松脱,防波板裂纹、裂开或脱落等；

3.罐内气相管、液面计固定导架与罐体固定连接处的裂纹、裂开或松脱等。

(六)对于不设人孔的深冷型罐车,至少检查的内容

1.真空夹层检查：

(1)外壳碰伤、结霜、冒汗、油漆脱落等；

(2)真空度测试(常温下),按表1-2的规定；

(3)夹层珠光砂的沉降。

2.安全附件和其他附件接口及管路系统检查：

(1)各安全附件和其他附件接口的泄露,连接的牢固可靠；

(2)各管路系统与真空夹层的连接焊缝的表面裂纹；

(3)各管路的碰伤、堵塞等情况。

表 1-2　真空度测试(常温下)

绝热方式	夹层真空度(Pa)	结论
真空多层	≤1.33	继续使用
	>1.33	重抽真空
真空粉末	≤13.3	继续使用

(七)罐体与底盘(底架或框架)连接紧固装置的检查是对罐体支座以上部分的检查(包括紧固连接螺栓),不包括底盘(底盘或框架)部分。

1.罐体与底盘是否连接牢固,紧固连接螺栓是否有腐蚀、松动、弯曲变形,螺母、垫片是否齐全、完好。

2.罐体支座与底盘之间连接缓冲胶垫是否错位、变形、老化等。

3.罐体支座(靠车头端)前端过渡区是否存在裂纹;支座与卡码是否连接牢固。

4.铁路罐车的拉紧带、鞍座、中间支座检查:

(1)拉紧带有无锈蚀、开裂,罐体与底架拉紧带连接是否牢固、可靠;

(2)罐体支座与底架之间缓冲垫木有无腐蚀、变形,接触是否贴合,检查结果以紧密贴合面积大于等于 1/3 接触面积,局部间隙小于 1 mm,个别间隙小于 2 mm 为合格;

(3)中间支座螺栓连接是否完好,螺栓紧固后,上、下支座是否密贴。

(八)罐体管路、阀门和车辆底盘之间的导静电导线连接是否牢固可靠,罐体管路阀门与导静电带接地端的电阻不应当超过 10 Ω;连接罐体与地面设备的接地导线,截面面积应当不小于 5.5 mm²;导静电带必须安装并且接地可靠,严禁使用铁链。

(九)安全附件的检验

1.压力表、液面计、测温仪表、爆破片的检查及校验依据 TSG R7001—2004《压力容器定期检验规则》中的有关规定进行。

2.安全阀、紧急切断阀的制造单位必须取得制造许可证,出厂时必须带有产品质量证明书和合格证,并且在产品上装设牢固的金属铭牌。

3.安全阀的检验包括外观、解体检查和性能校验:

(1)检查铭牌和铅封,核对型式、型号、喉径、公称压力、制造单位等,对于非内置全启式弹簧安全阀和无产品制造许可证或合格证的安全阀不得使用;

(2)清洗、解体检查阀体弹簧、阀杆、密封面有无损伤、裂纹、腐蚀变形等,对于阀芯与阀座粘死或弹簧严重腐蚀变形的安全阀不得继续使用,新安全阀在校验时还应该测量其喉径;

(3)校验安全阀的开启压力、回座压力和密封试验压力,每项校验不得少于 3 次并且每次均要达到合格指标,安全阀的开启压力为罐体设计压力的 1.05~1.10 倍(低温深冷型罐车安全阀开启压力不得超过罐体的设计压力),回座压力不低于开启压力的 0.8 倍,密封试验压力不低于开启压力的 0.9 倍;

(4)检验合格后,出具检验报告并且由检验人员加装铅封。

4.紧急切断装置的检验包括外观、解体检查、性能校验和远控系统试验:

(1)检查紧急切断阀型式、型号、操作方式、公称压力、制造单位等,外观质量是否良好,对于无产品制造许可证或合格证的紧急切断阀不得使用;

(2)清洗、解体检查阀体、先导杆、弹簧、密封面、凸轮等有无损伤变形、腐蚀生锈、裂纹等缺陷;

(3)检查紧急切断阀装置控制系统的手摇泵、管路、易熔塞是否完好,有无损伤、松脱、泄漏等现象,钢索控制系统是否操作灵活可靠、到位等;

(4)油压式或气压式紧急切断阀应当在工作压力下全开,并且持续放置不致引起自然闭合,动作是否灵敏可靠;

(5)紧急切断阀自始闭起,检查是否在 5 s 内闭止;检查超过额定流量时是否自动闭止;

(6)按 0.1 MPa 和罐体的设计压力进行气密性试验,保压时间应当不少于 5 min;

(7)紧急切断远控系统控制试验在罐体气密性试验合格后进行,检查其动作是否灵敏可靠。

(十)装卸阀门的检验包括外观、解体检查和性能试验

1.检查型号、公称压力及制造单位等,外观质量是否良好;

2.解体检查阀体、球体和阀杆及密封面有无裂纹、腐蚀、划痕、损伤变形等缺陷;

3.装卸阀门组装后应当松紧适度,开闭操作灵活;

4.按罐体的设计压力,阀门在全开和全闭工作状态下进行气密性试验并且在全开全闭工作状态下操作自如,不感到有异常阻力空转等,保压时间应当不少于 5 min。

(十一)装卸软管的检验包括外观检查和耐压、气密性试验

1.检查软管与介质接触部件是否能耐相应介质的腐蚀;软管与两端接头的连接是否牢固可靠;外观不得有变形、破裂、老化及堵塞现象;

2.按罐体设计压力的 1.5 倍进行液压试验,保压应当不少于 5 min,合格后以罐体的设计压力对装卸软管进行气密性试验。

(十二)气液相接管检查包括外观检查和耐压、气密性试验

1.检查接管是否存在裂纹、拉弯变形、过渡区严重皱折、磨损、补焊等缺陷,不合格应该及时更换;

2.连同罐体一起做耐压试验和气密性试验,检查是否有异常变形、不均匀膨胀和泄漏等现象。

(十三)其他阀门、油泵、底盘的紧固螺栓等附件按相应的功能要求进行检查。

(十四)各安全附件及罐体分别检验合格后进行组装,需要更换的垫片、法兰和紧固件,其压力等级必须高于罐体设计压力并且经确认合格后方可以组装,法兰密封面垫片材料选用必须与充装介质相适应,严禁使用石棉橡胶垫片。

低温型罐车必须按维护说明书的要求进行组装,并且根据盛装介质的特殊要求对表面作相应的处理。

盛装食用二氧化碳的罐车应当对罐体内表面进行洁净化处理;盛装氧气的罐车应当对各拆装接口及有油脂接触过的部位进行脱脂处理后,方可组装。组装完毕后应当进行整车的气密性试验。

(十五)气密性试验压力为罐体设计压力,试验介质应当为干燥、洁净的氮气或空气。

对盛装易燃性介质的罐车进行气密性试验前,必须经罐内气体成分测试合格,否则严禁用空气作为试验介质;对于碳钢和低合金钢制罐体,气体温度不得低于 5 ℃,保压足够的时间进行检查,气密性试验经检查无泄漏为合格。

(十六)罐体气密性试验合格后,缓慢排气降压至 0.4~0.6 MPa,分别对紧急切断阀及远程控制系统进行切断试验 1~2 次,检查其动作是否灵敏可靠,开关是否到位。进行罐体抽真空(用氮气作气密试验介质的可以免抽真空),测定罐体真空度小于等于 -0.086 MPa(表压)为合格。

(十七)对罐体进行充氮,罐内压力应当为 0.05~0.1 MPa。

充氮完毕,进行罐内气体分析,取样时应该避免在充气口抽取以保证分析数据的准确性,罐内氧气含量小于等于 3% 为合格。

(十八)检查罐体的颜色、色带、字样、字色和标志图形,若与规定要求不符,应当按规定要求重新涂打喷漆。在介质名称对应的色带下方喷涂"罐体下次检验日期:× ×年× ×月",字色为黑色,字高不小于 100 mm。

(十九)检查罐体铭牌是否清晰、牢固可靠;内容是否齐全。

(二十)罐车年度检验工作完成后,检验人员应该根据实际检验情况,按《压力容器定期检验规则》年度检验的有关规定做出检验结论,出具检验报告。

三、全面检验

全面检验包括罐车罐体年度检验的全部内容、外表面除锈喷漆、壁厚测定、无损检测和强度校核等。

绝热层式不设人孔的低温深冷型罐车可不进行壁厚测定及无损检测。

(一)首次全面检验时,应该进行结构检查和几何尺寸检查,以后的检验仅对运行中可能发生变化的内容进行复查(绝热层式不设人孔的低温深冷型罐车除外)。

1.结构检查,包括检查封头型式、筒体与封头的连接方式、开孔补强、焊缝布置、支座的型式与布置、排污口设置等;

2.几何尺寸检查,包括测量罐体同一断面上最大内径与最小内径之差、纵环焊缝对口错边量、焊缝棱角度、焊缝余高等。

(二)按罐体设计压力的 1.5 倍,对紧急切断阀受介质直接作用的部件进行耐压试验,保压时间应当不少于 10 min;耐压试验前后,分别以 0.1 MPa 和罐体的设计压力进行气密性试验,保压时间应当不少于 5 min。

(三)壁厚的测定应该优先选择以下具有代表性的部位,并且有足够的测点数,测定后标图记录:

1.液位经常波动的部位;

2.易腐蚀、冲刷的部位;

3.制造时的壁厚减薄和使用中易产生变形的部位;

4.表面检查时,有怀疑的部位。

(四)罐体角焊缝和内表面对接焊缝应该做 100% 表面探伤,凡罐车存在以下情况之一时,还应该对焊缝进行射线或超声抽查:

1.罐车停用时间超过 1 年以上,重新投用的;

2.使用过程中补焊的部位；

3.焊缝错边量、棱角度超标的部位；

4.焊接接头出现渗漏的部位及其两端延长部位；

5.因事故造成罐体焊接接头或近焊处严重损伤变形的部位；

6.上次埋藏缺陷检查有怀疑,要求作跟踪检查的部位；

7.有氢鼓包等应力腐蚀倾向的；

8.用户要求或检验人员认为有必要的。

对已经进行过射线或者超声抽查的,下次全面检查时,如果经外观或表面探伤检查未发现缺陷,一般不再进行,但罐体经两个全面检验周期后应该对上述部位进行射线或超声复查。

(五)罐体外表面油漆检查

1.检查时发现有以下情况之一者,应该对罐体外表面除锈喷漆：

(1)油漆严重剥落,皱皮；

(2)罐体颜色与规定要求不符。

2.全面检验时如果需对罐体外表面重新漆色和喷涂标志,应当符合以下要求：

(1)喷漆前,必须清除外表面尘埃和油渍,漆色以均匀全覆盖为合格,不得有起泡、纤维堆积等缺陷；

(2)罐体及阀门接管的漆色,罐车罐体外表面颜色应当符合有关标准或产品图样和技术文件的规定,安全阀、气相管为大红色,液相管为淡黄色,其他阀门为银灰色；

(3)罐体的色带、字样、字色和标志图形的喷涂,按有关法规标准的要求进行,以清晰明亮为合格,否则必须重新涂打。

3.罐体外表面油漆经检查完好无损,除锈喷漆时间可以适当延长,但延长时间不得超过两个全面检验周期。

(六)经检查发现罐体存在大面积腐蚀、壁厚明显减薄或变更工作介质的,应该进行强度校核。

(七)全面检验工作完成后,检验人员应该根据检验结果,按 TSG R7001—2004《压力容器定期检验规则》的规定评定罐车的安全状况等级及下次全面检验的周期,出具检验报告。

(八)安全状况等级评定为 4 级和 5 级者不得使用。

四、耐压试验

(一)罐体耐压试验一般应当采用液压试验,液压试验压力为罐体设计压力的 1.5 倍。液压试验时,罐体的薄膜应力不得超过试验压力温度下材料屈服点的 90%。具体试验方法详见 TSG R7001—2004《压力容器定期检验规则》第四章"耐压试验"。

低温深冷型罐车罐体的耐压试验可以按照设计图样的规定要求进行。

(二)由于结构或介质原因,不允许向罐内充灌液体或运行条件不允许残留试验液体的罐体,可以按照图样要求采用气压试验,气压试验压力为罐体设计压力的 1.15 倍。气压试验时,罐体的薄膜应力不得超过试验温度下材料屈服点的 80%。具体试验方法详见 TSG R7001—2004《压力容器定期检验规则》第四章"耐压试验"。

附件二

医用氧舱定期检验要求

一、总则

(一)本附件是在《压力容器定期检验规则》的框架下,对在用医用氧舱(以下简称医用氧舱)定期检验提出的具体要求。

(二)本附件适用于《医用氧舱安全管理规定》(以下简称《氧规》)适用范围内的医用氧舱及其配套设施和场所的定期检验。

与医用氧舱配套的压力容器及其安全附件的定期检验应当满足《压力容器定期检验规则》的有关要求。

(三)医用氧舱的定期检验工作包括年度检验和全面检验两种。

1.年度检验:每年至少一次。连续停用时间超过6个月(不包括修理改造时间)的医用氧舱,重新投入使用前,应该按年度检验的内容进行检验。

2.全面检验:每3年至少一次。医用氧舱经修理、改造,重新投入使用前,应该按全面检验的内容进行检验。

3.医用氧舱年度检验、全面检验均应当由检验机构具有相应资格的检验人员进行。

二、年度检验

(一)医用氧舱年度检验的主要内容:

1.使用单位安全管理情况;

2.医用氧舱舱体及内装饰;

3.电气、通讯和空调系统;

4.测氧仪及测氧记录仪;

5.供、排氧系统和供、排气系统;

6.安全附件和消防系统;

7.仪表、接地装置等;

8.空气加压舱配套压力容器的年度检验情况。

检验方法以宏观检验检测为主,并且借助仪器、仪表对各安全装置及设备的完好、可靠性进行确认。对首次进行年度检验的医用氧舱,应该填写《医用氧舱基本状况表》,与年度检验报告一并存档。

(二)检验前,医用氧舱使用单位应该做好以下准备工作:

1.停舱,对舱内、外及环境进行清理,并且对舱内进行消毒处理;

2.提供医用氧舱的技术及管理资料,主要包括制造和安装资料、安全附件校验记录、运行记录、修理和改造记录、事故记录及历次检验资料及配套压力容器的制造、安装、检验等资料;

3.医用氧舱的操舱、维护维修人员资格证书;

4.医用氧舱的安全管理制度、人员职责及安全操作规程;

5.检验时,医用氧舱使用单位的管理人员、操舱及维护维修人员应该到现场配合,协助检验工作,及时提供检验人员需要的其他资料。

(三)检验人员应该首先对医用氧舱使用单位提供的资料进行查阅,全面了解受检医用氧舱的使用、管理情况及现状,做好检验记录。安全管理方面检查的主要内容及要求:

1.应当有完整的医用氧舱建档登记资料;

2.与医用氧舱及配套压力容器安全有关的制造、安装、修理、改造等技术资料应当齐全,并且与实物相符;

3.医用氧舱的管理制度应当符合要求(管理制度至少应当包括医用氧舱操作规程、医护、操舱、维护维修人员的职责权限、患者进舱须知、应急情况处理措施、氧源间管理规定、安全防火规定等);

4.使用(升、降压次数)记录、维护保养记录、安全附件校验记录等是否齐全真实;

5.操舱、维护维修人员是否持证上岗,资格证书的有效性;

6.查阅历次检验资料,特别是上次检验报告中提出的问题(主要是指整改后免予现场复检的)是否已解决或已制定有效的防范措施。

对于首次定期检验的医用氧舱,应该对上述资料进行全面审查;以后的检验,应该重点审核新增加和有变更的部分。

(四)医用氧舱舱体检验的主要内容:

1.检查观察窗、照明窗、摄像窗及有机玻璃舱体有无明显划痕、机械损伤、银纹等缺陷;

2.舱内的装饰板、地板、座椅、床、柜具及油漆是否采用难燃或不燃材料,应当提供证明资料,床垫、座套、衣物等是否属纯棉制品,并且经阻燃或防静电处理;

3.舱内氧气采样口是否设在舱室中部并且伸出装饰板外,有无堵塞现象,采样管路与测氧探头、流量计连接是否可靠;

4.舱门及递物筒密封圈是否老化、变形;

5.氧气加压舱舱内是否安装了导静电装置;

6.氧气加压舱舱门液压传动装置中的润滑剂是否采用抗氧化油、脂;

7.对有机玻璃舱体的氧舱还应该检查舱体的连接、舱门的结构及材料。

(五)电气、通讯和空调系统检验的主要内容:

1.氧舱照明是否采用冷光源外照明形式;

2.应急电源系统应当完好,当外供电中断时,应急照明系统能否自动投入使用,并且持续时间不少于 30 min;

3.氧舱的对讲系统和舱内无触点应急报警按钮能否正常工作,当外供电中断时,上述装置是否也能正常工作,必要时可以操作确认;

4.舱内空调系统的电机及控制装置是否已设置在舱外,电机应该做接地处理;

5.控制台上的测温仪表能否正确显示。

(六)测氧仪检验的主要内容:

1.医用氧舱的控制台上是否配置了测氧仪和测氧记录仪;

2.测氧仪的精度与量程是否满足使用要求;

3.测氧仪的工作是否正常,测氧探头(氧电极)应当在有效期内;

4.测氧仪的氧浓度超标报警装置是否灵敏、可靠;氧浓度超标后能否同时发出声、光报警信号;

5. 当外供电中断时,应急电源系统能否支持测氧仪正常工作。

(七)供、排氧(气)管路系统检验的主要内容:

1. 供、排氧(气)管路系统是否通畅,进、出氧(气)阀门动作是否灵敏、可靠、无泄漏现象;

2. 舱内、外的应急排气阀动作是否灵敏,对应急排气阀门是否采取了保护措施,并且有明显的标志;

3. 确认排氧管路的材质及排废氧口位置是否正确;

4. 对有机玻璃舱体的氧舱应该进行气密性试验,试验压力取舱体的允许最高工作压力。

(八)安全附件和消防系统检验的主要内容:

1. 压力表、安全阀、测温仪表的检验应该按照《压力容器定期检验规则》中的有关规定进行;

2. 快开门式舱门、递物筒是否设置了安全连锁装置,安全连锁装置应当动作灵敏、可靠,必要时可以采用压力测试方法确认;

3. 检查空气加压舱内灭火器的种类是否符合要求,是否在有效期内,对采用水消防系统的氧舱,应该实测该系统工作是否可靠。

(九)流量计、接地装置等检验的主要内容:

1. 医用氧舱配置的流量计是否完好,精度等级、刻度范围是否符合要求;

2. 舱体与接地装置的连接是否可靠,实测接地装置的电阻应当不大于 4 Ω;

3. 医用氧舱的自动操作系统是否可靠;

4. 空气加压舱的过滤器滤材是否在有效期内;

5. 其他需维修的设备应该按使用说明书的规定进行检查。

(十)与空气加压舱配套的压力容器的年度检验,应该按《压力容器定期检验规则》的有关规定进行。

三、全面检验

(一)全面检验的项目:

1. 年度检验的全部内容;

2. 配套压力容器的全面检验;

3. 舱内导线的布置、连接及保护情况;

4. 对未配置馈电隔离变压器的医用氧舱,电源的输入端与舱体之间的绝缘情况;

5. 生物电插座绝缘电阻;

6. 舱体气密性试验;

7. 供、排氧(气)管路的畅通情况。

8. 应急呼吸装置;

9. 氧源间的防爆、通风及防火等。

检验方法,除采用常规宏观检查外,主要是通过仪器、仪表进行现场测试。

(二)医用氧舱配套压力容器的全面检验项目、要求、结论及安全状况等级的评定按《压力容器定期检验规则》的有关条款进行。

(三)医用氧舱舱体应该进行气密性试验,试验压力分别取该舱的使用压力与 0.17 MPa 二者中的较大值和 0.03 MPa,检查舱体的密封性能是否满足规定的要求。

（四）医用氧舱应该进行应急卸压试验，应急卸压时间应当符合标准规定。

（五）全面检验时，应该重点检查以下内容：

1.检查医用氧舱的电气、空调、对讲等进舱导线是否保护完好，有无表皮破损、虚接或断开现象；

2.所有进舱导线是否带有金属保护套管，舱内导线接头部位是否采取了可靠焊接，并且裹以绝缘材料套管加以保护；

3.会产生火花的电气元、器件是否移至舱外；

4.测试医用氧舱保护接地端子与其相连接的任何部位之间的阻抗，其阻抗值是否满足规定要求；

5.对未配置馈电隔离变压器的医用氧舱，检查电源的输入端与舱体之间的绝缘是否满足规定要求；

6.对供、排氧（气）管路进行吹扫，检查管路是否畅通；更换阀门时，管路密封材料不得采用石棉制品；

7.空气储罐内壁的涂料及密封垫片的选用是否符合规定要求；

8.对设有应急呼吸装置的医用氧舱，应该对其进行模拟操作，检查是否灵敏、可靠；

9.检查氧源间的防爆、通风及防火等情况，检查舱房内外、氧源间内是否有明显的禁火标志，房内是否配备了灭火装置。

四、检验结论

检验工作完成后，检验人员应该根据实际检验情况出具《医用氧舱年度检验报告》或《医用氧舱全面检验报告》，并且做出下述结论：

（一）允许使用，经年度检验或全面检验，未发现缺陷或只有轻度不影响安全使用的缺陷，配套设施和场所符合有关（防火）规定的要求。

（二）修改后使用，发现有影响医用氧舱安全使用的缺陷或配套设施及场所有严重违反规定的现象，必须对缺陷及违反规定的现象进行处理。结论中应该说明需要整改问题的性质和存在缺陷的部位，注明整改后需检验人员到场确认或仅对整改报告审查确认。

（三）停止使用，医用氧舱损坏严重，不能保证正常安全使用。结论中应该注明原因，并且提出判废、修理、综合技术鉴定或其他要求等。

注：医用氧舱经年度检验或全面检验后，只给出上述检验结论，不对医用氧舱进行安全状况等级的评定。

五、附则

（一）使用期超过20年的医用氧舱，必须对其安全性能进行综合技术鉴定，鉴定的主要内容至少应当包括以下几方面：

1.全面检验的全部内容；

2.所有隐蔽管线的检验（或更换）；

3.电气元、器件及线路连接的检验（或更换）；

4.医用氧舱舱体测厚及无损检测抽查；

5.压力管路的气密性试验。

（二）对于检验结论为停止使用的医用氧舱，检验机构向使用单位发送的安全检查意见书,在上报医用氧舱使用单位所在地的市(地)级质量技术监督部门的同时报同级卫生行政主管部门。

安全阀校验要求

一、总则

(一)本要求是按《压力容器定期检验规则》检验压力容器时,对其上安装的安全阀进行校验的附加要求。

(二)本要求适用于不带附加驱动装置的弹簧直接载荷式安全阀、杠杆式安全阀和静重式安全阀的定期校验。

二、校验机构和校验人员

(一)从事安全阀校验工作的单位,可以是有条件和能力的使用单位,也可以是专门从事安全阀校验的单位。校验机构应该建立有效的质量管理体系以保证安全阀校验工作质量,具有与校验工作相适应的校验技术人员、校验装置、仪器和场地。

(二)校验人员必须经相关知识和校验技能培训,掌握安全阀的基本知识,熟悉安全阀校验方面的有关规程和标准。

(三)校验人员能熟练地使用校验装置、仪器、工具,能独立完成安全阀的实际校验操作。

(四)校验时必须有详细记录,校验合格后,应该进行铅封并且出具校验报告。

(五)校验机构的安全阀校验工作,应该接受质量技术监督部门的监督检查。

三、校验设备

(一)安全阀校验装置由校验台、气源和管路等组成。可配备空气压缩机,也可用若干气瓶并联或其他形式提供气源。应该配有一定容积的储气罐,储气罐的容积应当与校验安全阀的用气量相适应,保证气源稳定。如果气源压力高于储气罐的设计压力时,应该在气源与储气罐之间装设可靠的减压装置。

(二)安全阀的校验一般以空气或氮气为校验介质,特殊情况下也可用水作为校验介质。

(三)校验系统中的压力表应当符合要求。每个校验台位应该装两块规格相同的压力表,其精确度等级不应当低于1.0级,压力表的量程应当为安全阀校验压力的1.5~3.0倍。压力表必须定期进行检定,检定周期为6个月。

(四)校验供气系统中应该加装过滤装置。

(五)校验台应当配有足够容积的缓冲罐,如果需要,可装设温度、压力、位移和安全阀校验数据等自动记录装置。

四、校验周期和校验项目

(一)安全阀的校验周期按《压力容器定期检验规则》第十七条执行。

(二)新出厂的安全阀,必要时在使用前进行性能校验。

(三)安全阀的校验项目一般为外观检查、解体检查和性能校验。

(四)安全阀的性能校验项目,一般应该进行压力整定和密封性能试验,有条件的单位也可增加其他性能试验。

（五）安全阀的整定压力和密封性能试验压力,应该考虑到背压的影响和校验时的介质、温度与设备运行的差异,并且予以必要的修正。

（六）新安全阀和检修后的安全阀,应该按其产品合格证、铭牌、标准和使用条件,进行最大和最小开启压力的试验,整定压力应当在其范围内。

（七）弹簧直接载荷式安全阀的定期校验原则上应该在校验室进行,进行拆卸校验有困难时,可在每两个校验周期内进行一次校验室校验和一次在线校验。但安装在介质为有毒、有害、易燃、易爆的压力容器上的安全阀,不允许进行在线校验。在线校验必须在保证人员和生产安全的前提下进行。

杠杆式安全阀和静重式安全阀一般不宜在校验室进行校验。

五、校验和修理

（一）安全阀的校验

1.应该先对安全阀进行清洗并且进行外观检查,然后对安全阀进行解体,检查各零部件。发现阀体、弹簧、阀杆、密封面有损伤、裂纹、腐蚀、变形等缺陷的安全阀应该进行修理、调整、更换。对于阀体有裂纹、阀芯与阀座粘死、弹簧严重腐蚀变形、部件破损严重并且无法维修的安全阀应该予以报废。

安全阀在线校验时,先将阀体适当清洗、除锈,用肉眼检查安全阀阀体受压部分有无锈蚀和裂纹,如果有裂纹该阀应该立即更换。

无制造许可证的制造厂生产的安全阀或无铭牌或无校验记录的安全阀应该予以判废。

2.整定压力校验

缓慢升高安全阀的进口压力,当达到整定压力的 90% 时,升压速度应当不高于 0.01 MPa/s。当测到阀瓣有开启或见到、听到试验介质的连续排出时,则安全阀的进口压力被视为此安全阀的整定压力。当整定压力小于 0.5 MPa 时,实际整定值与要求整定值的允许误差为 ±0.014 MPa;当整定压力大于或等于 0.5 MPa 时为 ±3% 整定压力。

3.密封性能试验

整定压力调整合格后,应该降低并且调整安全阀进口压力进行密封性能试验。当整定压力小于 0.3 MPa 时,密封性能试验压力应当比整定压力低 0.03 MPa;当整定压力大于或等于 0.3 MPa 时,密封性能试验压力为 90% 整定压力。

当密封性能试验以气体为试验介质时,对于封闭式安全阀,可用泄漏气泡数表示泄漏率。其试验装置和试验方法可按 GB/T12242《安全阀性能试验方法》的要求,合格标准见 GB/T12243《弹簧直接载荷式安全阀》或其他有关规程、标准的规定;对于非封闭式安全阀,可根据封闭式安全阀泄漏气泡和压力表压力下降值的关系,以相对应的压力下降值来判断。

不能利用气泡和压力下降值进行判断时,可用视、听进行判断。在一定时间内未听到气体泄漏声或阀瓣与阀座密封面未见液珠即可认为密封试验合格。

4.安全阀的校验应该连续进行整定压力校验和密封性能试验,一般不少于 2 次。对于盛装易燃、易爆或毒性程度为中度以上的介质等不允许有微量泄漏的设备,其安全阀密封性能试验不可少于 3 次并且每次都应当符合要求。

（二）杠杆式安全阀应该有防止重锤自由移动的装置和限制杠杆越出的导架;弹簧式

安全阀应该有防止拧动调整螺钉的铅封装置;静重式安全阀应该有防止重片飞脱的装置。

(三)阀瓣与阀座间密封面泄漏,应该对其密封面进行研磨处理。如果密封面损坏严重,经反复研磨仍无法达到密封要求,应该予以判废。

(四)弹簧式安全阀在公称压力范围内,若调整的开启压力范围不符合整定压力要求或调整后弹簧的压缩量过大,难以保证阀瓣的开启高度时,应该更换符合相应工作压力级别的弹簧。

(五)经修理或更换部件的安全阀,必须重新进行校验。

六、校验记录和报告

(一)校验过程中,校验人员应该及时记录校验的相关数据。

(二)经校验合格的安全阀,应该重新铅封,防止调整后的状态发生改变。

(三)铅封处还应该挂有标牌,标牌上应该有校验机构名称、校验编号、安装的设备编号、整定压力和下次检验日期。

(四)校验合格的安全阀应该根据校验记录出具安全阀校验报告,并且按校验机构质量管理体系的要求签发。

参 考 文 献

[1] 张兆杰,等.压力容器安全技术.郑州:黄河水利出版社,2005

[2] 王明明,蔡仰华,徐桂容.压力容器安全技术.北京:化学工业出版社,2004

[3] 国家质量技术监督局.压力容器安全技术监察规程.北京:中国劳动社会保障出版社,1999

[4] 中华人民共和国国务院令第 373 号.特种设备安全监察条例.2003.6

[5] TSG Z6001—2005　特种设备作业人员考核规划

[6] TSG R7001—2004　压力容器定期检验规划

[7] TSG R0001—2004　非金属压力容器安全技术监察规程

[8] TSG R0002—2005　超高压容器安全监察规程

[9] JB/T 4710—2005　钢制塔式容器